工业和信息产业科技与教育专著出版资金资助出版

# Excel 高级数据处理及分析

李花  梁辉  于宁  编著

电子工业出版社·

**Publishing House of Electronics Industry**

北京·BEIJING

## 内 容 简 介

　　本书的编写思想以培养计算思维能力为导向，由浅入深、详细介绍 Excel 2013 的数据处理和数据分析等功能及应用。全书共 10 章，包括 Excel 概述、Excel 基本操作、数据基本操作、工作表格式化、公式和函数的使用、基于数据清单（列表）的数据管理、创建图表、数据分析、宏与 VBA、协同合作等内容。本书每章都包含综合案例，每章最后还提供了思考与练习题。本书免费提供电子课件、案例相关文件及部分习题答案，可登录华信教育资源网（www.hxedu.com.cn）注册后免费下载。

　　本书适合作为高等学校 Excel 及相关课程的教学用书，也可以作为一般用户学习、应用 Excel 的参考书。


未经许可，不得以任何方式复制或抄袭本书之部分或全部内容。

版权所有，侵权必究。

**图书在版编目（CIP）数据**

Excel 高级数据处理及分析 / 李花，梁辉，于宁编著. —北京：电子工业出版社，2015.1
ISBN 978-7-121-24669-2

Ⅰ. ①E…　Ⅱ. ①李…　②梁…　③于…　Ⅲ. ①表处理软件—高等学校—教材　Ⅳ. ①TP391.13

中国版本图书馆 CIP 数据核字（2014）第 254654 号


责任编辑：冉　哲
印　　刷：保定市中画美凯印刷有限公司
装　　订：保定市中画美凯印刷有限公司
出版发行：电子工业出版社
　　　　　北京市海淀区万寿路 173 信箱　邮编　100036
开　　本：787×1 092　1/16　印张：20　字数：510 千字
版　　次：2015 年 1 月第 1 版
印　　次：2023 年 1 月第 11 次印刷
定　　价：59.00 元

# 前　　言

Excel 是微软著名办公套装软件 Microsoft Office 的一个重要组件，主要用于处理电子表格。Excel 以其便捷的数据组织管理、数据计算分析、图形化数据展示和辅助决策等强大功能，广泛应用于管理、财经、统计、金融等领域。从 2007 版开始，Office 组件从界面到功能都进行了变革，Excel 2013 是目前运行在 Windows 环境下该软件的最新版本。

**本书主要内容**

本书基于 Excel 2013 版，以数据处理基本流程为主线，全面详细地介绍了 Excel 的数据输入和编辑、格式化、数据处理、数据管理、数据分析等功能及具体操作流程。在介绍重要知识环节时，穿插了大量的实例来进一步对知识点进行剖析和讲解，使读者能够在完成该部分内容的学习后，对所涉及的概念有更深入的了解，从而能够进一步在实际应用中解决一些实际问题。

第 1 章介绍 Excel 基础知识，包括 Excel 的主要功能、Excel 2013 新增功能以及 Excel 2013 工作界面等内容。

第 2 章介绍工作簿、工作表和单元格的基本操作以及窗口的操作。

第 3 章介绍数据基本操作，包括数据输入、数据编辑以及数据保护等内容。

第 4 章介绍工作表格式化和打印，包括工作表格式设置、单元格格式设置、条件格式设置、插入对象美化工作表、工作表打印等内容。

第 5 章介绍数据计算，详细介绍公式的使用，并举例说明常用函数的应用。

第 6 章介绍数据清单（列表）及常用数据管理方法，包括排序、筛选、分类汇总、合并计算以及数据透视表等内容。

第 7 章介绍数据图表，包括创建和编辑数据图表、迷你图以及动态图表等。

第 8 章介绍数据分析，包括模拟运算表、单变量求解、方案管理器以及规划求解等工具。

第 9 章介绍宏与 VBA 程序设计，包括宏的录制、编辑、执行以及 VBA 程序设计基础等内容。

第 10 章介绍数据共享与协同合作。

**本书主要特点**

**1．内容全面且新颖**

本书基于 Excel 2013，详细而深入地介绍了 Excel 的功能和应用。本书部分内容是其他介绍 Excel 的教材中从未涉及的，如数据规范化、动态图表的原理、数据分析中模型的建立等，并且叙述形式新颖，语言简单明了。

**2．基于计算思维原理和方法**

在实例的讲解过程中，通过引入计算思维的概念方法，如采用数据收集、数据分析、数据表示、问题分解、抽象迁移等数据处理流程，更细化且可操作地完成解题过程——提出问题、分析问题、解决问题，将实际问题抽象化并转化成 Excel 可以操作的数据集及建立在数据之上的操作，从而帮助用户提高应用 Excel 技术解决实际问题的能力。通过学习计算思维的思想和方法可有效掌握电子表格基本概念，提高分析和解决复杂问题的能力，不仅适合计算机虚拟世界，同样也适合现实世界。

### 3. 大量的实用案例

本书提供了大量的典型实例，除包含介绍操作的基础实例和来自于某行业中数据处理实践的真实案例之外，每章还包含涉及多个知识点的综合案例，使用户进一步掌握 Excel 的基本数据方法和具体应用。这些实例和综合案例具有一定的代表性，是一线主讲教师们在多年的教学实践活动中收集并整理的。

## 配套资源

本书免费提电子课件、供案例相关文件及部分习题答案，可在华信教育资源网（www.hxedu.com.cn）注册后下载。案例相关文件命名规则如下：章序号.节序号，如第 2 章第 1 节的素材，文件名为"素材 2.1"。如果某一章某一节涉及多个素材文件，那么在文件名后面会附加素材序号，如"素材 2.1.1"等。

## 本书使用对象

本书适合作为高等学校非计算机专业 Excel 课程的教学用书，也可以作为一般用户学习 Excel 的参考用书。

本书由李花、梁辉、于宁编著。第 1、2、3、7、8 章由李花编写，第 4、6 章由于宁编写，第 5、9、10 章由梁辉编写，张润主审。在本书编写的过程中，张润老师给予了很多帮助，提供了宝贵建议，借此向张润老师表示感谢。另外，本书的编写参考了许多资料，部分数据来源于互联网，无法一一列出，在此向所有作者表示感谢。

由于编者水平有限，书中难免有不妥之处，敬请读者批评指正。

作者

# 目　　录

# 第1章 Excel 概述

Microsoft Excel 2013 是微软公司推出的最新一代办公软件 Office 2013 的组件之一，具有强大的数据处理和数据分析能力，广泛应用于经济、金融、财务、管理等众多领域。本章介绍 Excel 的主要功能、Excel 2013 的新增功能以及工作环境的配置。

## 1.1 Excel 简介

Excel 的中文含义是"超越"，是一款非常出色的电子表格软件，也是目前最流行的办公用数据处理软件之一。而 Excel 2013 比起之前的版本，界面更加简捷，功能更强大。

### 1.1.1 Excel 的主要功能

#### 1．电子表格制作功能

Excel 提供了非常方便、友好的界面，能够让用户很轻松地创建各种表格，并使用系统提供的主题、套用表格格式以及单元格样式等对表格进行快速格式化。用户也可以在表格中插入图片、SmartArt、形状等对象进行美化。Excel 本身也提供了大量的表格模板供用户使用，如资产负债表、费用报表等，能够让用户轻松完成实用表格制作。

#### 2．数据处理功能

Excel 具有强大的计算和数据处理能力，这主要依靠公式和函数实现。只有掌握好了公式和函数，才能得心应手地运用这些工具进行数据处理。Excel 本身提供了丰富的函数，可快速方便地进行各种复杂运算。

#### 3．数据管理功能

Excel 不是一款数据库管理软件，但它提供了强大的数据管理功能，能够像数据库软件一样对数据清单进行排序、筛选、分类汇总等操作，能使用数据透视表对数据进行快速汇总和分析。Excel 也可以与外部数据进行数据交换，可从数据库、文本文件、网站等导入数据，也可以对数据库数据进行查询。

#### 4．数据分析功能

在 Excel 中，用户可以非常方便地进行数据分析，例如，可以使用模拟运算表、单变量求解、方案管理器、规划求解等。用户还可以加载 Excel 提供的很多专业的数据分析工具库，这些工具在统计和工程分析中应用非常广泛，而数据图表也可以为数据分析和预测提供依据。

## 1.1.2 新增功能

下面简单介绍 Excel 2013 的新增功能。

### 1. 即时分析数据功能

Excel 2013 增加了"快速分析"工具，可以在两步或更少步骤内完成很多操作，包括应用和清除条件格式、创建不同类型的图表、汇总计算、创建 Excel 表、插入数据透视表、创建迷你图等，并可以预览效果。

选中数据区域，如 C3:C10 区域后，右下角会出现一个快速分析工具按钮 ▣，单击这个按钮就会出现快速分析工具，如图 1.1.1（a）所示。当鼠标指针指向快速分析工具选项卡中的选项时，可以实时预览效果。如果单击选项，就可以完成相应的操作。例如，当鼠标指针指向"格式"选项卡中的"图标集"选项时，预览效果如图 1.1.1（b）所示。

（a）

（b）

图 1.1.1　"快速分析"工具以及预览效果

### 2. 快速填充整列数据功能

"快速填充"像数据助手一样，会根据用户输入的实例数据自动识别规律，一次性输入剩余数据。

如图 1.1.2 所示，在"学号"列中输入学生的学号，在"年级"列的首个单元格中手工输入代表年级的信息，即学号的前 4 位，然后使用"快速填充"工具将自动填充其他单元格的年级数据。

图 1.1.2　"快速填充"工具

### 3. 推荐的图表功能

Excel 2013 在功能区的"插入"选项卡中增加了"推荐的图表"和"推荐的数据透视表"按钮。当用户单击"推荐的图表"或"推荐的数据透视表"按钮时，Excel 将根据用户选择的数据推荐出最合适的图表或数据透视表并提供预览效果。

如图 1.1.3 所示，选中数据区域后，用户单击"推荐的图表"按钮，将弹出"插入图表"对话框。在该对话框显示了 Excel 推荐的最合适的图表类型以及预览效果，用户可以从中选择喜欢的图表类型生成图表。

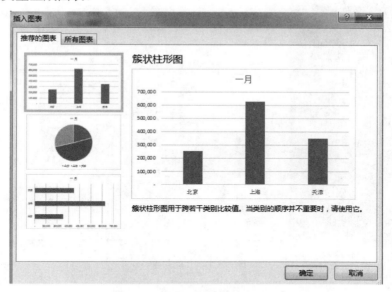

图 1.1.3　"插入图表"对话框

# 1.2　Excel 2013 的启动和退出

## 1.2.1　启动 Excel 2013

安装好 Microsoft Office 2013 后，就可以使用 Excel 了。启动 Excel 2013 的几种方法如下：
- 从"开始"菜单启动：单击"开始"按钮，打开"开始"菜单，单击"所有程序"│"Microsoft Office 2013"│"Excel 2013"按钮。
- 双击桌面上的 Excel 2013 快捷方式图标。
- 双击任何一个 Excel 2013 文档。

在默认情况下，启动 Excel 2013 后，Excel 将弹出如图 1.2.1 所示的开始屏幕，其中显示 Excel 提供的大量模板。

## 1.2.2　退出 Excel 2013

在 Excel 2013 中，退出 Excel 2013 的几种方法如下：
- 单击标题栏右上角的"关闭"按钮。
- 单击标题栏左上角的 Excel 程序图标，打开控制菜单，在菜单中单击"关闭"按钮。
- 按快捷键 Alt+F4。

需要注意的是，当多个工作簿文件打开时，上面介绍的操作方法只能关闭一个工作簿，而不能退出 Excel。在任务栏的应用程序区中，右击 Excel 2013 的应用程序图标，在弹出的快捷菜单中单击"关闭所有窗口"命令，可以在关闭多个工作簿文件的同时退出 Excel，如图 1.2.2 所示。

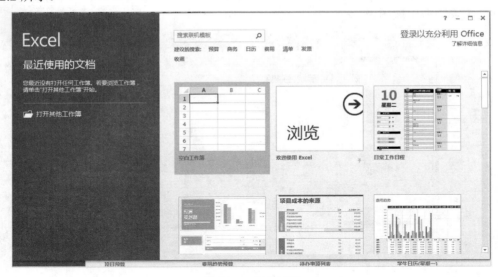

图 1.2.1　开始屏幕

图 1.2.2　单击"关闭所有窗口"命令

## 1.3　工作界面

启动 Excel 2013 后，显示开始屏幕，单击"空白工作簿"缩略图，将新建空白工作簿，并进入 Excel 2013 的工作界面，如图 1.3.1 所示。

Excel 2013 的工作界面主要包括标题栏、"文件"按钮、快速访问工具栏、功能区、工作区、编辑栏、工作表标签栏以及状态栏等元素。

### 1. 标题栏

位于工作界面的顶部，一般由应用程序图标、快速访问工具栏、标题以及一些控制按钮组成。

- 快速访问工具栏：位于 Excel 窗口的顶部，将常用的命令显示在快速访问工具栏中。在默认情况下，包含"保存"、"撤销"和"恢复"按钮。单击右侧的下拉按钮 ，弹出"自定义快速访问工具栏"菜单，单击相应的选项，可调整快速访问工具栏的位置，也可以在快速访问工具栏中添加或删除命令。

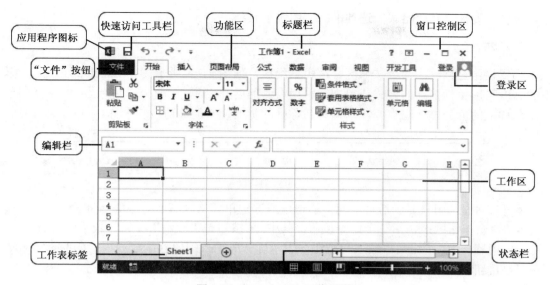

图 1.3.1　Excel 2013 工作界面

● 控制按钮：包括 Microsoft Excel 帮助、功能区显示选项、最小化、向下还原/最大化、关闭按钮。

### 2."文件"按钮

单击"文件"按钮，显示"文件"菜单，菜单中包含了"信息"、"新建"、"打开"、"保存"、"关闭"等与文件操作有关的命令。

在菜单中选择"选项"命令，弹出"Excel 选项"对话框，用户可根据爱好设置 Excel 工作环境，如图 1.3.2 所示。

图 1.3.2　"Excel 选项"对话框

### 3. 功能区、选项卡和组

功能区包含多个选项卡，每个选项卡中的功能按钮根据其用途分为不同的组，以便更快地查找和应用所需要的功能，每个组中又包含一个或多个用途类似的命令按钮。可通过"功能区显示选项"按钮 ，隐藏整个功能区，或者只显示选项卡而隐藏命令。

随着选择的对象不同，还可能出现一些动态选项卡，例如，当选择"图表"对象时，将显示包含"设计"和"格式"选项卡的"图表工具"。

### 4．编辑栏

编辑栏由名称框、命令按钮区、编辑框组成，如图 1.3.3 所示。在 Excel 2013 中，编辑框的高度可用鼠标拖动的方式或单击编辑栏右侧的展开/折叠按钮调整以便显示长内容，通过拖动名称框的拆分框（圆点）可以调整名称框的宽度使其能够适应长名称。

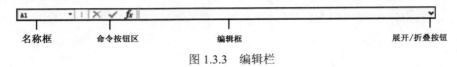

| 名称框 | 命令按钮区 | 编辑框 | 展开/折叠按钮 |

图 1.3.3　编辑栏

- 名称框：用来显示活动单元格的地址或选定单元格区域、对象的名称。
- 命令按钮区：包括三个命令按钮，其中 ✕ 按钮是"取消"按钮，表示取消所输入的内容；✔ 按钮是"输入"按钮，表示确认所输入的内容；$f_x$ 按钮是"插入函数"按钮。
- 编辑框：用来显示和编辑活动单元格中的内容。

### 5．状态栏

状态栏用于显示当前工作表的信息。在状态栏的左端，显示工作状态标记。在默认情况下，显示工作状态为"就绪"，表示工作表正准备接收新的数据。在单元格中输入数据时，显示工作状态为"输入"；当对单元格的内容进行编辑和修改时，显示状态为"编辑"。在工作状态标记的右侧，显示宏录制状态、统计结果、视图、缩放比例等信息。

### 6．工作表标签栏

用于显示工作表的名称以及多个工作表之间进行切换操作。拖动工作表标签栏和滚动条之间的拆分框（圆点），可调整工作表标签栏所占宽度。右键单击工作表滚动按钮（工作表标签栏左侧），弹出"激活"对话框，其中显示当前工作簿中的所有工作表，用户可以单击某个工作表名称来激活工作表。

# 1.4　综合案例：自定义工作环境

用户在使用 Excel 时，可以按照自己的习惯及爱好自定义工作界面，方便进行各种操作并提高工作效率，例如，在快速访问工具栏中添加常用命令、隐藏选项卡、自定义状态栏等。本章综合案例将引导用户按需求定义个性化工作界面。

### 1．启动 Excel 时，如何才能不显示开始屏幕

打开"Excel 选项"对话框，选择"常规"类别，在右侧面板的"启动选项"区中取消选中"此应用程序启动时显示开始屏幕"复选框。重新启动 Excel，系统将跳过开始屏幕，自动创建空白工作簿。

### 2．如何自定义快速访问工具栏

如果"快速访问工具栏"中的命令不能满足使用需要，用户可以在其中添加常用命令或

删除不常用命令。

（1）在"快速访问工具栏"中添加命令

单击快速访问工具栏右侧的下拉按钮 ，打开"自定义快速访问工具栏"菜单，如图1.4.1所示。例如，要将"快速打印"命令添加到快速访问工具栏中，选中"快速打印"项。

如果要添加"自定义快速访问工具栏"菜单中未显示的命令，例如，添加"朗读单元格"命令，用于能读出活动单元格的数据，方法是：选中"自定义快速访问工具栏"中的"其他命令"项，即可打开"Excel选项"对话框，从"下列位置选择命令"的下拉列表中可以选择"不在功能区中的命令"，在下方命令列表框中选择"朗读单元格"，最后再单击"添加"按钮，如图1.4.2所示。

（2）从"快速访问工具栏"删除命令

鼠标右键单击"快速访问工具栏"中要删除的命令按钮，在快捷菜单中单击"从快速访问工具栏删除"命令。

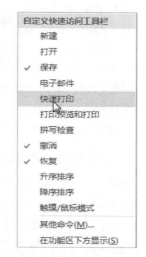

图1.4.1 自定义快速访问工具栏

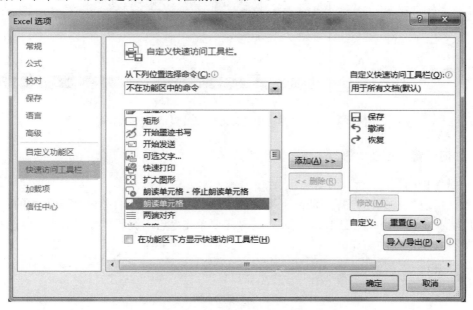

图1.4.2 快速访问工具栏中添加命令

## 3．如何自定义功能区

（1）显示/隐藏选项卡

在默认情况下，在功能区中有一些特殊的选项卡并没有显示出来，如"开发工具"选项卡。打开"Excel选项"对话框，选择"自定义功能区"类别，在右侧面板的"自定义功能区"下拉列表框中选择"主选项卡"项，然后在"主选项卡"列表框中选中"开发工具"复选框即可。

反过来，要隐藏"开发工具"选项卡，只需要在右侧面板的"主选项卡"列表框中取消勾选"开发工具"复选框即可。

（2）隐藏/显示功能区命令

为了增加工作区窗口大小，可以仅显示功能区选项卡而隐藏命令。只有在单击选项卡时，才显示所选选项卡中所包含的命令。

最简单的操作方法是双击选项卡名称，可显示或隐藏选项卡命令。

单击标题栏中的"功能区显示选项"按钮 ▥，在弹出的菜单中可以选择"自动隐藏功能区"、"显示选项卡"以及"显示选项卡和命令"项。当选中"自动隐藏功能区"项时，将隐藏整个功能区（包括标题栏）。

### 4．如何自定义状态栏

要对工作表中选定的数据进行快速统计，如求平均值、计数、最大值、最小值等，右键单击状态栏，在快捷菜单中选择统计方式，如图 1.4.3（a）所示，选中数据的各种统计结果将显示在状态栏中，结果如图 1.4.3（b）所示。

（a）                                （b）

图 1.4.3　状态栏中选中统计方式以及显示的统计结果

### 5．如何设置"信任中心"

（1）受保护的视图

在默认情况下，当用户打开从网上下载的 Excel 文件时，文件将在"受保护的视图"中打开，并显示安全警告，如图 1.4.4 所示。这时需要单击"启用编辑"按钮，才可以进行编辑，有助于减少安全方面的隐患。

图 1.4.4　"受保护的视图"提示信息

如果用户信任这些网上下载的 Excel 文档，可在"Excel 选项"对话框中选择"信任中心"类别，单击右侧面板的"信任中心设置"按钮，弹出"信任中心"对话框。在对话框中选择"受保护的视图"类别，在右侧面板中取消勾选"为来自 Internet 的文件启用受保护的视图"复选框，如图 1.4.5 所示。

（2）宏设置

在默认情况下，当用户打开含有宏代码的工作簿文件时，将显示安全警告，如图 1.4.6 所示。只有单击"启用内容"按钮后，才可以启用活动工作簿的宏代码。

如果用户确信这些宏代码无安全隐患，可以在"信任中心"对话框中单击"宏设置"类别，在右侧面板中选中"启用所有宏"复选框。

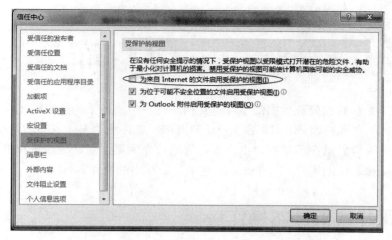

图 1.4.5 "信任中心"对话框

图 1.4.6 安全警告

### 6．其他自定义操作

打开"Excel 选项"对话框，在对话框中可以设置其他参数，例如，默认本地文件的保存位置、工作簿包含的工作表数等。

## 1.5 思考与练习

1．举例说明 Excel 2013 的新增功能。

2．在 Excel 中，设置默认新建空白工作簿文件所包含的工作表数量为 3 个。

3．在 Excel 中创建新选项卡，选项卡名称定义为"我的选项卡"，将自己常用的命令添加到"我的选项卡"中。

# 第 2 章　Excel 基本操作

工作簿是用来存储和处理数据的 Excel 文档,是一个或多个工作表的集合。每张工作表由排列成行和列的单元格组成,用户在 Excel 的操作一般在活动工作表的活动单元格中进行,而活动工作表的内容显示在活动窗口中。本章将通过介绍工作簿、工作表和单元格的基本操作以及窗口的操作,帮助用户掌握 Excel 最基本、最常用的操作。

## 2.1　工作簿的基本操作

工作簿(Workbook)是 Excel 生成的文件,自动创建的工作簿文件名依次为"工作簿 1"、"工作簿 2"等。在默认情况下,工作簿保存为未启用宏的工作簿文件,文件扩展名为.xlsx。

工作簿的基本操作包括新建、打开、保存、另存为、关闭等操作。单击"文件"按钮,切换到"文件"菜单,选择相应的操作命令,可以完成与工作簿有关的基本操作。

单击返回按钮,或按 Esc 键从"文件"菜单返回工作簿编辑窗口。

### 2.1.1　新建工作簿

在默认情况下,单击"新建"按钮,显示 Excel 提供的大量模板,如图 2.1.1 所示。单击"空白工作簿"缩略图,将新建空白工作簿,其工作簿默认名称为"工作簿 1"。

选择模板,如"库存列表",单击"创建"按钮,将创建基于选定模板的工作簿。如果用户需要更多的模板,可在顶部的搜索栏中输入模板关键字,如"商务",搜索 Office 官网中的模板,并按照提示下载模板。

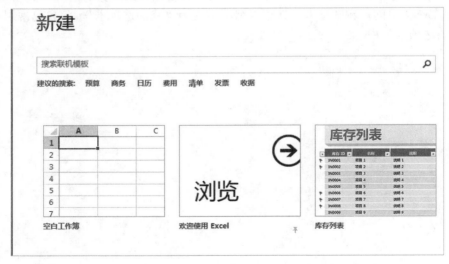

图 2.1.1　单击"新建"按钮显示模板

### 2.1.2　打开工作簿

如图 2.1.2 所示，在 Excel 2013 中打开工作簿时，既可以选择打开保存在计算机中的工作簿，也可以选择打开保存在 OneDrive 中的工作簿，还可以通过最近使用的工作簿快速打开列表中的文件。在 Excel 2013 中，每个工作簿都拥有一个独立的窗口，这一点和 Excel 2010 不同。

图 2.1.2　打开工作簿

打开计算机中保存的工作簿文件，操作步骤如下：

① 单击"打开"命令，在右侧选项面板中选择"计算机"项。

② 从"最近访问的文件夹"列表中单击文件夹名称或单击"浏览"按钮，都将弹出"打开"对话框。

③ 在对话框中选择工作簿文件，单击"打开"按钮右侧的下拉按钮，可从菜单中选择文件打开方式，如以只读方式打开、以副本方式打开等，如图 2.1.3 所示。

在"最近使用的工作簿"列表中显示的文件默认数量为 25 个，可在"Excel 选项"对话框中设置。

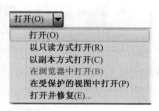

图 2.1.3　文件打开方式

### 2.1.3　保存工作簿

对于新建工作簿来说，单击"保存"按钮自动会切换至"另存为"选项面板，如图 2.1.4 所示。单击"计算机"选项，在右侧面板中单击"浏览"按钮，将弹出"另存为"对话框，在其中选择当前工作簿文件的保存位置、文件类型并输入文件名，可将工作簿保存至本地计算机中。

单击"OneDrive"选项，可以将工作簿保存至云网盘中。Excel 2013 中增加了有关云存储的一些信息，还增加了云账户的登录功能，这样用户可以非常方便地将数据保存在非本地计算机中。

图 2.1.4 "另存为"选项面板

保存工作簿时，用户可以根据实际工作的需要，在"另存为"对话框的"保存类型"下拉列表中选择不同的工作簿保存类型。

常用的几种保存类型如下。

- Excel 工作簿：以默认文件格式保存工作簿，扩展名为.xlsx。
- Excel 启用宏的工作簿：如果工作簿中含有 VBA 代码，则文件保存类型必须选择为启用宏的工作簿，文件扩展名为.xlsm，否则无法保存 VBA 代码。
- Excel 97-2003 工作簿：保存一个与 Excel 97-2003 完全兼容的工作簿副本，扩展名为.xls。
- 单个文件网页：将工作簿保存为单个网页，文件扩展名为.mht。
- Excel 模板：将工作簿保存为 Excel 模板类型，扩展名为.xltx。
- Excel 启用宏的模板：将工作簿保存为启用宏的模板类型，扩展名为.xltm。

在保存工作簿时，用户可以单击"快速访问工具栏"中的"保存"按钮；用户也可以在"Excel 选项"对话框中单击"保存"类别，在右侧面板的"保存工作簿"区中选中"保存自动恢复信息时间间隔"复选框,在后面的微调框中输入 1～120 之间的一个整数（单位为分钟），以防止未及时手动保存造成数据丢失，如图 2.1.5 所示。

图 2.1.5 设置"保存自动恢复信息时间间隔"

## 2.2　工作表的基本操作

工作表（Worksheet）是一个由很多行和列组成的二维表格，Excel 工作簿窗口中显示的是一个工作表的内容。工作表默认名称一般为 Sheet1、Sheet2 等。

在默认情况下，Excel 2013 的工作簿文件只包含一个工作表，用户可以根据需要插入多个工作表。每个工作表的名称是唯一的，也可以为工作表标签设置不同的颜色加以区别。

工作表的基本操作包括插入、删除、重命名、移动或复制、保护等。右键单击工作表标签，弹出工作表快捷菜单，如图 2.2.1 所示。在快捷菜单中选择相应命令，可以非常方便、快速地对工作表进行操作。

图 2.2.1　工作表快捷菜单

除了使用快捷菜单进行操作之外，也可以使用"开始"选项卡的"单元格"组中的命令进行有关工作表的操作。

### 2.2.1　插入与删除工作表

#### 1．插入工作表

在 Excel 2013 中，新建工作簿自动包含一个工作表 Sheet1。当工作表数量不能满足工作需要时，可以用多种方法插入新工作表，操作方法如下：

① 单击工作表标签栏右侧的"新工作表"按钮⊕，插入空白工作表。

② 在工作表快捷菜单中单击"插入"命令，打开"插入"对话框，如图 2.2.2 所示。选择项目，单击"确定"按钮，插入的新工作表将位于当前工作表之前。在默认情况下，将插入空白工作表；如果选择项目为"图表"，将插入空白图表工作表。需要注意的是，项目中还可以选择模板以及 MS Excel 4.0 宏表等。如果选择模板，将插入模板所包含的所有工作表。

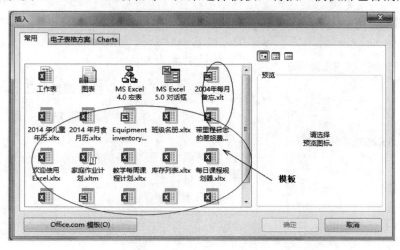

图 2.2.2　"插入"对话框

### 2. 删除工作表

在工作簿中删除多余的工作表时，可以删除指定的工作表，也可以同时删除多个工作表。当然，删除工作表后，工作簿内至少要包含一个可视工作表。

删除工作表，最简便的方法是在工作表快捷菜单中单击"删除"命令。执行删除工作表命令时，工作表和工作表中的数据都将被删除。需要注意的是，工作表一旦删除后，将无法恢复。

如果同时删除多个工作表，可以按住 Ctrl 键逐个单击要删除的工作表标签，选中多个工作表后，再进行删除工作表操作。

## 2.2.2　重命名工作表

在 Excel 中，插入的新工作表默认名称依次为 Sheet2、Sheet3…。但在实际工作中，用户需要用能够反映工作表内容的有意义的名称命名工作表，如"销售运费表"、"购书情况表"等，方便以后查找工作表。

重命名工作表，在工作表快捷菜单中单击"重命名"命令或双击工作表标签，进入工作表标签编辑状态，输入新的工作表名称，然后按回车键即可。

## 2.2.3　移动或复制工作表

在 Excel 中，可以在同一个工作簿中移动或复制工作表，也可以在不同的工作簿中移动或复制工作表。

### 1. 在同一个工作簿中移动或复制工作表

移动工作表，是指在工作表标签栏中调整工作表的位置。复制工作表，是指创建工作表副本。

在同一个工作簿中移动或复制工作表的操作比较简单，可以直接按住鼠标左键拖动工作表标签。需要注意的是，复制工作表时需要按住 Ctrl 键拖动工作表标签。例如，复制 Sheet1工作表，按住 Ctrl 键，同时按住鼠标左键拖动 Sheet1 标签到指定的位置后松手，这时副本工作表默认名称为 Sheet1 (2)。

图 2.2.3　"移动或复制工作表"对话框

### 2. 在不同工作簿中移动或复制工作表

在不同的工作簿中移动或复制工作表，就是将源工作簿的工作表移动或复制到已经打开的目标工作簿或新工作簿中。最方便的操作方法是使用"移动或复制工作表"对话框。

操作步骤如下。

① 右键单击移动或复制的工作表标签，单击快捷菜单中的"移动或复制"命令，弹出"移动或复制工作表"对话框，如图 2.2.3 所示。

② 选择工作表移动或复制的目标工作簿和工作

表位置，单击"确定"按钮。

需要注意的是，移动工作表和复制工作表的区别在于，复制工作表时需要选中"建立副本"复选框。

### 2.2.4 工作组

当用户需要对多个工作表的相同位置单元格进行相同的操作时，包括输入数据、删除数据、格式设置等，可以把多个工作表组成一个工作组。

选定多个工作表的操作方法和资源管理器中选择多个文件的方法类似，按住 Shift 键可以选择位置上连续的工作表，按住 Ctrl 键可以选择位置上不连续的工作表。当选定多个工作表时，标题栏中工作簿名称的右侧出现"[工作组]"标记。组成了工作组后，对其中一个工作表所进行的操作实际上也会对工作组中所有工作表相应位置的单元格进行相同操作。

在工作表快捷菜单中，单击"取消组合工作表"命令，可以取消工作组。

例如，在 Sheet1、Sheet2、Sheet3 这 3 张工作表中同时输入"学生名单"表格的列标题，先将 3 张工作表组合成一个工作组，单击其中一个工作表标签，在第一行中输入列标题行，如图 2.2.4 所示。取消工作组后，查看 3 张工作表，每张工作表的第一行中都将显示相同的列标题，如图 2.2.5 所示。

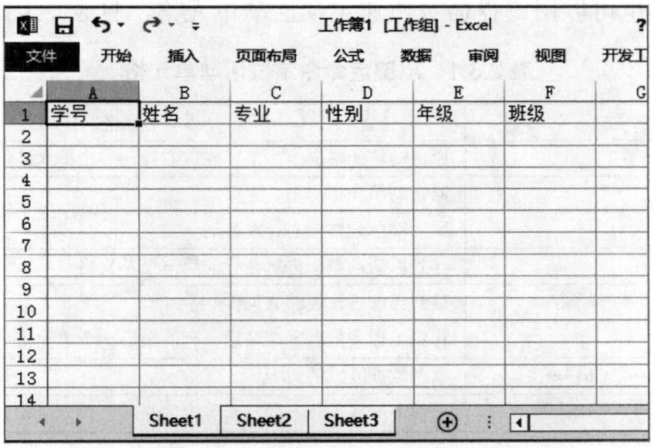

图 2.2.4 组成工作组

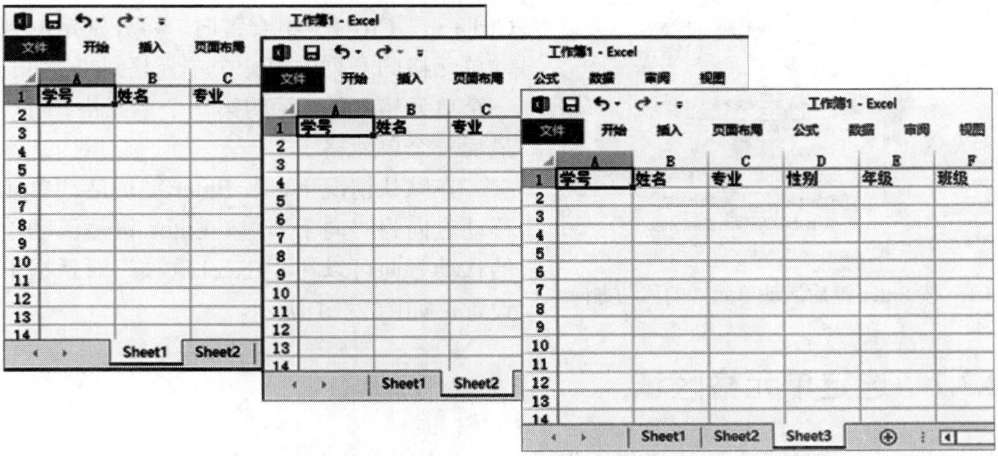

图 2.2.5 3 张工作表显示相同内容

## 2.3　单元格的基本操作

单元格（Cell）是指工作表中行和列交叉的部分，它是工作表中最小的单位。工作表中每个单元格的位置，称为单元格地址，通常用该单元格所在列的列号（列标）和所在行的行号表示。一个工作表由 1 048 576 行、16 384 列组成，其中行号用阿拉伯数字表示（1～1 048 576），列号用英文大写字母表示（A,B,…Z,AA,AB,…,ZZ,AAA,…,XFD）。

单元格的基本操作包括选定、插入与删除、移动或复制等，其中单元格的选定是其他单元格操作的基础。

### 2.3.1　选定单元格

Excel 工作表中单元格数量众多，利用滚动条和鼠标选定某个指定的单元格并不容易。最简便的方法是使用"名称框"，在名称框中输入单元格地址，然后按回车键。例如，要选定行号为 1000、列号为 A 的单元格，可在名称框中直接输入单元格地址 A1000 后按回车键，则 A1000 单元格将成为当前活动单元格。

在实际操作中，也可以用键盘命令快速定位活动单元格，见表 2.3.1。

表 2.3.1　用键盘命令定位活动单元格

| 键　名 | 活动单元格的移动 |
| --- | --- |
| ↑，↓，←，→ | 原活动单元格向上、下、左、右移动一个单元格位置 |
| Enter，Shift+Enter | 原活动单元格向下、上移动 |
| Tab，Shift+Tab | 原活动单元格向右、左移动 |
| Home | 移到原活动单元格所在行的第一个单元格 |
| Ctrl+Home | 移到当前工作表的 A1 单元格 |
| Ctrl+End | 移到工作表数据区域最后一列的最后一个单元格 |
| Ctrl+↑，Ctrl+↓，Ctrl+←，Ctrl+→ | 移到数据区域的边缘 |
| PgUp，PgDn | 上移一屏或下移一屏，新屏中同样的位置为活动单元格 |

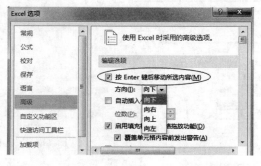

图 2.3.1　按 Enter 键后活动单元格的移动方向

在空白工作表中单击 Ctrl +↑、Ctrl +↓、Ctrl +←、Ctrl +→组合键时，将分别定位到原活动单元格同一列的第一个单元格、同一列的最后一个单元格、同一行的第一个单元格、同一行的最后一个单元格。

在默认情况下，按 Enter 键后活动单元格的移动方向为"向下"。按 Enter 键后活动单元格的移动方向可以在"Excel 选项"对话框中重新设置，如图 2.3.1 所示。

### 2.3.2　选定单元格区域

在 Excel 中，对多个单元格进行操作时，需要先选定这些单元格，这称为选定单元格区域。选定的单元格区域可以是连续的，也可以是不连续的。

（1）选定连续的单元格区域

- 按住鼠标左键，直接拖动鼠标选取区域。
- 在名称框中输入选取区域地址。例如，在名称框中输入区域地址"B2:H4"后按回车键。
- 单击选取区域的左上角单元格，按下 F8 键，进入"扩展式选定"模式，再将鼠标移动到选取区域的右下角单元格中单击（再次按下 F8 键，将退出"扩展式选定"模式）。

（2）选定整行或整列

- 直接单击要选定的行号或列号。
- 在名称框中输入选取区域地址。例如，要选定第 5 行，在名称框中输入"5:5"后按回车键；要选定第 5～7 行，在名称框中输入"5:7"（其中":"为引用运算符）。

（3）选定整个工作表

- 单击工作表行号和列号交叉处的全选按钮 ◢。
- 按 Ctrl+A 组合键。

（4）选定不连续单元格区域

- 选定第一个区域，按住 Ctrl 键，再选定其他区域。
- 选定第一个区域，按 Shift+F8 组合键，进入"添加到所选内容"模式，接着选取其他区域（再次按 Shift+F8 组合键，将退出"添加到所选内容"模式）。

在操作过程中，"扩展式选定"模式和"添加到所选内容"模式标记将出现在状态栏中。

### 2.3.3　插入与删除单元格

在工作表中插入与删除单元格，都会引起周围单元格的变动，因此用户在执行这些操作时，需要考虑周围单元格的移动方向。

右击活动单元格，在快捷菜单中单击"插入"命令，弹出"插入"对话框，如图 2.3.2 所示，根据需要选项即可；在快捷菜单中单击"删除"命令，弹出"删除"对话框，如图 2.3.3 所示，根据需要选项即可。

图 2.3.2　"插入"对话框

图 2.3.3　"删除"对话框

### 2.3.4　移动或复制单元格

在工作表中移动或复制单元格时，除了可以利用剪贴板外，还可以使用鼠标拖动法。

#### 1．利用剪贴板

选中移动或复制的单元格，执行"剪切"或"复制"操作时，选定单元格四周将会出现绿色的虚线（边框线）。选择目标单元格，执行"粘贴"操作，即可完成移动或复制。

在执行"粘贴"命令之前，若进行其他操作，则选定单元格四周的边框线将消失，而且无法再进行"粘贴"。单击"开始"选项卡 | "剪贴板"组右下角的对话框启动器按钮 ，将打开 Office 剪贴板。这样每次移动或复制的内容都将出现在剪贴板中，但最多不超过 24 个项目。用户可以在 Office 剪贴板中单击需要粘贴的项目。

需要注意的是，不能对多个选定的单元格区域，也就是多重选定区域执行"剪切"操作。如果要对多重选定区域进行复制，一般要求多重选定区域都在同一行中或在同一列中，如图 2.3.4（a）中 A2:A4 和 A7:A8 区域，图 2.3.4（b）中 D2:D3 和 F2:F3 区域。而粘贴后的内容将放在以目标单元格为左上角的连续区域中。

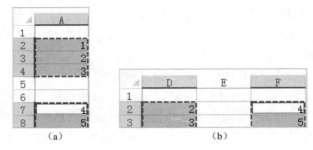

图 2.3.4　能进行复制的多重选定区域

#### 2．鼠标拖动法

如果源单元格与目标单元格的距离不太远，可以直接用鼠标拖动的方式实现移动或复制单元格。

选定源单元格，将鼠标指针移到选定单元格的边框线上，当鼠标指针变成 形状时，按住鼠标左键拖动到目标单元格位置放开，完成移动单元格的操作。

复制单元格与移动单元格操作类似，不同之处是需要按住 Ctrl 键拖动鼠标。

如果源单元格与目标单元格在不同的工作表中，可以按住 Alt 键拖动源单元格到目标单元格所在工作表标签上，即可切换到目标工作表，再拖动到目标单元格位置之后放开，可以完成不同工作表之间单元格的移动操作。

## 2.4　窗口操作

工作簿窗口的操作主要是通过"视图"选项卡的"窗口"组中的按钮进行，用户不仅可以方便自如地操作大型数据表格，还可以查看多个工作簿，如图 2.4.1 所示。

图 2.4.1　"窗口"组

## 2.4.1　新建窗口和全部重排

### 1．新建窗口

新建窗口功能是指建立同一个工作簿文件的另一个文档窗口，也就是说两个窗口将显示同一个文件。

例如，当前工作簿为“学生成绩单.xlsx”，单击“视图”选项卡|“窗口”组|“新建窗口”按钮，将在原来的窗口文件名后面自动加“:1”，在新建的窗口文件名后面加“:2”，可以使用两个窗口同时查看同一个工作簿的不同工作表。

### 2．全部重排

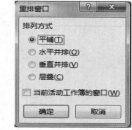

重排窗口功能是指用水平或垂直并排的排列方式查看多个窗口，可以方便地实现窗口之间的快速切换。

单击“视图”选项卡|“窗口”组|“全部重排”按钮，弹出“重排窗口”对话框，如图 2.4.2 所示。如果选中“当前活动工作簿的窗口”复选框，则只重排当前活动工作簿的所有窗口。若不选此项，将重排所有已打开工作簿的窗口。

图 2.4.2　“重排窗口”对话框

## 2.4.2　拆分窗口

拆分窗口功能是指将一个窗口拆分成两个或 4 个窗格，.以方便用户同时观察工作表的不同数据区域。

选择要进行拆分窗口的单元格，单击“视图”选项卡|“窗口”组|“拆分”按钮，将会在水平方向和垂直方向上把窗口分别拆分成两个同步的窗格。如果要将窗口在垂直方向上拆分成上下两个窗格，则选择要拆分的下一行，单击“拆分”按钮即可。同理，选择要拆分的后一列，单击“拆分”按钮，可以将窗口在水平方向上分成左右两个窗格。

拆分窗口后，每个窗格都可以使用滚动条显示完整的工作表内容。将鼠标指针移到拆分工作表的边框，当鼠标指针变为⟺或⇕形状时，可以拖动拆分框调整窗口的大小。双击拆分框的任何部分，即可取消拆分。

例如，Sheet1 工作表的表格由于数据量较多不可能在一个窗口中显示全部内容，如图 2.4.3 所示。

| | A | B | C | D | E | F | G | H | I |
|---|---|---|---|---|---|---|---|---|---|
| 1 | 凭证编号 | 日　期 | 客户名称 | 业务员 | 中央处理器规格 | 中央处理器数量 | 单　价 | 合计金额 | 内存规格 |
| 2 | 1 | 2014/1/2 | 豪兴公司 | 陈丽玉 | 酷睿i7 4770K | 5 | 2130 | 10650 | 三星 4GB DDR3 160 |
| 3 | 2 | 2014/1/2 | 华泰公司 | 陈丽玉 | | | | | |
| 4 | 3 | 2014/1/2 | 华泰公司 | 陈丽玉 | | | | | |
| 5 | 4 | 2014/1/2 | 光华公司 | 黄国强 | 酷睿i7 4820K | 6 | 2599 | 15594 | |
| 6 | 5 | 2014/1/2 | 豪兴公司 | 黄国强 | | | | | |
| 7 | 6 | 2014/1/2 | 光华公司 | 丁忠英 | 酷睿i7 4770K | 2 | 2130 | 4260 | |
| 8 | 7 | 2014/1/2 | 华泰公司 | 丁忠英 | | | | | 三星 8GB DDR3 160 |
| 9 | 8 | 2014/1/2 | 光华公司 | 丁忠英 | | | | | |
| 10 | 9 | 2014/1/2 | 光华公司 | 何字长 | | | | | |
| 11 | 10 | 2014/1/3 | 光华公司 | 何字长 | | | | | |
| 12 | 11 | 2014/1/14 | 华泰公司 | 李忠邦 | 酷睿i7 4770K | 4 | 2130 | 8520 | |
| 13 | 12 | 2014/1/14 | 华泰公司 | 陈丽玉 | | | | | |
| 14 | 13 | 2014/1/14 | 豪兴公司 | 陈丽玉 | | | | | |
| 15 | 14 | 2014/1/14 | 华泰公司 | 何字长 | | | | | |
| 16 | 15 | 2014/1/14 | 豪兴公司 | 何字长 | | | | | 三星 4GB DDR3 160 |
| 17 | 16 | 2014/1/15 | 豪兴公司 | 黄国强 | | | | | 三星 8GB DDR3 160 |
| 18 | 17 | 2014/1/16 | 光华公司 | 黄国强 | 酷睿i7 4820K | 3 | 2599 | 7797 | |
| 19 | 18 | 2014/1/16 | 华泰公司 | 丁忠英 | 酷睿i7 4770K | 2 | 2130 | 4260 | |
| 20 | 19 | 2014/1/16 | 华泰公司 | 李忠邦 | 酷睿i7 4820K | 4 | 2599 | 10396 | |
| 21 | 20 | 2014/1/16 | 华泰公司 | 李忠邦 | | | | | 三星 8GB DDR3 160 |



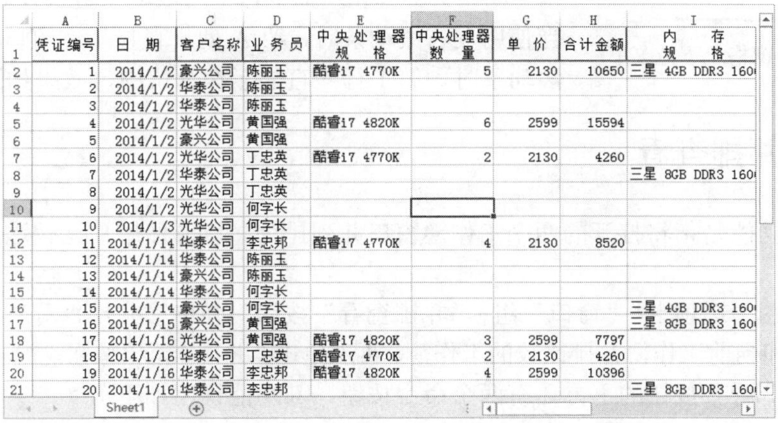

图 2.4.3　拆分之前的窗口

选择要进行拆分窗口的单元格，单击"拆分"按钮，当前工作表被分成 4 个窗格，拖动滚动条调整每个窗格中的显示内容，如图 2.4.4 所示。再次单击"拆分"按钮将取消拆分，恢复原状。

图 2.4.4　拆分之后的窗口

经过拆分调整后，在水平方向上，左窗格显示 A～E 列数据，右窗格显示 T～X 列数据。而在垂直方向上，上方窗格显示 1～9 行数据，下方窗格显示 24～33 行数据。

### 2.4.3　冻结窗口

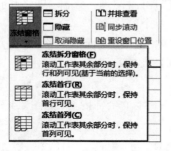

图 2.4.5　"冻结窗格"下拉菜单

冻结窗口功能是指选择固定工作表中的某些行或列，使得固定的行或列始终显示在当前窗口中，不受滚动条的影响。在实际工作中，一般固定表格的标题行或标题列，以便查看相应的数据。

选定冻结单元格，单击"视图"选项卡 | "窗口"组 | "冻结窗格"下拉按钮，弹出的菜单中包括"冻结拆分窗格"、"冻结首行"和"冻结首列"，如图 2.4.5 所示。

例如，在如图 2.4.3 所示的表格中，选择 B2 单元格，单击"冻结拆分窗格"命令，并用滚动条进行调整。冻结之后，当使用左右滚动条时，第 A 列一直显示在窗口中；使用上下滚动条时，第 1 行一直显示在窗口中，效果如图 2.4.6 所示。

### 2.4.4　并排查看

并排查看功能是指将打开的两个工作簿窗口并列排列，以方便用户比较这两个工作簿中的数据。

单击"视图"选项卡 | "窗口"组 | "并排查看"按钮，弹出"并排查看"对话框，在对话框中选择要和当前工作簿并排比较的工作簿。再次单击"并排查看"按钮，将取消并排查看。

在"并排查看"按钮的下方还有两个命令按钮，其功能说明如下。

● 同步滚动：默认设置，同步滚动并排查看的两个工作簿窗口。再次单击"同步滚动"

按钮，将取消两个窗口的同步滚动。

- 重设窗口位置：重置正在并排比较的工作簿窗口位置，使它们平分屏幕。

需要注意的是，在使用并排查看功能时，如果当前正好有两个工作簿打开，那么不会显示"并排查看"对话框。

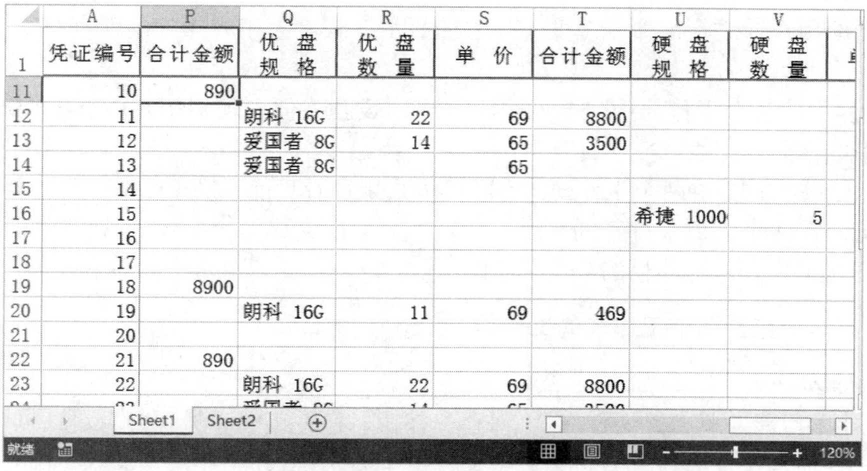

| | A | P | Q | R | S | T | U | V | |
|---|---|---|---|---|---|---|---|---|---|
| 1 | 凭证编号 | 合计金额 | 优 盘规 格 | 优 盘数 量 | 单 价 | 合计金额 | 硬 盘规 格 | 硬 盘数 量 | |
| 11 | 10 | 890 | | | | | | | |
| 12 | 11 | | 朗科 16G | 22 | 69 | 8800 | | | |
| 13 | 12 | | 爱国者 8G | 14 | 65 | 3500 | | | |
| 14 | 13 | | 爱国者 8G | | 65 | | | | |
| 15 | 14 | | | | | | | | |
| 16 | 15 | | | | | | 希捷 1000 | 5 | |
| 17 | 16 | | | | | | | | |
| 18 | 17 | | | | | | | | |
| 19 | 18 | 8900 | | | | | | | |
| 20 | 19 | | 朗科 16G | 11 | 69 | 469 | | | |
| 21 | 20 | | | | | | | | |
| 22 | 21 | 890 | | | | | | | |
| 23 | 22 | | 朗科 16G | 22 | 69 | 8800 | | | |

图 2.4.6　冻结窗格的效果

## 2.4.5　窗口的其他操作

### 1．工作簿视图

在 Excel 中提供了 4 种视图方式：普通视图、分页预览、页面布局和自定义视图方式。单击"视图"选项卡|"工作簿视图"组中的视图按钮，可以选择视图方式。在默认情况下，工作簿视图方式是普通视图。

### 2．显示或隐藏窗口元素

窗口元素包括标尺、编辑栏、网格线和标题。在"视图"选项卡|"显示"组中，选中窗口元素对应的复选框，如"网格线"，在窗口中将显示网格线；如果取消选中窗口元素对应的复选框，将隐藏该元素。

### 3．缩放比例

如果要放大选定区域或缩小工作表进行预览，可以使用"视图"选项卡|"显示比例"组中的按钮。

选择区域，单击"视图"选项卡|"显示比例"组|"缩放到选定区域"按钮，则选定区域将填充当前窗口显示。

单击"视图"选项卡|"显示比例"组|"显示比例"按钮，弹出"显示比例"对话框，用户可以根据需要选择缩放比例，也可选自定义缩放比例。

例如，浏览较大的工作表时，无法在一个窗口中显示完整的内容，可适当调小显示比例，以便查看工作表的整体效果。

## 2.5 综合案例：如何显示同一个工作簿中的两个工作表

在实际操作中，用户经常需要同时查看多个工作簿或同一个工作簿中的不同工作表。本章案例将帮助用户通过窗口命令改变工作表的显示方式，为完成任务设置方便友好的工作区界面。

【案例】假设某个工作簿中包含两个工作表，设置界面，使得用户能够方便地比较同一个工作簿中的不同工作表。

分析：如果同时查看两个工作簿，可以使用并排查看功能，并实现两个工作簿同步滚动。那么是否可以在两个窗口中打开同一个工作簿？只要能完成这个操作，就可以实现查看同一工作簿中不同工作表内容的目的。

### 1. 创建一个包含两个工作表的工作簿

操作步骤如下。

① 新建工作簿，单击"文件"｜"保存"按钮，在弹出的"另存为"对话框中选择文件保存位置，并输入文件名为"素材 2.5"，文件类型为"Excel 工作簿（.xlsx）"。

② 右键单击 Sheet1 工作表，在快捷菜单中单击"插入"，新插入的工作表默认名称为 Sheet2。

③ 将 Sheet2 工作表重命名。双击 Sheet2 工作表标签，输入"样板"，按 Enter 键。

④ 在"样板"工作表中建立"一周备忘录"，效果如图 2.5.1 所示（表格样式可自选）。

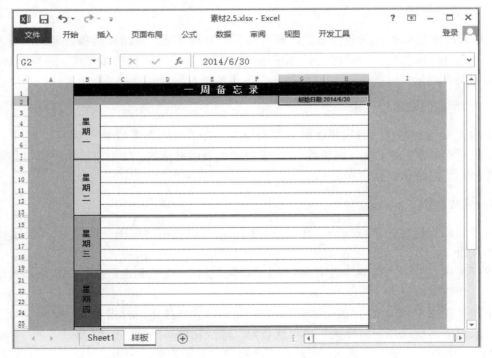

图 2.5.1 示例样板

### 2．实现并排查看

操作步骤如下。

① 单击"视图"选项卡｜"窗口"组｜"新建窗口"按钮，使得"素材 2.5.xlsx"文件在两个窗口中同时打开，窗口文件名分别为"素材 2.5.xlsx:1"和"素材 2.5.xlsx:2"。

② 选择其中一个文件窗口，单击"视图"选项卡｜"窗口"组｜"并排查看"按钮，将上述两个工作簿并排排列。在一个窗口中显示 Sheet1 工作表，另外一个窗口中显示"样板"工作表，这两个工作簿同步滚动，用户可以比较查看两个工作表，效果如图 2.5.2 所示。

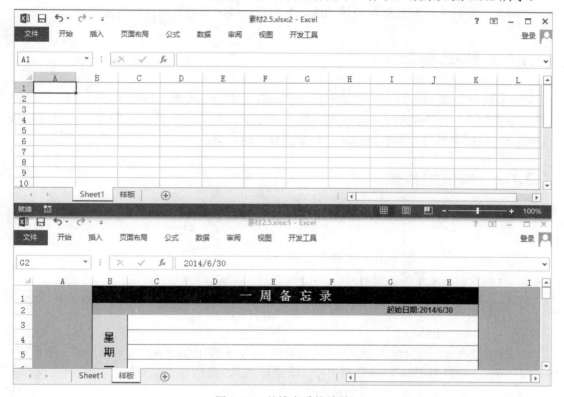

图 2.5.2　并排查看的效果

## 2.6　思考与练习

1．根据"班级名册"模板，创建新工作簿，输入内容后，试着保存到 OneDrive 中共享。

2．在新建工作簿中选择 Sheet1 工作表，试着快速选取 J～XFD 列的所有单元格。

3．如何在一个窗口的上下窗格中同时显示同一个工作表内容？

4．如何冻结一个工作表的 1～3 行以及 A 列？

5．如何在一个工作簿的多个工作表中同时创建"学生成绩单"表格，以便在不同工作表中输入不同专业的成绩？

# 第3章  数据的基本操作

Excel 的操作对象是数据，数据是有数据类型的，只有在工作表中准确地输入数据，才能用公式和函数进行正确的数据处理。Excel 不仅提供了多种功能用于提高数据输入的速度和准确性，还提供了多层次的数据保护机制用来保护数据、防止被误操作。本章通过介绍 Excel 的数据输入、数据编辑和数据保护等功能，为用户后续的数据处理操作奠定基础。

## 3.1  数据类型

在 Excel 中，数据可以分为数值型、逻辑型和文本型三大类，日期和时间数据可以认为是数值数据的一种特殊类型。数据类型一般不需要事先定义，而是通过用户输入的数据内容自动确定，数据类型将会影响数据处理和数据分析的结果。

### 3.1.1  数值型数据

在 Excel 中，数值型数据是最常见、最重要且最复杂的数据类型。数值数据有如下两个特点：

● 在默认情况下，数据在单元格中右对齐。

● 数据可以有多种显示格式。

#### 1. 数字

（1）可包含的符号

数字字符 0～9，正负号 "+"、"−"，小数点 "."，科学计数法的 "E" 或 "e"，货币符号 "$" 或 "¥"，百分号 "%"，分隔符 "/"，千位符 "，"，圆括号 "()" 等。

Excel 的数字就是由以上符号组成的。

（2）输入数字的一些规则

① 负数：带括号的数字被识别为负数。例如，输入（3）和−3 都被识别为负数。

② 分数：输入分数时，在整数与分数之间加上 ☐（☐ 表示空格）。例如，输入 "0 ☐ 1/4" 显示为 1/4（分数格式）；输入 "3 ☐ 1/4" 显示为 3 ☐ 1/4（分数格式）。

③ 百分数：输入百分数时，只需要在数字后再输入 "%" 即可。

需要注意的是：

● 当数字的整数位数超过 11 位时，系统将自动转化成科学计数法表示。例如，输入数字 123456789012 时，单元格内将显示 1.23457E+11。

● 数字的有效位数是 15 位，超过 15 位的部分将被舍弃并用 0 代替。

（3）数字数据的显示格式

在单元格中输入数字数据，单击 "开始" 选项卡 | "数字" 组中的命令按钮可以设置数字格式，也就是显示格式，如图 3.1.1 所示。

当需要设置更多复杂的数字格式时，单击"开始"选项卡｜"数字"组右下角的对话框启动器按钮，在弹出的"设置单元格格式"对话框中设置数字格式（有关数字格式方面的更多信息，参见第 4 章）。

| | A | B |
|---|---|---|
| 1 | 输入值 | 显示值 |
| 2 | 12.3 | 1230% |
| 3 | 12.3 | 12.30 |
| 4 | 12.3 | ¥12.30 |
| 5 | 12.3 | 1.23E+01 |
| 6 | 12.3 | 12 1/3 |

图 3.1.1　数字的多种显示格式

### 2．日期

（1）输入日期数据的一些规则

● 日期数据分隔符为"/"或"-"，日期顺序一般为"年-月-日"。

● 输入日期数据时，如果省略年份，将被认为是系统当前年份的日期；如果省略日期，将被认为是当月的第 1 日。

● 系统支持两种日期系统，1900 日期系统和 1904 日期系统，默认选用 1900 日期系统。如果要使用 1904 日期系统，则需要在"Excel 选项"对话框中启用。

例如，在单元格中输入 2013/4/1 或 2013-4-1，系统将识别为日期数据。下列输入数据都属于日期数据：

　　99/10/3　　　　2014-1-1　　　Aug-2　　　2014/2　　　2014 年 1 月 1 日　　　3/1

需要注意的是，超出日期数据范围的数据，如 1889/1/1，虽然符合日期格式，但系统认为这是非法的日期数据，归类为文本型。

（2）日期与整数之间对应关系

在 Excel 中，将日期存储为一系列连续的整数，实质上是基准日期到指定日期之间天数的序列值。在 1900 日期系统中，以 1900 年 1 月 1 日为基准日期，对应的序列值为 1，1900 年 1 月 2 日对应于序列值 2，其余类推，日期数据对应的序列值将依次递增。

表 3.1.1 给出了每种日期系统中的第一天和最后一天的日期及对应的序列值。

表 3.1.1　日期系统

| 日期系统 | 第一天 | 最后一天 |
|---|---|---|
| 1900 | 1900 年 1 月 1 日（序列值 1） | 9999 年 12 月 31 日（序列值 2958465） |
| 1904 | 1904 年 1 月 1 日（序列值 0） | 9999 年 12 月 31 日（序列值 2957003） |

在某个单元格中输入日期数据，将单元格的数字格式设置为"常规"或按 Ctrl+Shift+"～"组合键，就能得到此日期数据对应的序列值。

（3）日期数据的显示格式

在单元格中输入日期数据，通过设置数字格式可以用不同的格式显示日期，如图 3.1.2 所示。

日期数据参加运算时，实际上是日期数据对应的序列值参加运算。例如，公式："="2014/3/31"-"2014/3/1""，计算时，将对应于日期 2014/3/31 的序列值减去对应于日期 2014/3/1 的序列值。

| | D | E |
|---|---|---|
| 1 | 输入值 | 显示值 |
| 2 | 2014/1/1 | 41640 |
| 3 | 2014/1/1 | 2014年1月1日 |
| 4 | 2014/1/1 | 一月一日 |
| 5 | 2014/1/1 | 星期三 |
| 6 | 2014/1/1 | 二〇一四年一月一日 |

图 3.1.2　日期的多种显示格式

### 3．时间数据

（1）输入时间数据的一些规则

● 时间数据的分隔符为"："，顺序是时:分:秒。

- 时间可以以 24 小时制输入，也可以以 12 小时制输入。例如，输入为 18:00（24 小时制），或输入为 6:00□PM（12 小时制，□为空格），系统都将识别为下午 6 点。
- 时间数据有时也可以和日期数据组合，如 2014/1/1□8:30（日期和时间之间留有空格）。

（2）时间数据与小数之间的对应关系

在 Excel 中，时间数据存储为小数，其实质是从起始时刻（即午夜零点）到指定时刻之间的这一段时间在一天中的比例。时间数据的范围为 0:00:00～24:00:00，对应于 0～1 之间的小数，其中时间数据 0:00 对应于 0，时间数据 24:00 对应于 1。时间数据 8:30 对应的小数可以用数学公式"=（8+30/60）/24"计算。时间和日期一样，也可以将单元格的数字格式设置为"常规"或按 Ctrl+Shift+"～"组合键，得到时间数据所对应的小数。同样，时间数据也有很多不同的显示格式。

需要注意的是，时间和日期组合的数据，如 2014/1/1□12:00，对应于小数 41640.5，其中，41640 是 2014 年 1 月 1 日对应的序列值，0.5 是 12 点对应的小数。而超出时间范围的数据，如 25:00:00，系统认为这是时间和日期组合的数据，也就是 1900/1/1□1:00:00，对应于小数 1.041666667。

当时间数据参加运算时，实际上是对应的小数参加运算。例如，如图 3.1.3 所示的"加班费计算表"用于计算每人一天的加班费，其中每人每小时加班费为 100 元。如何用公式计算出正确的加班费呢？

| | A | B | C | D |
|---|---|---|---|---|
| 1 | 加班费计算表 | | | |
| 2 | 员工编号 | 正常下班时间 | 下班时间 | 加班费 |
| 3 | A001 | 17:30 | 19:30 | |
| 4 | A002 | 17:30 | 20:00 | |
| 5 | A003 | 17:30 | 21:00 | |
| 6 | A004 | 17:30 | 20:30 | |
| 7 | A005 | 17:30 | 22:00 | |

图 3.1.3　示例数据

在 D3 单元格中输入公式"=（C3-B3）*100"，拖动填充柄向下填充公式。在默认情况下，结果如图 3.1.4（a）所示。显然这是错误的，因为两个时间数据相减，实质就是对应的小数相减。时间数据 19:30 减去时间数据 17:30，将会得到小数 0.083333。因此，要得到正确的结果，应在 D3 单元格中输入公式"=（C3-B3）*24*100"，拖动填充柄得到计算结果，如图 3.1.4（b）所示。

| | A | B | C | D |
|---|---|---|---|---|
| 1 | 加班费计算表 | | | |
| 2 | 员工编号 | 正常下班时间 | 下班时间 | 加班费 |
| 3 | A001 | 17:30 | 19:30 | 8.33 |
| 4 | A002 | 17:30 | 20:00 | 10.42 |
| 5 | A003 | 17:30 | 21:00 | 14.58 |
| 6 | A004 | 17:30 | 20:30 | 12.50 |
| 7 | A005 | 17:30 | 22:00 | 18.75 |

（a）错误的结果

| | A | B | C | D |
|---|---|---|---|---|
| 1 | 加班费计算表 | | | |
| 2 | 员工编号 | 正常下班时间 | 下班时间 | 加班费 |
| 3 | A001 | 17:30 | 19:30 | 200 |
| 4 | A002 | 17:30 | 20:00 | 250 |
| 5 | A003 | 17:30 | 21:00 | 350 |
| 6 | A004 | 17:30 | 20:30 | 300 |
| 7 | A005 | 17:30 | 22:00 | 450 |

（b）正确的结果

图 3.1.4　两种不同的数据处理结果

### 3.1.2 逻辑型数据

逻辑型数据只有两个值，TRUE 和 FALSE。TRUE 表示真，FALSE 表示假。在默认情况下，逻辑型数据在单元格中居中对齐，并且自动显示为大写字母。

例如，"员工信息表"中"党员否"、"婚否"等信息可以保存为逻辑值。如果是党员，则输入 TRUE，否则输入 FALSE。

在 Excel 的公式中，关系表达式结果为逻辑值。例如，公式"=4>3"的结果为 TRUE。逻辑值 TRUE，在公式中作为数值 1 参加运算；逻辑值 FALSE，作为数值 0 参加运算。因此，公式"=3+TRUE"的结果为 4。

### 3.1.3 文本型数据

文本型数据包括字符和汉字。在默认情况下，文本数据在单元格中左对齐。

输入数据时，在数字前面加撇号（'），如'65783332，Excel 会将其转化为文本型数据，这种数据称为数字文本数据。数字文本数据的左上角将显示绿色的错误标记，如图 3.1.5 所示。

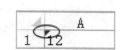

图 3.1.5 绿色的错误标记

除了数字文本之外，非法的数据也都被认为是文本数据，如 1889/3/1、3+4、8:30AM 等。

在实际工作中，有些数字数据需要保存为文本，如身份证号、存折卡号。因为在 Excel 中，数字数据的有效位数为 15 位，所以系统将直接舍弃超出的部分并用 0 替换。在默认情况下，在 A1 单元格中输入 18 位数字 123456789012345678，在单元格中将显示为 1.23457E+17，而在编辑框中将显示为 123456789012345000，如图 3.1.6 所示。有些数据，如学号、手机号等，虽然长度不超过 15 位，但只要不需要进行数学运算，一般都应保存为数字文本，这和数据库中对这些数据的定义一致。

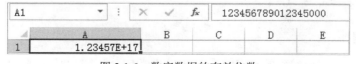

图 3.1.6 数字数据的有效位数

输入数字文本时，除了输入时在数字前面加撇号（'）的方法以外，还可以在输入数据之前先选定空白单元格区域，设置数字格式为"文本"，再输入数据。在输入大批数字文本数据时，可以采用第二种方法。

## 3.2 自动填充数据

Excel 的自动填充功能可以用来快速填充有规律的数据，如数字、日期、时间等序列和自定义序列。利用填充功能，还可以复制单元格内容（常量或公式）和格式，也可以根据用户的示范输入智能地填充数据。在 Excel 中进行自动填充，可以利用"开始"选项卡|"编辑"组|"填充"按钮，但最简单的方法是拖动填充柄进行填充。

### 3.2.1　填充柄

当用户选择单元格或者单元格区域后，位于右下角的黑色小方块称为填充柄，如图 3.2.1

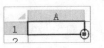

图 3.2.1　填充柄

所示。鼠标指针指向选中单元格的填充柄，当光标变成实心十字╋形状时，按住左键拖动至需要填充的单元格处释放左键完成填充。

拖动后，右下角会出现"自动填充选项"的智能标记按钮。单击"自动填充选项"按钮，在下拉列表中可以选择不同的填充方式。

常见的填充方式如下。
- 复制单元格：复制单元格内容及格式。
- 仅填充格式：只复制单元格的格式。
- 不带格式填充：只填充单元格的内容，不复制单元格的格式。
- 填充序列：一般产生等差序列和自定义序列。
- 快速填充：智能填充模式，输入剩余数据。

需要注意的是，拖动填充柄也可以复制公式。例如，在如图 3.2.2 所示表格中计算销售总额，销售总额=销售数量×单价。在 D2 单元格中输入公式"=B2*C2"，选择 D2 单元格，按住左键拖动填充柄到 D4 单元格。这时，默认的填充方式就是"复制单元格"。因为公式中使用了相对引用，公式复制的结果就是公式中引用单元格的地址发生了相应的变化。

| | A | B | C | D |
|---|---|---|---|---|
| 1 | 书名 | 销售数量 | 单价 | 销售总额 |
| 2 | 大学计算机基础 | 100 | 31 | =B2*C2 |
| 3 | Excel 高级数据分析 | 200 | 25 | =B3*C3 |
| 4 | C语言程序设计 | 150 | 46 | =B4*C4 |

图 3.2.2　填充公式

### 3.2.2　等差或等比序列

**1. 等差序列**

要在某一行或某一列相邻的单元格区域中产生数字、日期、时间或文本和数字组成的等差序列，最直接的操作方法是：在连续的两个单元格中输入初值并选定这两个单元格，按住鼠标左键直接拖动填充柄即可。这时，等差序列的步长为两个初值的差值。

如图 3.2.3（a）所示，在 A1 和 A2 单元格中输入序列的两个初值 1 和 3，再选定 A1 和 A2 单元格，按住鼠标左键向下拖动填充柄即可产生初值为 1、步长为 2 的等差序列，结果如图 3.2.3（b）所示。

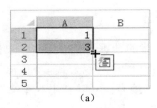
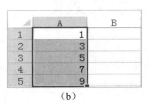

（a）　　　　　　　　　　　（b）

图 3.2.3　产生等差序列

日期的等差序列，可以以年、月、天数、工作日等为单位。例如，在 A1 单元格中输入 2014/1/1，向下拖动填充柄到 A5 单元格，默认的填充方式为"填充序列"，将产生以天数为单位、步长为 1 的等差序列。单击"自动填充选项"按钮，显示如图 3.2.4 所示的下拉列表，单击"以月填充"选项，则产生以月为单位、步长为 1 的等差序列。

由文本和数字组成的等差序列，如果等差序列的步长为 1，则先输入等差序列的第 1 个初值，然后直接拖动填充柄即可，如图 3.2.5 所示。

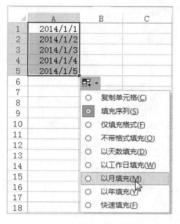

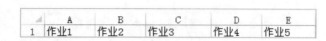

图 3.2.4　日期自动填充选项　　　　图 3.2.5　文本和数字组成的等差序列

### 2．等比序列

类似的方法可产生等比序列，在连续的单元格中先输入两个初值并选定这两个单元格，在拖动填充柄时按住鼠标右键拖动而不是左键，一直拖动到序列的最后一个单元格处释放按键，将弹出快捷菜单，在快捷菜单中选择"等比序列"。

如图 3.2.6 所示，选定 A1 和 A2 单元格，按住鼠标右键拖动填充柄至目标单元格，在弹出的快捷菜单中选择"等比序列"，将产生步长为 3 的等比序列。

产生等差或等比序列，还可以使用"开始"选项卡|"编辑"组|"填充"按钮。单击"填充"按钮，在下拉菜单中选择"序列"，并在弹出的"序列"对话框选择类型、输入步长值等。

例如，在 A1 单元格中输入初值 1，单击"填充"按钮，在下拉菜单中选择"序列"，弹出"序列"对话框，如图 3.2.7 所示。在"序列"对话框中设置参数，在"序列产生在"栏中选择"行"，在"类型"栏中选择"等差序列"，设置步长值为 3、终止值为 20，单击"确定"按钮。在 A1:G1 单元格区域中将自动产生等差序列，序列的最后一个值必须小于等于终止值，结果如图 3.2.8 所示。

## 3.2.3　自定义序列

虽然 Excel 提供了多种填充方式，可以快速地填充有规律的序列，但是在实际应用中难免会遇到需要输入特殊序列的情况。例如，"学生选课名单"的列标题由学号、姓名、性别、专业、年级、班级等组成。这种无规律的数据序列，如果在实际操作中经常需要输入，那么可以把这种序列定义为自定义序列保存在系统中。

图 3.2.6　等比序列

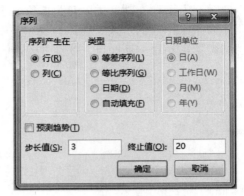

图 3.2.7　"序列"对话框

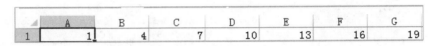

图 3.2.8　通过"填充"命令产生等差序列

## 1. 查看系统提供的自定义序列

Excel 系统提供了 11 种内置的自定义序列，打开"Excel 选项"对话框，选择"高级"类别，在右侧选项面板中单击"编辑自定义列表"按钮，弹出"自定义序列"对话框，用户可以查看系统提供的自定义序列，如图 3.2.9 所示。

图 3.2.9　系统定义的自定义序列

## 2. 使用自定义序列

产生自定义序列的方法是：先输入自定义序列的某一个序列项，然后按住鼠标左键直接拖动填充柄即可。

例如，选择 A1 单元格并输入"正月"，按住鼠标左键直接向下拖动填充柄，则可以填充

"二月"、"三月"、"四月"等自定义序列的其他数据。每个自定义序列中的序列项都是有顺序的，在排序时，可以按自定义序列中的顺序进行排序。

### 3．创建自定义序列

下面以"学生选课名单"的列标题为例，用"添加"和"导入"两种方法说明自定义序列的创建过程。

（1）添加数据系列

在"自定义序列"对话框的"自定义序列"框中选择"新序列"，在"输入序列"框中输入每个序列项，输入时按回车键或用"，"隔开各序列项，输入完所有项后单击"添加"按钮，结果如图 3.2.10 所示。

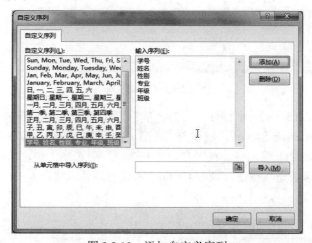

图 3.2.10　添加自定义序列

需要说明的是，Excel 中使用的标点符号全部是英文标点符号。

用户自定义序列可以在"输入序列"框中进行编辑，也可以单击"删除"按钮删除该序列，但系统内置的自定义序列不能进行编辑或删除操作。

选择 A1 单元格，按住鼠标左键向右拖动填充柄，将产生"学号"、"姓名"、"性别"、"专业"、"年级"、"班级"的自定义序列，如图 3.2.11 所示。

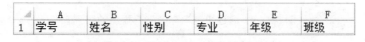

图 3.2.11　在工作表中产生自定义序列

（2）导入数据序列

假设在某个工作表的 A1:F1 单元格区域中已输入了"学生选课名单"的列标题（如图 3.2.11 所示），选取 A1:F1 区域，打开"自定义序列"对话框，在"从单元格中导入序列"框中将自动显示地址"\$A\$1:\$F\$1"，如图 3.2.12 所示，单击"导入"按钮，可以直接把列标题定义为自定义序列。

## 3.2.4　快速填充

快速填充是 Excel 2013 新增的智能化功能，它可以根据已输入单元格的数据和周围单元格数据的关系，智能地提取填充模式，快速填充其余单元格。

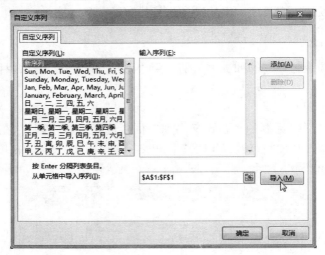

图 3.2.12　导入序列

例如，在如图 3.2.13（a）所示的"人员名单"表中输入姓名。首先在 C3 单元格中输入第 1 个人的姓名"Anderson Steve"，规律是"名"+"□"（1 个空格）+"姓"。选中 C3 单元格，然后拖动填充柄到 C11 单元格，在"自动填充选项"中选择"快速填充"，或者单击"数据工具"选项卡的"快速填充"按钮，则在 C4:C11 区域中将显示其余人的姓名，如图 3.2.13（b）所示。

| | A | B | C |
|---|---|---|---|
| 1 | 人员名单 | | |
| 2 | 姓 | 名 | 姓名 |
| 3 | Steve | Anderson | |
| 4 | Gary | Bennett | |
| 5 | Cathy | Cleveland | |
| 6 | Liu | Chuankai | |
| 7 | Li | Jun | |
| 8 | Wang | Xiaohui | |
| 9 | Wei | Zhiyong | |
| 10 | Hu | Jerry | |
| 11 | Yang | Lina | |

（a）原始数据

| | A | B | C |
|---|---|---|---|
| 1 | 人员名单 | | |
| 2 | 姓 | 名 | 姓名 |
| 3 | Steve | Anderson | Anderson Steve |
| 4 | Gary | Bennett | Bennett Gary |
| 5 | Cathy | Cleveland | Cleveland Cathy |
| 6 | Liu | Chuankai | Chuankai Liu |
| 7 | Li | Jun | Jun Li |
| 8 | Wang | Xiaohui | Xiaohui Wang |
| 9 | Wei | Zhiyong | Zhiyong Wei |
| 10 | Hu | Jerry | Jerry Hu |
| 11 | Yang | Lina | Lina Yang |

（b）快速填充结果

图 3.2.13　通过快速填充产生有规律的序列

快速填充功能，可以快速地实现日期拆分、字符串分列和合并等需要借助函数或数据分列工具才能完成的操作。

但是，有时因为无法从输出值和输出值旁边的数据中判断正确的规律，可能得到错误的结果。如图 3.2.14 所示，使用快速填充功能从身份证号中分别得到出生年份和日期数据，但无法得到正确的月份信息，这时需要使用函数。如果快速填充功能无法判断其规律，将提示错误信息，如图 3.2.15 所示。

| | A | B | C | D |
|---|---|---|---|---|
| 1 | 身份证号 | 出生年份 | 月份 | 日期 |
| 2 | 222405198205311020 | 1972 | 05 | 31 |
| 3 | 110105195608171115 | 1956 | 05 | 17 |
| 4 | 120321196703104012 | 1967 | 21 | 10 |

图 3.2.14　快速填充后得到错误的结果

图 3.2.15 快速填充出错信息

需要注意的是，快速填充必须在数据区域的相邻列内使用，在横向填充中不起作用。

## 3.3 数据验证

在实际工作中，输入数据时不仅需要提高输入速度，还需要提高准确度。Excel 提供的数据验证（旧版本中称为数据有效性）功能，不仅提供下拉列表使得用户可以选取数据而不需要输入，也可以限制输入错误的数据，甚至可以提示要输入的内容并在输入错误时给出警告。

### 3.3.1 设置数据验证

设置数据验证条件，要观察实际数据的有效范围，根据有效范围，判断是否可以限制输入范围。

单击"数据"选项卡|"数据工具"组|"数据验证"按钮，弹出"数据验证"对话框，如图 3.3.1 所示。在对话框中可以设置具体的数据验证条件，验证条件包括设置文本长度、设置数据的唯一性、设置下拉列表、设置整数或小数的验证条件、设置日期或时间的验证条件、设置输入提示信息和出错警告等。

下面以图 3.3.2 所示的"员工办公室物品三月份领用单"为例，说明如何设置数据验证条件。

图 3.3.1 "数据验证"对话框　　　　　　　图 3.3.2 原始表格

假设员工编号、员工姓名、所属部门、数量、日期等数据需要满足下面的 6 个条件：

① 员工编号不能出现重复值。

② 员工姓名最多不能超过 4 个汉字。

③ 所属部门为"人事部"、"销售部"、"财务部"3 个值之一。

④ 每个员工每次领用的物品数量不能超过 3 个。

⑤ 领用日期为 2014 年 3 月。

⑥ 输入员工编号数据时，显示提示信息；输入错误时，显示出错警告。

### 1. 设置数据的唯一性

验证数据的唯一性，可以保证数据没有重复值。假设每个员工每个月只能领取一次物品，则物品领用单中员工编号可以设置为唯一。需要设置验证条件为：自定义、用 COUNTIF 函数进行判断。

操作步骤如下。

① 选择 A3 单元格，单击"数据验证"按钮，打开"数据验证"对话框。

② 单击"设置"选项卡，在"允许"下拉列表中选择"自定义"，在"公式"文本框中输入"=COUNTIF（A:A,A3）=1"，如图 3.3.3 所示。此处数据验证条件，保证输入的员工编号在 A 列中是唯一值。

设置 A3 单元格的数据验证后，为了将此数据验证应用到同列中的其他单元格，需要选中 A3 单元格，向下拖动填充柄。也可以在设置数据验证之前，先选择数据输入区域，如 A3:A10 区域，再设置数据验证。

思考：

设置 A3 单元格的数据验证后，向下拖动填充柄时，数据验证条件中输入的公式会起什么变化？为什么？

设置员工编号的数据验证后，在输入员工编号时，如果输入的员工编号有重复值，则弹出如图 3.3.4 所示的出错警告对话框。单击"重试"或"取消"按钮，可返回数据编辑状态。

图 3.3.3　设置数据唯一性

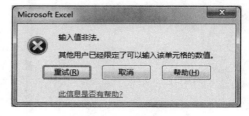

图 3.3.4　出错警告对话框

需要说明的是，在"数据验证"对话框中，不管是否选中"忽略空值"复选框，数据验证都对空单元格无效。只有在圈释无效数据（见 3.3.2 节）时，才可能验证空单元格，也就是"忽略空值"起作用。

### 2. 设置文本长度的验证条件

如果指定单元格中输入的字符长度有规律，则可以设置文本长度的验证条件。假设员工姓名最多为 4 个汉字，需要设置的验证条件为：文本长度、小于或等于、4 位。

操作步骤如下。

① 选择 B3 单元格，单击"数据验证"按钮，打开"数据验证"对话框。

② 单击"设置"选项卡，在"允许"下拉列表中选择"文本长度"，在"数据"下拉列表中选择"小于或等于"，在"最大值"框中输入"4"，如图 3.3.5 所示。

图 3.3.5　文本长度验证条件

### 3．设置下拉列表

当输入值为有限的几个序列值时，可以提供下拉列表选取数据。所属部门为"人事部"、"销售部"、"财务部" 3 个值之一，需要设置数据验证条件为：序列。

操作步骤如下。

① 选择 D3 单元格，打开"数据验证"对话框。

② 单击"设置"选项卡，在"允许"下拉列表中选择"序列"，在"来源"框中输入"人事部,销售部,财务部"，选中"提供下拉箭头"复选框，如图 3.3.6 所示。

③ 设置数据验证后，单击下拉按钮，效果如图 3.3.7 所示。

图 3.3.6　下拉列表的来源为常量序列

图 3.3.7　下拉列表的选项

设置下拉列表时，数据序列的"来源"也可以是单元格区域引用或区域名称。假设在 Sheet2 工作表的 A1:A3 单元格区域中已经输入了下拉列表的选项"人事部"、"销售部"和"财务部" 3 个值，单击"来源"文本框右侧的"压缩对话框"按钮，然后在 Sheet2 工作表中选择 A1:A3

区域，该区域地址将显示在"来源"框中，如图 3.3.8 所示。

需要说明的是：

- 当下拉列表的"来源"为区域引用时，如果下拉列表中的选项改变了，只需要在引用的单元格区域（如 A1:A3）中修改单元格值即可，不需要修改数据验证条件。
- 当下拉列表的"来源"为名称时，不仅容易修改，还容易扩展。即使选项增加或减少了，利用 Excel 表的特点，只需要在名称代表的区域中进行增加、删除操作即可，而不需要修改数据验证条件。

### 4．设置整数或小数的验证条件

当输入整数或小数数据时，设置数据验证，可以限制输入数据的范围。整数数据的验证条件还可以限制用户不能输入非整数数据。员工每次领用物品个数不能超过 3 个，需要设置验证条件为：整数、数据范围为 1～3。

操作步骤如下。

① 选择 E3 单元格，打开"数据验证"对话框。

② 单击"设置"选项卡，在"允许"下拉列表中选择"整数"，在"数据"下拉列表中选择"介于"，在"最小值"框中输入"1"，在"最大值"框中输入"3"，如图 3.3.9 所示。

图 3.3.8　下拉列表的来源为区域引用　　　　图 3.3.9　设置整数验证条件

### 5．设置日期或时间的验证条件

当输入日期或时间数据时，设置数据验证，不仅可以限制用户不能输入非日期、非时间数据之外，还可以限制输入数据范围。领用日期为 2014 年 3 月，设置验证条件为：日期、数据范围为 2014/3/1～2014/3/31。

操作步骤如下。

① 选择 F3 单元格，打开"数据验证"对话框。

② 单击"设置"选项卡，在"允许"下拉列表中选择"日期"，在"数据"下拉列表中选择"介于"，在"开始日期"框中输入"2014/3/1"，在"结束日期"框中输入"2014/3/31"，如图 3.3.10 所示。

### 6．设置输入提示信息和出错警告

设置输入提示信息，可以让用户了解单元格中要输入的数据类型以及范围等。设置出错警告，可以让用户了解数据输入出错的原因。当设置员工编号的验证条件后，为了防止输入错误的值，需要设置不能输入重复值的提示信息和出错警告。

图 3.3.10　设置日期验证条件

需要注意的是，由于日期数据是数值数据的特殊类型，因此在设置日期数据的验证条件后，也可以输入整数，只要整数对应的日期数据满足验证条件即可。反之亦然，设置整数的验证条件后，也可以输入日期数据，只要日期数据对应的序列值满足验证条件即可。

操作步骤如下。

① 选择 A3 单元格，打开"数据验证"对话框。单击"输入信息"选项卡，在"标题"框中输入"员工编号"，在"输入信息"框中输入"不能为重复值！"，如图 3.3.11 所示。

② 单击"出错警告"选项卡，在"样式"下拉列表中选择"停止"，在"标题"框中输入"员工编号输入错误！"，在"错误信息"框中输入"不能输入重复值！"，如图 3.3.12 所示。如果用户未设置"出错警告"信息，当输入的数据不满足验证条件时，系统将会显示默认的错误信息。

图 3.3.11　设置输入信息

图 3.3.12　设置出错警告

## 3.3.2　圈释无效数据

数据验证不仅对填充或复制的数据无效，也对已输入的数据和空单元格无效。数据验证只是确保已设置数据验证的单元格中直接输入的数据的有效性。圈释无效数据可以快速找到不满足数据验证条件的无效数据并用红色将其圈出来。

单击“数据”选项卡|“数据工具”组|“数据验证”下拉按钮，弹出如图 3.3.13 所示的下拉菜单，执行数据验证命令。

如图 3.3.14 所示，在“员工办公室物品三月份领用单”中，部分数据在设置数据验证之前已输入，而有的单元格未输入内容，需要圈释不满足日期验证条件的所有无效数据。

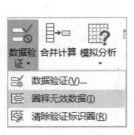

图 3.3.13 “数据验证”下拉菜单

| | A | B | C | D | E | F |
|---|---|---|---|---|---|---|
| 1 | 员工办公室物品三月份领用单 | | | | | |
| 2 | 员工编号 | 员工姓名 | 领用物品 | 所属部门 | 数量 | 日期 |
| 3 | A10001 | 邱宁 | 铅笔 | 销售部 | 1 | 2014/03/01 |
| 4 | A10002 | 李明 | 打印纸 | 人事部 | 1 | 2014/03/05 |
| 5 | A10003 | 阿丘 | 打印纸 | 财务部 | 2 | 2014/04/03 |
| 6 | A10004 | 杨昊 | 铅笔 | 销售部 | 3 | |
| 7 | A10005 | 金英权 | 打印纸 | 人事部 | 2 | 2014/04/10 |
| 8 | | | | | | |
| 9 | | | | | | |
| 10 | | | | | | |

图 3.3.14 原始数据

操作步骤如下。

① 选择 F3:F7 单元格，打开“数据验证”对话框。单击“设置”选项卡，在“允许”下拉列表中选择“日期”，在“数据”下拉列表中选择“介于”，在“开始日期”框中输入“2014/3/1”，在“结束日期”框中输入“2014/3/31”，取消选中“忽略空值”复选框。

② 再次选择 F3:F7 单元格，单击“数据验证”下拉按钮，在下拉菜单中单击“圈释无效数据”，结果如图 3.3.15 所示。

| | A | B | C | D | E | F |
|---|---|---|---|---|---|---|
| 1 | 员工办公室物品三月份领用单 | | | | | |
| 2 | 员工编号 | 员工姓名 | 领用物品 | 所属部门 | 数量 | 日期 |
| 3 | A10001 | 邱宁 | 铅笔 | 销售部 | 1 | 2014/03/01 |
| 4 | A10002 | 李明 | 打印纸 | 人事部 | 1 | 2014/03/05 |
| 5 | A10003 | 阿丘 | 打印纸 | 财务部 | 2 | 2014/04/03 |
| 6 | A10004 | 杨昊 | 铅笔 | 销售部 | 3 | |
| 7 | A10005 | 金英权 | 打印纸 | 人事部 | 2 | 2014/04/10 |
| 8 | | | | | | |
| 9 | | | | | | |
| 10 | | | | | | |

图 3.3.15 圈释无效数据

单击“数据”选项卡|“数据工具”组|“数据验证”下拉按钮，在下拉菜单中选择“清除验证标识圈”，红色标识圈将会消失。

## 3.3.3 清除和复制数据验证

### 1. 清除数据验证

选择已设置数据验证的区域，执行“数据验证”命令，在“数据验证”对话框中单击“全部清除”按钮。

## 2．复制数据验证

数据验证实际上就是一个规则，符合规则的数据允许输入，不符合规则的数据是无效数据，不允许输入。在实际应用中，经常碰到需要重复设置数据验证规则的情况。

（1）在相邻的区域中复制数据验证

选中已设置数据验证的单元格，直接拖动填充柄到目标位置，在"自动填充选项"下拉列表中，单击"仅填充格式"，可以复制数据验证。

选择包含已设置数据验证规则的单元格区域，执行"数据验证"命令。

如果选定区域中部分单元格未设置数据验证，系统将会弹出如图 3.3.16 所示的提示对话框。单击"是"按钮，将会在未设置数据验证的单元格中复制验证条件。

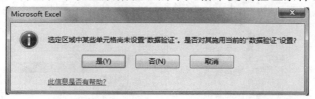

图 3.3.16　选定区域中部分单元格未设置数据验证时的提示信息

如果选定区域中包含多个不同的数据验证，系统将会出现如图 3.3.17 所示的提示对话框。单击"确定"按钮，可以清除当前数据验证设置，重新打开"数据验证"对话框。

（2）在非相邻的区域中复制数据验证

选择已设置数据验证的单元格进行复制，然后选择目标单元格区域，右击，在快捷菜单中单击"选择性粘贴"命令，在"选择性粘贴"对话框中选中"粘贴"栏中的"验证"单选按钮，可在目标单元格区域复制数据验证，如图 3.3.18 所示。

图 3.3.17　选定区域包含多个不同的
数据验证时的提示信息

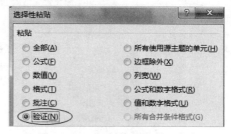

图 3.3.18　复制验证条件（局部）

## 3.3.4　多级联动下拉列表

在实际应用中，通过设置数据验证还可以创建多级联动的下拉列表。如图 3.3.19 所示，在"所在省份"下拉列表中选择省份之后，在"所在城市"下拉列表中会提供相应的城市名称用于选择。

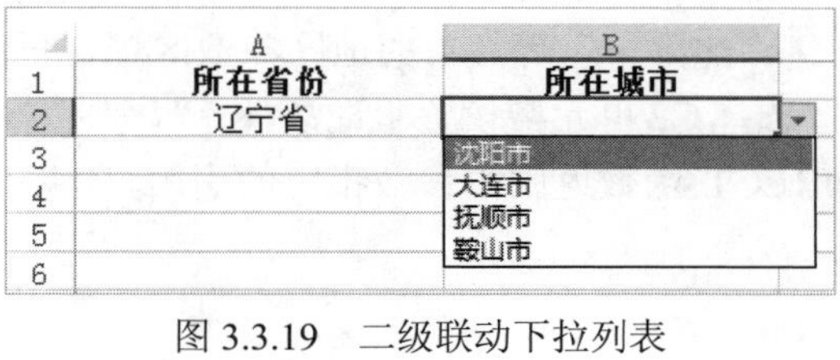

| | A | B |
|---|---|---|
| 1 | 所在省份 | 所在城市 |
| 2 | 辽宁省 | |
| 3 | | 沈阳市 |
| 4 | | 大连市 |
| 5 | | 抚顺市 |
| 6 | | 鞍山市 |

图 3.3.19　二级联动下拉列表

下面说明如何创建二级联动下拉列表，操作步骤如下。

① 如图 3.3.20 所示，创建"参数"工作表（与多级列表所在的 Sheet1 工作表相区别），输入参数数据。

② 为区域命名。选择 A2:A4 区域，在名称框中输入名称为"省份"；选择 B2:B5 区域（辽宁省的城市），在名称框中输入名称为"辽宁省"；选择 C2:C5 区域，在名称框中输入名称为"黑龙江省"；选择 D2:D5 区域，命名为"吉林省"。（名称命名的详细内容可以参考 5.3 节）。

需要注意的是，这里每个城市区域的名称必须与 A 列中对应的省份名称相同。

③ 在 Sheet1 工作表中选择 A2 单元格，设置数据验证，在"数据验证"对话框中选择"设置"选项卡，在"允许"下拉列表中选择"序列"，在"来源"框中输入"=省份"（或按 F3 键，在弹出的"粘贴名称"对话框中选择名称"省份"），效果如图 3.3.21 所示。

| 图 3.3.20　下拉列表的参数区域 | 图 3.3.21　一级下拉列表 |

④ 如图 3.3.22 所示，设置 B2 单元格的数据验证，在"允许"下拉列表中选择"序列"，在"来源"框中输入公式"=INDIRECT（A2）"，单击"确定"按钮，则二级联动下拉列表设置完毕。

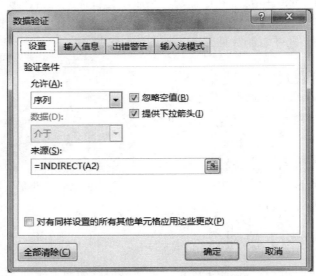

图 3.3.22　设置 B2 单元格的数据验证

同样的方式，可以继续建立三级下拉列表，在所在城市右侧增加选择地区的下拉列表。先在"参数"工作表中创建"沈阳市"等城市的地区参数区域，再用城市名称命名，如"沈阳市"。在 Sheet1 工作表中，选择 C2 单元格设置验证条件，"序列"来源为"=INDIRECT(B2)"。

需要说明的是，INDIRECT 函数返回由参数指定的引用，INDIRECT（A2）返回 A2 单元格内容所表示的引用。

## 3.4　数据编辑

Excel 的数据一般来自两种途径：一是来自用户输入，二是从其他外部程序导入或对已有的数据进行提炼而来。

### 3.4.1　修改单元格内容

修改单元格内容，可以直接在单元格内进行修改，也可以在编辑框中进行修改。两种方法分别介绍如下：

- 双击单元格，此时在单元格中会显示闪烁的插入点，按方向键移动插入点至编辑位，按 Backspace 键或 Delete 键删除单元格内容，然后输入正确数据按 Enter 键即可。
- 在编辑框中修改时，可以根据需要调整编辑框的高度。数据修改完毕后，单击"输入"按钮 ✔ 或按 Enter 键确认修改。

### 3.4.2　清除数据

清除单元格和删除单元格的区别是：如果删除了单元格，Excel 将从工作表中移去这些单元格，并调整周围的单元格填补删除后的空缺；而清除单元格，则只是删除单元格中的内容、格式或批注等，单元格仍然保留在工作表中。

如图 3.4.1 所示，Excel 的单元格包括内容、格式和批注等。因此，复制单元格时将复制单元格的全部，包括内容、格式和批注。单元格格式中包括数字、对齐、字体、边框、填充和保护等。

选中单元格，单击"开始"选项卡 | "编辑"组 | "清除"按钮，在下拉菜单中选择命令，如图 3.4.2 所示。说明如下。

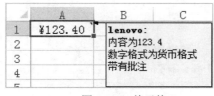

图 3.4.1　单元格　　　　　　　　图 3.4.2　"清除"下拉菜单

- 全部清除：删除所选单元格的内容、格式和批注等。
- 清除格式：删除单元格格式，恢复常规格式。
- 清除内容：删除所选单元格内容，保留格式和批注。
- 清除批注：删除所选单元格批注，保留内容和格式。
- 清除超链接：删除所选单元格超链接。

选中单元格，按 Delete 键，将只清除单元格内容。例如，图 3.4.1 中的 A2 单元格，按 Delete 键或单击"清除内容"命令，将删除 A2 单元格的内容 123.4，但保留货币格式和批注。

需要注意的是，条件格式也可看作单元格格式的一部分。虽然不能使用"设置单元格格式"对话框设置条件格式，但当复制单元格时，也将复制所选单元格的条件格式；而清除单元格格式时，也将清除所选单元格的条件格式。

### 3.4.3 选择性粘贴

当用户使用剪贴板对活动单元格或单元格区域进行复制后，可以使用"粘贴"命令，也可以使用"选择性粘贴"命令。选择性粘贴是 Excel 中十分有用的一个功能，它可以有选择地粘贴所复制单元格的公式、值或格式等。

选定要进行复制的单元格或单元格区域，执行"复制"命令，再选定目标单元格或单元格区域，执行"粘贴"命令，将弹出如图 3.4.3（a）所示的下拉菜单。

具体的粘贴选项说明如下。

- 在"粘贴"区中包括"粘贴"、"公式"、"公式和数字格式"、"保留源格式"、"无边框"、"保留源列宽"和"转置"选项。单击"粘贴"选项，将粘贴单元格的全部，包括内容、格式和批注等。
- 在"粘贴数值"区中包括"值"、"值和数字格式"和"值和源格式"选项。
- 在"其他粘贴选项"区中包括"格式"、"粘贴链接"、"图片"和"链接的图片"选项。
- 单击"选择性粘贴"选项，将弹出"选择性粘贴"对话框。"选择性粘贴"对话框提供了更加丰富的选项，如图 3.4.3（b）所示。右击目标单元格或单元格区域，然后在快捷菜单中单击"选择性粘贴"，也将弹出"选择性粘贴"对话框。

（a）

（b）

图 3.4.3　"选择性粘贴"的选项

因此，执行选择性粘贴有两种方式：一种是在"粘贴"下拉菜单中，选择具体的粘贴选项；另外一种是打开"选择性粘贴"对话框，在对话框中选择粘贴选项。

例如，如图 3.4.4 所示的"成绩单"中，平均分是用公式计算的。在 D3 单元格中输入公式"=AVERAGE（B3:C3）"，并把公式复制到 D4:D12 单元格区域。现要求复制"平均分"一列数据到其他区域。

如果直接使用"粘贴"命令（或按 Ctrl+V 组合键），则粘贴的是公式，由于公式采用的是相对引用，会导致其计算结果不正确，甚至结果为错误值。例如，将 D3 单元格中的公式复制到 G3 单元格中时，公式将变成"=AVERGAE（E3:F3）"，分母为 0，产生错误值#DIV/0！。

如果使用"选择性粘贴",在"选择性粘贴"对话框的粘贴选项中选择"数值",或者单击"粘贴"下拉按钮,在"粘贴"下拉菜单中选择"值",都可以得到正确的结果。因为此时粘贴的是公式的计算结果,而不是公式。

粘贴和选择性粘贴两种粘贴方式的不同结果如图 3.4.5 所示。

| | 成绩单 | | |
|---|---|---|---|
| 学号 | 第1次成绩 | 第2次成绩 | 平均分 |
| 200705113001 | 92 | 89 | 90.50 |
| 200705113002 | 97 | 95 | 96.00 |
| 200705113003 | 96 | 94 | 95.00 |
| 200705113004 | 91 | 90 | 90.50 |
| 200705113005 | 84 | 84 | 84.00 |
| 200705113006 | 82 | 86 | 84.00 |
| 200705113007 | 89 | 81 | 85.00 |
| 200705113008 | 82 | 81 | 81.50 |
| 200705113009 | 81 | 83 | 82.00 |
| 200705113010 | 83 | 88 | 85.50 |

图 3.4.4 示例数据

| 平均分 | 普通粘贴 | 选择性粘贴 |
|---|---|---|
| 90.50 | #DIV/0! | 90.5 |
| 96.00 | #DIV/0! | 96 |
| 95.00 | #DIV/0! | 95 |
| 90.50 | #DIV/0! | 90.5 |
| 84.00 | #DIV/0! | 84 |
| 84.00 | #DIV/0! | 84 |
| 85.00 | #DIV/0! | 85 |
| 81.50 | #DIV/0! | 81.5 |
| 82.00 | #DIV/0! | 82 |
| 85.50 | #DIV/0! | 85.5 |

图 3.4.5 两种粘贴方式的不同结果

同理,如果要求在"成绩单"中只保留"学号"和"平均分"两列数据,那么这时不能直接删除"第 1 次成绩"和"第 2 次成绩"这两列数据。一旦直接删除,"平均分"一列数据将变成错误值"#REF!"。在删除之前,先复制"平均分"一列,在原区域应用选择性粘贴,粘贴选项中选择"数值",然后才可以删除"第 1 次成绩"和"第 2 次成绩"两列。

选择性粘贴中的"转置"选项可以把原数据转置后进行粘贴。例如,原来的 3 行 2 列数组,利用选择性粘贴在粘贴选项中选择"转置",可得到 2 行 3 列的转置矩阵,如图 3.4.6 所示。

| A | B | C | D | E | F |
|---|---|---|---|---|---|
| 1 | 2 | ⇒ | 1 | 3 | 5 |
| 3 | 4 | | 2 | 4 | 6 |
| 5 | 6 | | | | |

图 3.4.6 转置结果

## 3.4.4 数据规范化

在实际工作中,用户可能会遇到数据不规范或非法的情况,常见的有:文本型数字、非法日期、文本中包含不必要的空格等。只有对数据进行整理和规范化,才能方便地进行数据处理和分析,这是利用 Excel 进行数据处理分析的第一步。

进行数据类型转换,可以有多种方法:利用公式和函数、使用智能标记、数据分列工具等。

例如,如图 3.4.7 所示"学生成绩表"为从其他程序导入的表格,现要求对数据进行规范化处理,以便于进行数据处理。

规范化要求如下:

(1)"学号"数据从数字转化为文本。

(2)"出生年月日"数据从文本转化为日期。

(3)"平时成绩"数据从文本转化为数字。

(4)删除"专业"数据中包含的空格。

| | A | B | C | D | E | F | G | H |
|---|---|---|---|---|---|---|---|---|
| 1 | | | | 学生成绩表 | | | | |
| 2 | 序号 | 学号 | 学院 | 专业 | 出生年月日 | 平时成绩 | | |
| 3 | 1 | 201003113001 | 广告学院 | 广告学 | 1991/08/01 | 44.15 | | |
| 4 | 3 | 201003113003 | 广告学院 | 广告学 | 1991/03/07 | 43.26 | | |
| 5 | 5 | 201003113005 | 广告学院 | 广告学 | 1992/04/10 | 41.45 | | |
| 6 | 6 | 201003113006 | 广告学院 | 广告学 | 1991/04/16 | 36.95 | | |
| 7 | 7 | 201003113007 | 广告学院 | 广告学 | 1992/07/10 | 46.4 | | |
| 8 | 9 | 201003113009 | 广告学院 | 广告学 | 1991/08/21 | 44.2 | | |
| 9 | 10 | 201003113010 | 广告学院 | 广告学 | 1992/03/12 | 44.03 | | |
| 10 | 12 | 201003113012 | 广告学院 | 广告学 | 1992/04/13 | 42.95 | | |
| 11 | 14 | 201003113014 | 广告学院 | 广告学 | 1991/03/10 | 45 | | |
| 12 | | | | | | | | |

图 3.4.7 示例数据

### 1. 数字转换为文本

在"学生成绩表"中，学号一般为文本数据。将数字转化为文本，有多种方式，如使用 TEXT 函数或数据分列工具等。

使用 TEXT 函数进行数据类型转换的操作步骤如下。

① 选择表格外的 H3 单元格，输入公式"=TEXT (B3,"0")"，向下拖动填充柄复制公式。

② 选择 H3:H11 区域，单击"复制"按钮，然后选择 B3 单元格，单击"粘贴"按钮，在"粘贴"选项中选择"值"（或者在"选择性粘贴"对话框中选择"数值"）。

③ 转换的结果如图 3.4.8 所示。

同样的方法，可以使用 VALUE 函数和选择性粘贴将纯数字文本转化为数字。

| | A | B |
|---|---|---|
| 1 | | |
| 2 | 序号 | 学号 |
| 3 | 1 | 201003113001 |
| 4 | 3 | 201003113003 |
| 5 | 5 | 201003113005 |
| 6 | 6 | 201003113006 |
| 7 | 7 | 201003113007 |
| 8 | 9 | 201003113009 |
| 9 | 10 | 201003113010 |
| 10 | 12 | 201003113012 |
| 11 | 14 | 201003113014 |

图 3.4.8 数字转换为文本

### 2. 非法日期转化为日期

数据分列工具不仅可以拆分单元格，也可以进行数据类型转换。操作步骤如下。

① 选择"出生年月日"数据区域（E3:E11），单击"数据"选项卡 | "数据工具"组 | "分列"按钮，弹出"文本分列向导"对话框。

② 如图 3.4.9 所示，在向导的第 3 步中，在"列数据格式"栏中选择"日期"，在"目标区域"框中自动显示$E$3 单元格（结果区域的左上角），单击"完成"按钮。

图 3.4.9 "文本分列向导"对话框的 3 个步骤

③ 转换的结果如图 3.4.10 所示。

同样的方法，在"文本分列向导"对话框的第 3 步中，在"列数据格式"栏中选择"文本"，可将数字转换为文本；在"列数据格式"栏中选择"常规"，可将纯数字文本转化为数字。

### 3．数字文本转化为数字

数字文本转换为数字，最简单的方法是利用错误标记按钮。选择"平时成绩"数据区域（F3:F11），单击错误标记按钮，弹出如图 3.4.11 所示的下拉列表。在下拉列表中单击"转换为数字"，结果如图 3.4.12 所示。

|  | A | E |
|---|---|---|
| 1 | 学生成绩表 | |
| 2 | 序号 | 出生年月日 |
| 3 | 1 | 1991/08/01 |
| 4 | 3 | 1991/03/07 |
| 5 | 5 | 1992/04/10 |
| 6 | 6 | 1991/04/16 |
| 7 | 7 | 1992/07/10 |
| 8 | 9 | 1991/08/21 |
| 9 | 10 | 1992/03/12 |
| 10 | 12 | 1992/04/13 |
| 11 | 14 | 1991/03/10 |

图 3.4.10　非法日期转换为日期

以文本形式存储的数字
转换为数字(C)
关于此错误的帮助(H)
忽略错误(I)
在编辑栏中编辑(F)
错误检查选项(O)…

|  | A | F |
|---|---|---|
| 1 | 学生成绩表 | |
| 2 | 序号 | 平时成绩 |
| 3 | 1 | 44.15 |
| 4 | 3 | 43.26 |
| 5 | 5 | 41.45 |
| 6 | 6 | 36.95 |
| 7 | 7 | 46.4 |
| 8 | 9 | 44.2 |
| 9 | 10 | 44.03 |
| 10 | 12 | 42.95 |
| 11 | 14 | 45 |

图 3.4.11　单击错误标记按钮后弹出的菜单　　图 3.4.12　纯数字转换为数字

### 4．删除文本中包含的空格

删除文本中包含的空格，常用的方法是使用 TRIM 函数和选择性粘贴功能。先使用 TRIM 函数，删除"专业"列字符串中多余的空格，然后应用复制、选择性粘贴即可。具体操作步骤不再赘述，最终效果如图 3.4.13 所示。

|  | A | B | C | D | E | F |
|---|---|---|---|---|---|---|
| 1 | 学生成绩表 | | | | | |
| 2 | 序号 | 学号 | 学院 | 专业 | 出生年月日 | 平时成绩 |
| 3 | 1 | 201003113001 | 广告学院 | 广告学 | 1991/08/01 | 44.15 |
| 4 | 3 | 201003113003 | 广告学院 | 广告学 | 1991/03/07 | 43.26 |
| 5 | 5 | 201003113005 | 广告学院 | 广告学 | 1992/04/10 | 41.45 |
| 6 | 6 | 201003113006 | 广告学院 | 广告学 | 1991/04/16 | 36.95 |
| 7 | 7 | 201003113007 | 广告学院 | 广告学 | 1992/07/10 | 46.4 |
| 8 | 9 | 201003113009 | 广告学院 | 广告学 | 1991/08/21 | 44.2 |
| 9 | 10 | 201003113010 | 广告学院 | 广告学 | 1992/03/12 | 44.03 |
| 10 | 12 | 201003113012 | 广告学院 | 广告学 | 1992/04/13 | 42.95 |
| 11 | 14 | 201003113014 | 广告学院 | 广告学 | 1991/03/10 | 45 |

图 3.4.13　最终效果

## 3.5　定位、查找与替换

在大型工作表中，灵活运用定位、查找与替换操作将会大大提高工作效率。

单击"开始"选项卡｜"编辑"组｜"查找和选择"按钮，如图 3.5.1 所示，在弹出的下拉菜单中单击相应命令。

## 3.5.1 定位

定位功能可以快速确定满足条件的单元格。如果在执行定位命令之前，选定了一个特定区域，那么搜索只在特定区域进行。在默认情况下，搜索范围为当前工作表。

单击"查找和选择"按钮，在下拉菜单中单击"定位条件"，弹出"定位条件"对话框，如图 3.5.2 所示，在对话框中选择定位选项。

图 3.5.1 "查找和选择"下拉菜单

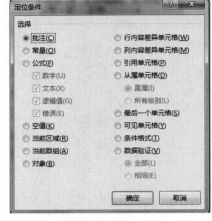

图 3.5.2 "定位条件"对话框

例如，在如图 3.5.3 所示的"销售明细表"中查找公式结果为文本的数据，其中"销售额"和"销售评级"都是用公式计算出来的。

选定"销售明细表"数据区域，在"定位条件"对话框中选择"公式"，在其下的类型选项中只选中"文本"复选框，单击"确定"按钮，结果是查找到"销售评级"一列数据（H3:H10）。

| | H3 | | | ✕ ✓ fx | =IF(F3>30000,"A","B") | | |
|---|---|---|---|---|---|---|---|
| ▲ | A | B | C | D | E | F | G | H |
| 1 | | | | 销售明细表 | | | | |
| 2 | 日期 | 商品 | 规格型号 | 销售量 | 单价 | 销售额 | 销售人员 | 销售评级 |
| 3 | 2013/11/1 | 彩电 | 25″ | 30 | 1600 | 48000 | 王伟 | A |
| 4 | 2013/11/1 | 冰箱 | FR180 | 12 | 2300 | 27600 | 李鸿 | B |
| 5 | 2013/11/1 | 电脑 | TH540 | 18 | 5400 | 97200 | 萨里 | A |
| 6 | 2013/11/1 | 彩电 | 29″ | 22 | 1800 | 39600 | 王伟 | A |
| 7 | 2013/11/2 | 冰箱 | FR180 | 8 | 2260 | 18080 | 刘柳 | B |
| 8 | 2013/11/3 | 电脑 | TH420 | 20 | 4800 | 96000 | 李宏 | A |
| 9 | 2013/11/5 | DVD | D875 | 16 | 480 | 7680 | 王大卫 | B |
| 10 | 2013/11/8 | 彩电 | 25″ | 20 | 1600 | 32000 | 王伟 | A |

图 3.5.3 示例数据

在"定位条件"对话框中，选择"空值"，可以查找到空白单元格。当选定区域中包含隐藏数据时，在"定位条件"对话框中选择"可见单元格"，定位的数据区域将不包含隐藏数据。

## 3.5.2 查找与替换

查找功能既可以查找符合指定关键字的单元格，又可以查找符合指定格式的单元格。使用替换功能，可以把与查找值相符的单元格的原有内容替换成新的内容。

### 1．查找

单击"查找和选择"按钮，在下拉菜单中单击"查找"（或者直接按 Ctrl+F 组合键），弹出"查找和替换"对话框，并显示"查找"选项卡，输入查找内容并设置选项。单击"选项"按钮，可以展开或折叠对话框，如图 3.5.4 所示为展开的"查找"选项卡。

图 3.5.4　"查找和替换"对话框

部分选项的含义使用如下。

- 范围：指定在活动工作表还是在整个工作簿中进行查找，默认范围为当前工作表。
- 查找范围：指定查找的范围是公式、值或批注。选择"公式"，对于内容为公式的单元格，只查找公式本身，而不查结果。选择"值"，对于内容为公式的单元格，只查找结果，不查找公式本身。对于内容为常量的单元格，不管选择"公式"或"值"，都会进行查找。
- 单元格匹配：只查找与查找内容完全匹配的单元格。

需要注意的是，如果先选定区域，然后再进行查找，那么只在选定区域内进行查找。

例如，在"销售明细表"（见图 3.5.3）中查找内容为"A"的单元格。选定"销售明细表"数据区域，打开"查找和替换"对话框，输入查找内容为"A"，查找范围为"值"，单击"查找全部"按钮，查找结果将显示在对话框下方的列表框中，如图 3.5.5 所示。从结果可以看出，

图 3.5.5　查找结果

找到了公式结果为"A"的所有单元格（如果有字符串"A"，也照样能查找到）。如果查找"A"时，设置查找范围为"公式"，那么查找结果将会是公式中含有"A"的单元格，也就是 H3:H10单元格。因为"销售评级"列公式中的 IF 函数包含"A"。

要查找带有格式的内容，单击"格式"按钮，将弹出"查找格式"对话框，如图 3.5.6所示。在对话框中，可设置查找内容的数字、对齐、字体、边框和填充等格式。在对话框中，单击"从单元格选择格式"按钮，然后选择单元格，系统能够自动获得选定单元格的格式。设置格式后，在"查找和替换"对话框中显示为"未设定格式"的框将显示"预览"。如果要清除查找内容的格式，则单击"格式"按钮旁边的下拉按钮，在下拉菜单中选择"清除查找格式"。

图 3.5.6 "查找格式"对话框（局部）

**2．替换**

单击"查找和选择"按钮，在下拉菜单中选择"替换"，同样弹出"查找和替换"对话框，并显示"替换"选项卡，在"查找内容"框和"替换为"框中输入内容，并设置选项。

"替换"选项卡中各选项的含义与"查找"选项卡的相同，用法也相同，不同的只是除了输入要查找的内容之外，还需要输入要替换的内容，如图 3.5.7 所示为折叠的"替换"选项卡。

图 3.5.7 "查找和替换"对话框"替换"选项卡

# 3.6 数据隐藏与保护

Excel 为用户提供了多层次的安全和保护措施：可以隐藏重要数据，可以限制他人查看和修改重要数据，可以限制对整个工作簿结构的改动，甚至限制对整个工作簿的访问等。

## 3.6.1 隐藏数据

对工作表中的某些重要数据，用户可以将其隐藏，避免数据的外泄。

### 1. 隐藏行或列

隐藏工作表的行或列的操作比较简单。选定要隐藏的行或列，右击，在快捷菜单中选择“隐藏”即可。如图 3.6.1 所示，在“产品销售表”中，“销售人员”所在的 F 列被隐藏。

要取消隐藏，先选中跨隐藏行的两行行号或跨隐藏列的两列列标，右击，在快捷菜单中选择“取消隐藏”，可将隐藏的行或列显示出来。例如，在图 3.6.1 所示表格中，选择 E 列和 G 列，右击，在快捷菜单中单击“取消隐藏”，可显示隐藏的 F 列。或者当鼠标指针移动到 F 列和 G 列之间的间隔线位置变成✛形状时，双击即可将隐藏的列显示出来。

| | A | B | C | D | E | G |
|---|---|---|---|---|---|---|
| 1 | 产品销售表 | | | | | |
| 2 | 日期 | 商品 | 规格型号 | 销售额 | 销售部门 | 销售评级 |
| 3 | 2013/11/2 | 彩电 | 25" | 48000 | 销售一部 | A |
| 4 | 2013/11/3 | 冰箱 | FR180 | 27600 | 销售一部 | B |
| 5 | 2013/11/3 | 电脑 | TH540 | 97200 | 销售二部 | A |
| 6 | 2013/11/4 | 冰箱 | FR180 | 45200 | 销售三部 | A |
| 7 | 2013/11/5 | 电脑 | TH420 | 57600 | 销售三部 | A |

图 3.6.1　隐藏列

### 2. 隐藏工作表或工作簿

隐藏工作表是指在工作表标签栏中不显示工作表名称。隐藏工作簿是指隐藏工作簿窗口，隐藏的工作簿无法用切换窗口命令或通过任务栏切换。

（1）工作表的隐藏或取消隐藏

要隐藏工作表，先选定要隐藏的工作表，右击，在快捷菜单中单击“隐藏工作表”。

要取消隐藏工作表，在工作表的快捷菜单中单击“取消隐藏”，弹出“取消隐藏”对话框，在对话框中选择工作表名称，单击“确定”按钮。

（2）工作簿的隐藏或取消隐藏

要隐藏工作簿，单击“视图”选项卡|“窗口”组|“隐藏”按钮。

要取消隐藏工作簿，单击“视图”选项卡|“窗口”组|“取消隐藏”按钮，弹出“取消隐藏”对话框，在对话框中选择要取消隐藏的工作簿名称，单击“确定”按钮。

需要注意的是，光靠隐藏操作是不能保证数据安全的，若未进行保护，其他用户能够很轻易地“再现”数据。

## 3.6.2 保护工作表

保护工作表功能限制对单张工作表的访问权限，可以限制对工作表中的单元格、形状、图片、图表、方案等元素进行访问或修改。

1．锁定和隐藏单元格

锁定和隐藏是单元格的保护格式，与数字格式、字体格式一样，需要在"设置单元格格式"对话框中进行设置。

选定单元格，打开"设置单元格格式"对话框，切换至"保护"选项卡，选中"锁定"和"隐藏"复选框。在默认情况下，单元格处于"锁定"状态，但处于非"隐藏"状态，如图 3.6.2 所示。

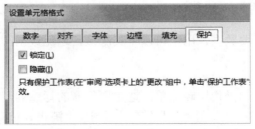

图 3.6.2　"设置单元格格式"对话框"保护"选项卡（局部）

单元格的保护与工作表保护密切相关，只有保护了工作表，单元格的保护才有效。"保护"选项卡中"锁定"与"隐藏"的含义说明如下。

● 锁定：当工作表受保护时，锁定的单元格不允许编辑，而取消锁定的单元格也就是未锁定的单元格允许编辑。

● 隐藏：当工作表受保护时，隐藏的单元格在编辑框中不显示其内容。

在默认情况下，图片、形状、SmartArt、艺术字、图表及方案等元素的保护格式为"锁定"。当工作表处于保护状态时，工作表中的这些元素也无法编辑。

2．保护工作表

设置工作表保护，操作步骤如下。

① 单击"审阅"选项卡 |"更改"组 |"保护工作表"按钮，弹出"保护工作表"对话框，如图 3.6.3 所示。

② 在对话框中输入密码（也就是取消工作表保护时的密码），并选择工作表保护时允许用户进行的操作。

③ 单击"确定"按钮，弹出"确认密码"对话框，重新输入密码进行确认，如图 3.6.4 所示。

图 3.6.3　"保护工作表"对话框

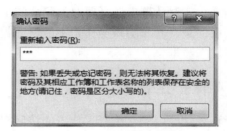

图 3.6.4　"确认密码"对话框

对工作表进行保护后，"审阅"选项卡│"更改"组中的"保护工作表"按钮将变成"撤销工作表保护"按钮。单击"撤销工作表保护"按钮，输入之前设置的密码，就可以取消工作表保护。

在默认情况下，设置工作表保护后允许用户进行的操作只有"选定锁定单元格"和"选定未锁定的单元格"，而其他很多操作都不被允许，如设置单元格格式、插入或删除行/列、排序、自动筛选、编辑对象等。当用户对锁定的单元格进行编辑时，将出现如图3.6.5所示的警告对话框。

图 3.6.5　警告对话框

下面，对"产品销售表"中的"销售评级"列公式进行保护，不允许其他用户修改并且不允许显示公式。操作步骤如下。

① 选定"销售评级"列数据（G3:G7），打开"设置单元格格式"对话框，切换至"保护"选项卡，选中"锁定"复选框和"隐藏"复选框。

② 单击"保护工作表"按钮，输入密码，设置工作表保护。

③ 设置保护后，在编辑框中将不显示公式，在单元格中只显示公式结果，但公式不允许编辑，结果如图3.6.6所示。

| A | B | C | D | E | F | G |
|---|---|---|---|---|---|---|
| 1 | | | 产品销售表 | | | |
| 日期 | 商品 | 规格型号 | 销售额 | 销售部门 | 销售人员 | 销售评级 |
| 2013/11/2 | 彩电 | 25" | 48000 | 销售一部 | 王伟 | A |
| 2013/11/3 | 冰箱 | FR180 | 27600 | 销售一部 | 李鸿 | B |
| 2013/11/3 | 电脑 | TH540 | 97200 | 销售二部 | 萨里 | A |
| 2013/11/4 | 冰箱 | FR180 | 45200 | 销售三部 | 刘柳 | A |
| 2013/11/5 | 电脑 | TH420 | 57600 | 销售三部 | 韩愈 | A |

图 3.6.6　示例数据以及结果

### 3．允许用户编辑的区域

允许用户编辑区域是指当前工作表处于保护状态时允许用户编辑的区域。

例如，在"产品销售表"中设置"销售额"数据为可编辑区域，其他数据区域均为不可编辑区域。操作步骤如下。

① 单击"审阅"选项卡│"更改"组│"允许用户编辑区域"按钮，弹出"允许用户编辑区域"对话框，如图3.6.7所示。

② 在对话框中单击"新建"按钮，弹出"新区域"对话框，单击"引用单元格"右侧的"压缩对话框"按钮，选取D3:D7区域，如图3.6.8所示（可以设置区域密码，作为编辑区域时输入的密码）。

③ 单击"确定"按钮，返回"允许用户编辑区域"对话框。

④ 单击"保护工作表"按钮，设置工作表保护。

图 3.6.7　"允许用户编辑区域"对话框

图 3.6.8　"新区域"对话框

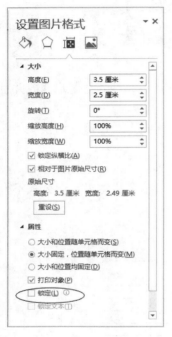

图 3.6.9　"设置图片格式"窗格

还有一种方法是，选定允许编辑的销售额数据区域（D3:D7），在"设置单元格格式"对话框"保护"选项卡中取消选中"锁定"复选框，而其他单元格依然为"锁定"状态，然后再设置工作表保护，也可以达到设置允许编辑区域的目的。

#### 4．解除图形对象的锁定

与单元格类似，图形对象（如图片、形状、图表、SmartArt对象、艺术字等）同样有锁定的问题。当工作表处于保护状态时，要编辑图形对象，需要在设置工作表保护前解除图形对象的锁定。

下面以图片为例，介绍解除图片对象锁定的操作。操作步骤如下。

① 选中图片，单击"图片工具"｜"格式"选项卡｜"大小"组右下角的对话框启动器按钮，弹出"设置图片格式"窗格，如图 3.6.9 所示。

② 单击大小属性图标，在"属性"区中取消选中"锁定"复选框，单击"关闭"按钮。

需要注意的是，有些包含文字的图形对象，如形状等，当工作表受保护时，如果允许编辑其文字，则需要在"属性"区中取消选中"锁定文本"复选框。

### 3.6.3　保护工作簿

保护工作簿限制对工作簿结构的更改，不允许对工作表进行插入、删除、重命名、移动或复制等操作。

要保护工作簿，单击"审阅"选项卡｜"更改"组｜"保护工作簿"按钮，弹出"保护结构和窗口"对话框，在"保护工作簿"区中选中"结构"复选框并输入密码（解除工作簿保护时使用），如图 3.6.10 所示，所设密码需要在弹出的"确认密码"对话框中进行确认。

图 3.6.10　"保护结构和窗口"对话框

设置保护工作簿后，再次单击"保护工作簿"按钮，输入密码（设置保护工作簿时输入的密码），就可以取消工作簿保护状态。

### 3.6.4 文档访问密码

文档访问密码用于限制对工作簿的访问，Excel 提供了两种权限的访问密码。

- 打开权限密码：如果设置了该密码，则必须输入密码才可以打开文档。
- 修改权限密码：如果设置了该密码，则必须输入密码才能保存对文档的修改，否则只能以其他文件名保存。

设置文档密码的操作步骤如下。

① 单击"文件"按钮，选择"另存为"命令，弹出"另存为"对话框。

② 在对话框中单击"工具"按钮，在下拉列表中选择"常规选项"，弹出如图 3.6.11 所示的对话框。

③ 如果希望必须输入密码方可查看工作簿，则在"打开权限密码"框中输入密码；如果希望必须输入密码方可保存对工作簿的修改，则在"修改权限密码"框中输入密码。在

图 3.6.11　"常规选项"对话框

"常规选项"对话框中勾选"建议只读"复选框，可生成只读文件；如果勾选"生成备份文件"复选框，则生成备份文件。

④ 单击"确定"按钮，确认密码。

⑤ 返回"另存为"对话框，单击"保存"按钮，出现提示，单击"是"按钮以替换已有的工作簿。

## 3.7 综合案例：创建商品出库单

为了方便管理和处理数据，Excel 的表格一般设计成二维表格。创建二维表格，首先要确定表结构（列标题），然后再输入数据。但并不是盲目地输入数据，而是需要判断哪些是基础数据，哪些是可通过数据处理得到的数据。基础数据是必须输入的，输入时可观察规律，不仅需要提高数据输入的速度，还需要提高准确度。本章案例介绍创建二维表格的基本步骤和方法。

【案例】为一家公司设计"商品出库单"表格。这家公司主要情况如下：销售 3 种商品，分别为毛衣、风衣、大衣；销售的规格型号有 3 种，分别为女士小号、女士中号、女士大号。"商品出库单"至少要包含商品编号、商品名称、规格型号、单价、数量、金额和出库日期等信息。

分析：根据"商品出库单"的要求，设计表结构。确定列标题分别为商品编号、商品名称、规格型号、单价、数量、金额、出库日期，其中前 5 项数据和出库日期数据是基础数据，金额可通过公式计算得出，金额=单价×数量。在输入数据之前，先观察数据。商品编号的长度一般是规定的位数，假设商品编号为 5 位字符串，商品名称和规格型号是有限的序列值，这些都可以通过数据验证提高数据的准确度以及输入速度。金额数据不需要输入，但在输入基础数据的过程中有可能破坏公式，使得金额出现错误的结果，因此有必要对金额的公式进

行保护。完成这些设置后，就可以进行数据输入。在实际应用中，还需要进行一步操作，那就是美化表格。美化表格的操作将会在第 4 章中进行介绍，因此本章案例中只进行了简单的美化。

**1. 确定表结构**

① 新建工作簿，保存文件名为"素材 3.7.xlsx"。

② 如图 3.7.1 所示，设计"商品出库单"表结构。

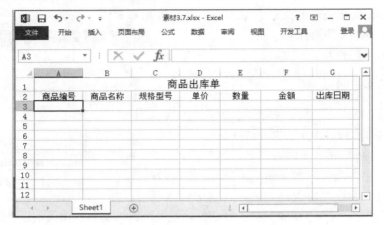

图 3.7.1  "商品出库单"表结构

**2. 设置数据验证和输入公式**

① 创建参数区域。插入新工作表，工作表命名为"参数"。在"参数"工作表中创建商品名称和规格型号的参数区域，如图 3.7.2 所示，其中命名 A2:A4 区域为"商品名称"，命名 B2:B4 区域为"规格型号"。

图 3.7.2  "参数"工作表

② 返回 Sheet1 工作表，打开"数据验证"对话框，设置数据验证。选择 A3 单元格，在"允许"下拉列表中选择"文本长度"，在"数据"下拉列表中选择"等于"，在"长度"框中输入"5"；选择 B3 单元格，在"允许"下拉列表中选择"序列"，在"来源"框中输入"=商品名称"；选择 C3 单元格设置数据验证，在"允许"下拉列表中选择"序列"，在"来源"

框中输入"=规格型号"。

③ 输入金额公式。选择 F3 单元格，输入公式"=IF（OR（D3="",E3=""），"",D3*E3)"（只有当对应的单价和数量两项数据都非空时，才显示金额，如果有任何一项数据未输入，则金额不显示结果）。

④ 保护金额公式。选定所有单元格，在"设置单元格格式"对话框中设置为非锁定状态，再选择 F3 单元格，设置为"锁定"。

⑤ 设置数字格式。选择 D3 单元格，单击"开始"选项卡|"数字"组|"数字格式"下拉按钮，在下拉列表中选择"货币"；同样，选择 F3 单元格，设置数字格式为"货币"。

⑥ 选择 G3 单元格，单击"开始"选项卡|"数字"组|"数字格式"下拉按钮，在下拉列表中选择"长日期"。

### 3．填充格式以及保护工作表

① 使用填充柄填充。选定 A3:G3 区域，向下拖动填充柄（有多少条记录，就填充多少行，在填充的过程中可以复制数据验证、公式和其他格式）。

② 单击"保护工作表"按钮，保护 Sheet1 工作表。

③ 为了保护下拉列表中的选项，需要隐藏"参数"工作表，右击"参数"工作表名称，在快捷菜单中单击"隐藏"。

④ 输入数据，最终结果如图 3.7.3 所示。

| | A | B | C | D | E | F | G |
|---|---|---|---|---|---|---|---|
| 1 | | | | 商品出库单 | | | |
| 2 | 商品编号 | 商品名称 | 规格型号 | 单价 | 数量 | 金额 | 出库日期 |
| 3 | A1001 | 毛衣 | 女士小号 | ¥150.00 | 20 | ¥3,000.00 | 2014年8月1日 |
| 4 | A1001 | 毛衣 | 女士大号 | ¥200.00 | 25 | ¥5,000.00 | 2014年8月1日 |
| 5 | A1002 | 风衣 | 女士小号 | ¥430.00 | 20 | ¥8,600.00 | 2014年8月5日 |
| 6 | A1002 | 风衣 | 女士中号 | ¥500.00 | 30 | ¥15,000.00 | 2014年8月7日 |
| 7 | A1002 | 大衣 | 女士大号 | ¥650.00 | 10 | ¥6,500.00 | 2014年8月8日 |
| 8 | | | | | | | |
| 9 | | | | | | | |
| 10 | | | | | | | |
| 11 | | | | | | | |

图 3.7.3　最终结果

# 3.8　思考与练习

1．如何将如图 3.8.1 所示的"销售额统计表"作为图片粘贴到另外一张工作簿中？

| | A | B | C | D | E |
|---|---|---|---|---|---|
| 1 | | 销售额统计表 | | | |
| 2 | | 第一季 | 第二季 | 第三季 | 第四季 |
| 3 | 东南 | 480 | 700 | 440 | 520 |
| 4 | 西北 | 360 | 420 | 480 | 540 |
| 5 | 中南 | 650 | 560 | 700 | 750 |
| 6 | 华北 | 320 | 380 | 420 | 520 |

图 3.8.1　"销售额统计表"

2．如何判断单元格内容的数据类型？

3．快速输入如图 3.8.2 所示的长度为 12 位（超过 10 位且小于等于 15 位）的数字文本等差序列。（提示：先生成数字等差序列，再使用数据分列工具转化数据类型为文本。）

4．根据中华姓氏定义自定义序列，序列项为赵、钱、孙、李、周、吴、郑、王……

5．在如图 3.8.3 所示的答题卡中设置数据验证和保护，只允许在 B2:B11 单元格区域中输入答案，且答案只能为 A、B、C、D 这 4 个选项之一，其他单元格不允许编辑。如何进行操作？

| | A |
|---|---|
| 1 | 学号 |
| 2 | 201003113001 |
| 3 | 201003113002 |
| 4 | 201003113003 |
| 5 | 201003113004 |
| 6 | 201003113005 |
| 7 | 201003113006 |
| 8 | 201003113007 |
| 9 | 201003113008 |
| 10 | 201003113009 |

图 3.8.2　纯数字等差序列

| | A | B |
|---|---|---|
| 1 | 题号 | 答案 |
| 2 | 1 | |
| 3 | 2 | |
| 4 | 3 | |
| 5 | 4 | |
| 6 | 5 | |
| 7 | 6 | |
| 8 | 7 | |
| 9 | 8 | |
| 10 | 9 | |
| 11 | 10 | |

图 3.8.3　答题卡

6．如何查找模糊内容，例如在工作簿中查找所有以字母"b"结尾的内容？

# 第4章　工作表格式化和打印

按照工作表中数据处理的一般流程，首先应完成数据输入，进行数据分析计算，然后对工作表中指定单元格区域进行格式设置，即对工作表数据所在单元格完成格式化操作，最后进行页面设置完成打印。通过格式化操作，既可以使表中数据符合规定外观，又可以使表格更加美观，且突出显示相关数据，使用户容易理解数据。

## 4.1　工作表格式设置

由于每张工作表都是由若干单元格组成的，因此工作表格式设置主要为单元格外观的格式化。影响工作表整体外观的格式主要包括行/列的行高/列宽，是否显示已经包含数据的行/列，以及作为工作表衬底的图片等。

### 4.1.1　改变列宽和行高

对单元格中数据设置相应字体格式后，单元格行高和列宽也会随之发生变化。例如，字体加大后，行高会随之自动增高以显示数据；输入数值型数据后，随着数据的输入，列宽也会自动加宽等。

当然，可以指定固定列宽，使表格看起来更加规整。列宽的取值范围为0～255，此数值表示该单元格以标准字体（宋体11磅）显示的字符个数，默认列宽为8.38个标准字符（1.75厘米）。如果将列宽设置为0，则此列被隐藏。需要注意的是，一列中所有单元格的宽度是相同的，如果调整一个单元格的列宽，则本列中其他单元格的宽度也同样被调整；同一行单元格的行高设置也是如此。

同样，可以自定义行高，取值范围为0～409。此数值表示以"点"计量的高度（1点约等于1/72英寸或0.035厘米），默认行高为13.5点（0.48厘米）。如果行高设置为0（零），则该行被隐藏。

如果工作在"页面布局"视图下，则列宽或行高的默认度量单位变为厘米。用户可以将单位更改为英寸或毫米。在"Excel选项"对话框中，选择"高级"类别，在"显示"区的"标尺单位"下拉列表中选择一个合适的单位，如图4.1.1所示。

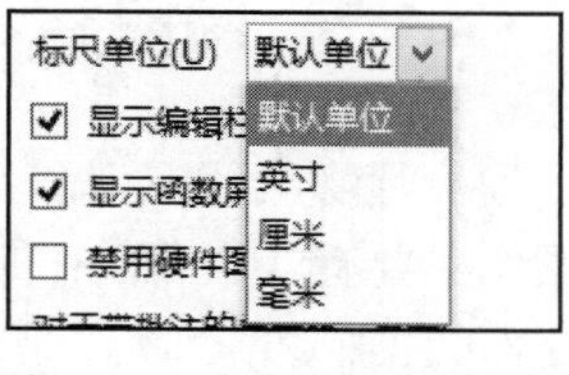

图 4.1.1　更改默认度量单位

**1. 更改列宽和行高**

选择要更改的一列或多列，或选择该列中的任意单元格，单击"开始"选项卡|"单元格"组|"格式"按钮，在下拉菜单中单击"列宽"，弹出"列宽"对话框，在"列宽"框中输入所需值，如图4.1.2所示。更改行高的过程与更改列宽的过程相似，如图4.1.3所示，这里不再赘述。常用快速设置单列宽度的方法是，右击所选列，在快捷菜单中单击"列宽"，弹出"列宽"对话框，然后输入所需值即可。快速设置单行高度的方法类似。

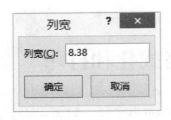

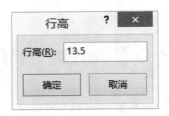

图 4.1.2　"列宽"对话框　　　　　　　图 4.1.3　"行高"对话框

### 2．自动调整列宽

单击"开始"选项卡｜"单元格"组｜"格式"按钮，在下拉菜单中选择"自动调整列宽"，可以按照单元格所包含内容的长度自动调整列宽。可以直接拖动某列或某几列列标右侧边界，直到所需列宽。双击某列或某几列列标的右边界，也可以自动调整列宽。

需要说明的是，"自动调整列宽"命令是以能全部显示本列中最宽的数据所占单元格宽度作为调整后的列宽的。如果之前针对某列执行了该命令，然后该列中单元格的数据长度发生了变化，需要用户再次执行"自动调整列宽"命令，否则 Excel 不会自动调整列宽。

更改行高以自动适合内容的操作类似于更改列宽。

### 3．将列宽与另一列匹配

在包含有所需列宽的列中选择一个单元格，按 Ctrl+C 组合键，然后右击目标列中某个单元格，执行快捷菜单中的"选择性粘贴"命令，在"粘贴"选项中单击"保留源列宽"按钮。

### 4．更改工作表或工作簿中所有列的默认宽度

默认列宽表示单元格中容纳的标准字体的字符个数，用户可以为工作表的默认列宽指定一个不同值。

选择工作表，单击"开始"选项卡｜"单元格"组｜"格式"按钮，在下拉菜单中单击"默认列宽"，在打开的"标准列宽"对话框中的文本框中，输入指定宽度值。如果要为所有新建工作簿指定默认列宽，可以创建一个工作簿模板，更改该模板的默认列宽，然后基于此模板创建新的工作簿文件。

## 4.1.2　隐藏行、列

执行隐藏行或列命令或者将行高或列宽更改为 0（零），可以隐藏指定的行或列。执行此操作主要有 4 个目的：① 隐藏当前不需要的数据所在行或列，在窗口中尽量多地显示当前所处理数据；② 该操作是最简单的数据保护方式（看不见就修改不了）；③ 被隐藏的行或列不能被打印出来；④ 本书第 6 章中所介绍的数据管理命令不能针对隐藏的行或列完成操作。

指定的行或列被隐藏后，可以执行"取消隐藏"命令使其再次显示。用户可以取消隐藏特定的行或列，也可以取消隐藏所有已被隐藏行或列。最简便的方法是直接向右（向下）拖动被隐藏的列（行）的列标（行号）的边界线，即可取消隐藏。

选择要隐藏的行或列，单击"开始"选项卡｜"单元格"组｜"格式"按钮，在下拉菜单中选择"隐藏和取消隐藏"→"隐藏行"或"隐藏列"，或者将行高或列宽设置为 0（零）。也可以在快捷菜单中选择"隐藏"命令，即可完成隐藏操作。执行取消隐藏命令可以显示一

个或多个隐藏的行或列。

## 4.1.3　设置背景

用户可以将图片作为工作表背景，用以美化工作表，衬托前景数据。但 Excel 不能在打印工作表数据时同时打印背景。另外，当将工作簿另存为网页文件时，同样不能保存背景。由于工作表背景不能被打印，因此不能将其用来模拟水印效果，但用户可以通过在页眉或页脚中插入图片来模仿创建可打印的"水印"效果。

**1．添加工作表背景**

① 选中需要添加背景的工作表，单击"页面布局"选项卡|"页面设置"组|"背景"按钮，打开"插入图片"对话框，如图 4.1.4 所示。

图 4.1.4　"插入图片"对话框

② 可以从本地计算机中或网络上选择图片文件，也可联机在线搜索 Office.com 上的剪贴画、通过"必应 Bing"搜索图片或使用微软网盘 OneDrive 上存放的图片。

③ 背景效果如图 4.1.5 所示，所选图片将插入工作表中，图片衬托在工作表数据下方。

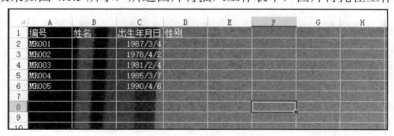

图 4.1.5　背景效果

为了提高可读性，可以隐藏单元格网格线（在"页面布局"选项卡的"工作表选项"组中，取消选中网格线的"查看"复选框），并同时将单色填充色应用于包含数据的单元格。

当保存工作簿时，工作表背景与工作表数据一起保存。如果需要使用纯色作为工作表背景，则可以将单元格填充色用于工作表中所有单元格。

**2．删除工作表背景**

选中需要删除背景的工作表，确保只选择一个工作表，单击"页面布局"选项卡|"页

面设置"组|"删除背景"按钮，即可删除背景。

### 3．在 Excel 中模仿水印效果

与 Word 可以在文档中添加水印有所不同，Excel 并未提供添加水印功能，但用户可以通过两种方法来模拟水印效果。一种方法是在页眉或页脚处插入图片，所有打印页上都显示该图片，并可以调整图片大小或缩放图片以填充整个页面。另外一种方法是使用艺术字。

（1）在页眉或页脚中插入图片来模仿水印效果

下面仅以在页眉中插入图片为例来说明操作过程。

① 在诸如画图之类的绘图程序中创建图片或准备好图片素材。

② 选中工作表（只能选择一张工作表）。

③ 单击"插入"选项卡|"文本"组|"页眉和页脚"按钮，进入页眉和页脚编辑状态。单击页眉选择框，单击"页眉和页脚工具"的"设计"选项卡|"页眉和页脚元素"组|"图片"按钮 ，在弹出的对话框中选择图片，代码"&[图片]"即显示在页眉选择框中。再次单击工作表标签，即可显示所选图片，并用图片替换代码"&[图片]"，如图 4.1.6 所示。

④ 要调整图片大小或缩放图片，单击包含该图片的页眉选择框，单击"页眉和页脚工具"的"设计"选项卡|"页眉和页脚元素"组|"设置图片格式"按钮，在弹出的"设置图片格式"对话框的"大小"选项卡中设置所需选项。

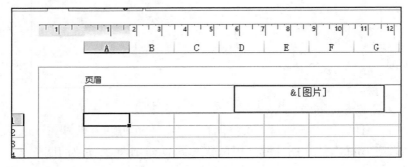

图 4.1.6　页眉中插入图片

要替换图片，单击包含图片的页眉选择框单击"页眉和页脚工具"的"设计"选项卡|"页眉和页脚元素"组|"图片"按钮，然后在弹出的对话框中单击"替换"按钮，在"插入图片"对话框中选择新图片。

要删除包含图片的页眉选择框中的图片，选中"&[图片]"，按 Delete 键删除。

编辑页眉/页脚时采用的工作簿视图为"页面布局"视图，在完成设置后，可以切换回"普通视图"继续完成其他操作。

需要注意的是：

● 如果需要在图片上方或下方增加空白区域，操作方法是，将光标定位在含有图片的页眉选择框中的代码"&[图片]"之前，然后按 Enter 键插入空行。

● 页眉/页脚中的图片在打印时将与工作表中的数据一并打印出来。

（2）使用艺术字来模仿水印效果

这里不做介绍，参见 4.5 节相关内容。

## 4.2　单元格格式设置

通过设置个性化的单元格格式，可以满足对表格外观的要求，如：字体、边框、底纹、数字格式、对齐方式等。需要注意的是，进行格式化之前应选中操作对象。当然格式化操作也可以安排在输入单元格数据之前，但缺点是用户无法直观看到针对空白单元格所设置的部分格式效果。

如果要更改单元格格式，首先应选中指定单元格或单元格区域，然后在"开始"选项卡中的"字体"、"对齐方式"或"数字"组中执行相应的命令。如果用户所需命令未包含在上述组中，则可以单击"数字"组右下角的对话框启动器按钮，如图 4.2.1 所示，在弹出的"设置单元格格式"对话框中进行相关设置，如图 4.2.2 所示。

图 4.2.1　对话框启动器按钮

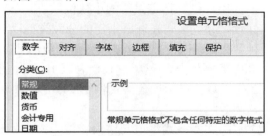

图 4.2.2　"设置单元格格式"对话框（局部）

### 4.2.1　数字格式

前面章节中介绍过，单元格是 Excel 工作表中的基本数据存储单位，是不能拆分的。单元格中存放的是数据，数据是分为不同类型的。在不同的应用场合，单元格中即使存放的是相同类型的数据，但也可能需要设置不同的显示方式，或者用户要求采用特定格式显示数据。一般来说，这些格式设定主要针对数值型数据（数字），所以称为设置单元格的"数字格式"。

通过对单元格设置不同的数字格式，用户可以更改单元格数据的显示外观而不会更改数据本身，即不同的数字格式并不影响 Excel 用于执行计算时所引用单元格中包含数据的实际值。用户可以在编辑栏中查看单元格实际值，编辑栏中显示了存储于活动单元格中的常量值或公式。

#### 1．常用数字格式

用户可以执行"开始"选项卡"数字"组中常用的数字格式设置命令，在"设置单元格格式"对话框中可以查看所有可用的数字格式。用户如果未更改单元格的数字格式，则在输入数据时采用系统默认格式，一般以常规格式显示，即 Excel 按照不同类型数据的默认格式约定来显示数据。例如，用户输入文本型数据默认为左对齐，数值型数据默认为右对齐，逻辑值默认为居中对齐等。如果单元格的宽度不足以显示整个数字，则常规格式将对带有小数点的数字进行四舍五入。常规数字格式还对较大的数字（12 位或更多）使用科学计数（指数形式）表示法。

常用数字格式的总体规则说明如下。

- 数字（数值）：数值格式用于一般的数值表示，可以指定所需小数位数、是否使用千位分隔符以及如何显示负数等。
- 货币：货币格式用于表示一般货币型数值，并在数字前添加默认的货币符号，可以指定所使用的小数位数、是否使用千位分隔符以及如何显示负数和货币符号类型。
- 会计专用：会计格式对数值添加货币符号和设置小数点对齐，并可指定货币符号类型和小数点位数。
- 日期：日期格式将正整数显示为日期值。根据用户指定的类型和区域设置，按指定格式显示日期。
- 时间：时间格式将正纯小数显示为时间值。根据用户指定的类型和区域设置，按指定格式显示时间。
- 百分比：百分比格式将单元格中的数值乘以 100，然后将结果与百分号 "%" 一同显示。用户可以指定保留的小数位数。
- 分数：分数格式根据所指定的分数类型以分数形式显示数字。
- 科学计数：以指数表示法（科学计数法）显示数字，采用诸如 $1.234E+n$ 的形式计数，其中数字代表 "尾数"，E 代表以 10 为底的指数，$n$ 代表 $n$ 次幂（也称阶码）。例如，2 位小数的科学计数格式将 12345678901 显示为 1.23E+10，即用 1.23 乘以 10 的 10 次幂。
- 文本：文本格式将单元格内容作为文本处理，输入内容与显示内容完全一致，即使输入数字也作为文本处理。
- 特殊：将数字显示为邮政编码、电话号码或中文大小写数字。
- 自定义：自定义格式是指以现有格式为基础，通过编辑已有数字格式生成用户自己特有的数字格式。Excel 允许用户修改现有数字格式代码并将其添加到数字格式代码列表中。

**2. 自定义数字格式规则**

Excel 提供了多种数字格式以便将数字显示为百分比、货币、日期等。如果这些内置格式无法满足需要，用户可以创建自己的数字格式。在应用自定义格式之前，用户需要掌握自定义数字格式的使用规则。

要创建自定义数字格式，通常应选择一个内置数字格式，然后以此数字格式为基础，更改该格式的相应代码部分，从而创建自己的自定义数字格式，所以选择一个与自定义格式相近的内置格式是一个很好的开始。需要注意的是，在自定义数字格式代码中所使用的各种符号，除汉字字符外，其他符号必须使用英文半角字符。

数字格式代码最多可以包含 4 个部分，各个部分使用分号（;）分隔，每个部分的先后顺序不能颠倒。这些代码按先后顺序分别定义正数、负数、零值和文本的格式：

<POSITIVE>;<NEGATIVE>;<ZERO>;<TEXT>

用户在自定义数字格式时无须包含代码的所有 4 个部分，即上面尖括号（<>）的含义是该部分是可选的（在实际使用过程中，不要输入尖括号）。如果仅为自定义数字格式指定了两个代码部分，则第一部分定义正数和零，第二部分用于定义负数。如果仅指定一个代码部分，则该部分将用于所有数字。如果要跳过某个代码部分，然后在其后面包含下一个代码部分，则必须保留表示要跳过的代码部分结束的分号。

**思考题：** 在自定义数字格式中，使用代码 ";;;"，代表什么含义？起什么作用？试试看！

**【例4-1】** 使用上述代码部分创建如下自定义格式：

[蓝色]#,##0.00_) ;[红色]（#,##0.00）;0.00;"销售额"@

在自定义数字格式代码部分时，应该遵守以下准则。

（1）有关包含文本和添加空格准则

① 同时显示文本和数字

如果要在单元格中显示文本常量和数字形式的文本常量，应将文本使用双引号（""）括起来，或在单个字符前加上反斜线"\\"，字符应包含在格式代码的适当部分中。例如，自定义格式为"￥0.00 "盈余";￥-0.00 "亏损""，可显示金额为正数时如"￥125.74 盈余"和金额为负数时如"￥-125.74 亏损"。

需要说明的是，非数字形式的文本可以不加双引号，系统会自动识别并加上。

② 显示所输入文本数据

如果用户在设置了自定义格式的单元格中输入文本数据，并需要显示所输入的任何文本，则应在定义文本部分中包含"@"字符。如果在文本部分中省略"@"字符，则不会显示用户输入的任何文本。要始终为输入的文本显示特定的文本字符常量，应将附加文本用双引号（""）括起来。

例 4-1 的第 4 部分代码 ""销售额"@" 的含义是，在此单元格中输入文本数据时，则显示"销售额***"，"***"为用户所输入的文本数据。@字符可以放置在用户设置的特定文本字符的前面或后面，不一定放在末尾。试试@的位置不同，显示效果有何不同？

③ 添加空格

如果要在数字格式中创建一个字符宽度的空格，应包含一个下画线字符"_"，并在其后跟随要显示的特定字符。如果下画线后面带有右括号，如"_)"，则表示所输入正数与括号中括起的负数的相应权位对齐，如例 4-1 中定义的正数部分所示。

④ 重复字符

如果要在输入的数值数据中重复某个特定字符以填满整个单元格宽度，则应在数字格式中定义正数、负数和零的部分中包含一个星号"*"。例如，输入"0*-"可在数字后面包含足够多的短画线以填满单元格，或在任何格式之前输入"*0"可包含前导零。

（2）使用小数位、颜色和条件准则

① 包含小数位和有效位

如果要为包含小数点的数字设置数字格式，则应在数字格式部分中包含表 4.2.1 中的数字占位符、小数点和千位分隔符。

表 4.2.1　数字占位符

| | |
|---|---|
| 0（零） | 此数字占位符限定小数点两侧数值显示的位数，如果输入数字位数少于格式中零的个数，则此数字占位符会显示补位的"无效零"。例如，输入 8.9，但希望将其显示为 8.90，应使用格式 0.00 |
| # | 此数字占位符所遵循的规则与占位符 0（零）基本相同。但如果所输入数字的小数点任一侧的位数小于格式中"#"符号的个数，则不会显示多余的零。例如，自定义格式为 #.##，在单元格中输入 8.9，显示 8.9 |
| ? | 此数字占位符所遵循的规则与"#"基本相同。但为小数点任一侧的无效零位置添加空格，以便使同列中的数据小数点对齐。例如，自定义格式 0.0? 将数字 8.9（9 后有一个空格）和同列中的 88.99 小数点对齐 |
| .（句点） | 此数字占位符在数字中显示小数点 |

如果小数点右侧的位数大于格式中的占位符数的数目，则该数字的小数位数会四舍五入到与占位符数相同的位数。如果小数点左侧的位数大于格式中的占位符数，则会显示多出的位数，不会四舍五入。

② 显示千位分隔符

如果要显示千位分隔符，则在数字格式相应部分中包含逗号","，如例 4-1 中定义正数和负数的部分所示。如果在"#"号或"0"后面包含逗号，则在显示用户输入的数值数据时用逗号分隔千位数。如果千位分隔符后面没有其他数字占位符，则会以 1000 为倍数缩放数字。例如，如果格式为"#.0,"，并在单元格中输入 12200.000，则会显示数字 12,200.0。

③ 指定颜色

如果要为数字格式中某一部分所设置的数据指定某种颜色，应在该部分中输入以下 8 种颜色之一（用方括号括起）：

[黑色][绿色][白色][蓝色][洋红色][黄色][蓝绿色][红色]

颜色代码必须是该自定义格式部分中的第一个项，如例 4-1 中定义正数和负数的部分所示。

④ 指定条件

如果要设定仅当满足所指定的条件时才应用的数字格式，则用方括号括起该条件。该条件由一个比较运算符和一个数值常量构成。

例如，指定数字格式所满足的条件：

[红色][<=100];[蓝色][>100]

在上述代码设置的数字格式中，将小于或等于 100 的数字字体设置为红色，而将大于 100 的数字字体设置为蓝色。试一试，如果所输入数值不在指定条件所限定的范围中，会有什么效果？

表4.2.2　设置货币符号代码

| 输入内容 | 所用代码 |
|---|---|
| ¢ | Alt+0162 |
| £ | Alt+0163 |
| ¥ | Alt+0165 |
| € | Alt+0128 |

（3）有关货币、百分比和科学计数法格式准则

① 包含货币符号

如果要在数字格式中输入表 4.2.2 中列出的货币符号，且无法使用键盘输入该符号，则用户可以按 Num Lock 键使小键盘处于数字输入状态，使用数字键盘输入该符号的 ANSI 代码。

② 显示百分比

如果要将数字以百分比形式显示，例如，将 0.08 显示为 8%或将 2.8 显示为 280%，则应在数字格式中包含百分比符号"%"。请解释一下，自定义数字格式 0.00%代表什么含义？

③ 显示科学计数法

如果要使用科学计数法显示数字，则应在数字格式部分中使用代码 E+或 E-或 e+或 e-。

例如，格式为 0.00E+00，并在单元格中输入 12200000，则会显示为 1.22E+07。如果将数字格式更改为#0.0E+0，则会显示为 12.2E+6。

④ 显示日、月和年

如果要将数字显示为日期格式，如年、月和日，则在数字格式部分中使用表 4.2.3 中给出的代码。

表 4.2.3　设置年、月、日格式代码

| m | 将月显示为不带前导零的数字 |
|---|---|
| mm | 根据需要将月显示为带前导零的数字 |
| mmm | 将月显示为缩写形式（Jan～Dec） |
| mmmm | 将月显示为完整名称（January～December） |
| mmmmm | 将月显示为单个字母（J～D） |
| d | 将日显示为不带前导零的数字 |
| dd | 根据需要将日显示为带前导零的数字 |
| ddd | 将日显示为缩写形式（Sun～Sat） |
| dddd | 将日显示为完整名称（Sunday～Saturday） |
| yy | 将年显示为 2 位数字 |
| yyyy | 将年显示为 4 位数字 |

⑤ 显示小时、分钟和秒

请参考 Excel 帮助，不再赘述。

## 3. 创建自定义数字格式

在"设置单元格格式"对话框"数字"选项卡的"分类"框中，单击"自定义"选项，在右侧"类型"框中，输入自定义数字格式代码。或者先在"类型"框中选择某个内置数字格式，再对选定的数字格式进行必要修改。

常用自定格式示例见表 4.2.4 和表 4.2.5。

表 4.2.4　常用自定义数字格式示例 1

| 数字格式 | 实际值 | 显示值 |
|---|---|---|
| #,###.## | 12345.6 | 12,345.6 |
|  | 0.1245 | .12 |
|  | −89.765 | −89.77 |
| 0,00.00 | 12345.6 | 12,345.60 |
|  | 0.1245 | 0,000.12 |
|  | −89.765 | −0,089.77 |
| ?,???.?? | 12345.6 | 12,345.6 |
|  | 0.1245 | .12 |
|  | −89.765 | −　89.77 |
| #空格??/?? | 12 1/5 | 12 1/5 |
|  | 5　2/15 | 5 2/15 |
| yyyy/m/d | 2014-3-11 | 2014/3/11 |
| yyyy"年"m"月"d"日" | 2014-3-11 | 2014 年 3 月 11 日 |
| [$-404]aaaa;@ | 2014-3-11 | 星期二 |
| mm"月"dd"日";@ | 2014-3-11 | 03 月 11 日 |
| h"时"mm"分";@ | 2014-3-11 11:36 | 11 时 36 分 |
| h:mm:ss;@ | 2014-3-11 11:36 | 11:36:21 |

表 4.2.5　常用自定义数字格式示例 2

| 数字格式 | 实际值 | 显示值 |
| --- | --- | --- |
| #,##0.00;(#,##0.00) | 12345.6 | 12,345.60 |
| | 0.1245 | 0.12 |
| | −89.765 | (89.77) |
| #,##0.00_);(#,##0.00)<br>_代表空格，与后面使用的字符对齐 | 12345.6 | 12,345.60 |
| | 0.1245 | 0.12 |
| | −89.765 | (89.77) |
| $#,##0.00_);($#,##0.00) | 12345.6 | $12,345.60 |
| | 0.1245 | $0.12 |
| | −89.765 | ($89.77) |
| $* #,##0.00_);($* #,##0.00)<br>*代表用后面的字符填充列宽，本例为空格 | 12345.6 | $　　12,345.60 |
| | 0.1245 | $　　　　0.12 |
| | −89.765 | ($　　89.77) |

需要注意的是：

- 自定义数字格式存储在创建该格式的工作簿文件中，在任何其他工作簿中都不可用。如果要在新的工作簿中使用自定义格式，可以将当前工作簿另存为 Excel 模板，并在该模板基础上创建新工作簿。
- 当以一种内置数字格式创建自定义格式时，Excel 将创建该数字格式的可自定义副本，该内置数字格式不会被更改或删除。

### 4．删除自定义数字格式

打开包含要删除的自定义数字格式的工作簿，在"设置单元格格式"对话框"数字"选项卡的"分类"框中，单击"自定义"选项，在右侧"类型"框中，选择要删除的自定义数字格式，单击"删除"按钮。

需要注意的是：

- "分类"列表框中的内置数字格式不能删除。
- 之前使用所删除自定义格式的所有单元格都将以默认常规格式显示。

### 5．深入了解数字格式

使用数字格式可以允许用户控制数字和文本的显示外观，设置数字格式只是改变单元格内容的显示格式，并不改变实际值。

例如，在某单元格中输入了一个带有 6 位小数的数字，设置其数字格式为只显示两位小数，但此操作并没有改变实际值，Excel 在公式中引用的依然是带有 6 位小数的实际值。

同样，不能通过设置数字格式改变单元格内容的数据类型。在某单元格中输入数值型数据，然后将该单元格数字格式设置为"文本"，用户发现数据的对齐方式改变了，由原来的右对齐变成了左对齐，但这并不意味着更改了单元格中数据的数据类型。如果要将数字真正转变成文本，应在将单元格数字格式设置为"文本"后按 F2 键，然后单击其他单元格，这样才能真正地将单元格中数据的数据类型由数字转换为文本。

如果在某单元格中输入了数字形式的文本，则包含此数据的单元格左侧会出现三角形绿色智能标记，即使将该单元格数字格式设置为"数字"，也无法改变其数据类型。单击该单元格左侧智能标记，在下拉列表中选择"转换为数字"，即可将单元格中数据转换为数字类型。

## 4.2.2 对齐方式

为使工作表中数据具有最佳的显示效果，用户可能需要更改数据在单元格中的位置属性。用户可以更改单元格内容的对齐方式，或使用缩进格式来调整单元格内容与边框的间距，也可以通过旋转以不同的角度显示数据。

选定单元格（区域），在"开始"选项卡|"对齐方式"组中，单击所需的命令按钮，如图 4.2.3 所示。

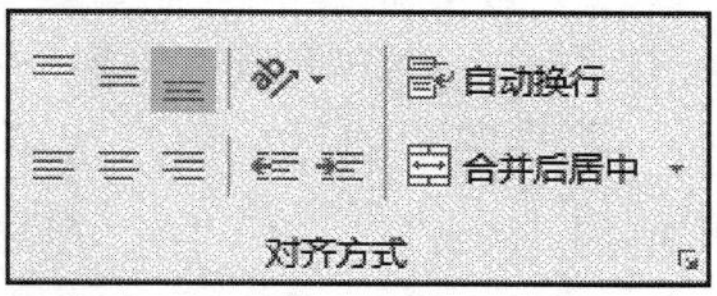

其中几个常用按钮的功能说明如下。

图 4.2.3 单元格内容对齐方式

- 更改单元格内容的垂直对齐方式，单击"顶端对齐"、"垂直居中"或"底端对齐"按钮。
- 更改单元格内容的水平对齐方式，单击"文本左对齐"、"居中"或"文本右对齐"按钮。
- 更改单元格内容的缩进量，单击"减少缩进量"或"增加缩进量"按钮。
- 旋转单元格内容，单击"方向"按钮，然后选择所需的旋转选项。
- 单元格中内容自动换行，单击"自动换行"按钮。

如果要使用其他文本对齐方式选项，则打开"设置单元格格式"对话框，单击"对齐方式"选项卡，选择所需的对齐选项。例如，要对单元格中的文本设置两端对齐，在"对齐方式"选项卡中，从"水平对齐"下拉列表中选择"两端对齐"项。

需要注意的是：

- 对缩进后的单元格无法进行文字旋转。
- 无法旋转在"水平对齐"选项卡中设置为"跨列居中"或"填充"对齐方式的单元格。

## 4.2.3 边框和填充

对选定的单元格或单元格区域添加边框，既可以明确区分单元格之间的边界，又可以满足打印输出格式的需要。通过使用预定义边框样式，可以在单元格或单元格区域周围快速添加边框。如果预设的单元格边框无法满足需要，用户可以创建自定义边框。需要注意的是，相邻单元格之间边框是公用的，添加或删除单元格边框时应注意对相邻单元格的影响。

### 1．应用预定义的单元格边框

选择要为其添加边框、更改边框样式或删除其边框的单元格（区域），单击"开始"选项卡|"字体"组|"边框"右侧的下拉按钮，在下拉菜单中选择边框类型。

需要注意的是：

- 如果对选定单元格应用边框，此边框还应用于公用框线的相邻单元格。例如，如果对 B1:C5 应用"所有框线"，则 D1:D5 具有左边框。
- 如果对公用边框的相邻单元格应用两种不同边框类型，则保留最后一次设置。

### 2．删除单元格边框

单击"开始"选项卡|"字体"组|"边框"右侧的下拉按钮，在下拉菜单中单击"无边框"。

### 3．创建自定义单元格边框

用户可以创建单元格区域自定义边框，对已选定单元格区域，既可以设置四周显示自定义外边框，同时也可以设置与外边框不同样式的内边框。

① 在"设置单元格格式"对话框的"边框"选项卡中，选择边框线条"样式"、"颜色"和边框类型，例如选择外边框。

② 如果单元格区域包括不同边框线，例如内边框具有不同的线条样式、颜色，则重复上一步骤，然后单击"确定"按钮。

需要说明的是，用户也可以使用"开始"选项卡│"字体"组中的"预置"边框格式设置按钮，快速设置单元格边框，当然也可以手工绘制和擦除边框线。

### 4．用纯色填充单元格

选择要应用或删除填充色的单元格，单击"开始"选项卡│"字体"组│"填充颜色"右侧的下拉按钮，显示颜色选项板。如果要用纯色填充单元格，则在"主题颜色"区或"标准色"区中选择颜色；如果要用自定义颜色填充单元格，则单击"其他颜色"按钮，在弹出的"颜色"对话框中选择颜色。

### 5．用图案填充单元格

选择要用图案填充的单元格，打开"设置单元格格式"对话框，单击"填充"选项卡，在"背景色"区中单击要使用的背景色，或单击"开始"选项卡│"字体"组│"填充颜色"右侧的下拉按钮，在选项板中选择相应颜色。

如果要使用包含两种颜色的图案，在"设置单元格格式"对话框的"填充"选项卡中，在"图案颜色"下拉列表中选择另一种颜色，然后在"图案样式"下拉列表中选择图案样式。如果要使用具有特殊效果的图案，则单击"填充效果"按钮，在打开的"填充效果"对话框中选择渐变颜色和底纹样式。

如果要使用两种颜色的渐变色填充，也可以在"填充效果"对话框中设置。

### 6．删除单元格填充色

选择含有填充颜色或填充图案的单元格，单击"开始"选项卡│"字体"组│"填充颜色"右侧的下拉按钮，在选项板中单击"无填充颜色"按钮。

### 7．设置工作表中所有单元格的默认填充色

在 Excel 中，用户无法更改工作表的默认填充颜色。在默认情况下，工作簿中的所有单元格均无填充颜色。但是，如果创建工作簿时需要单元格含有特定填充颜色，则可以事先创建 Excel 模板。例如，如果经常创建所有单元格均为绿色的工作簿，则可创建一个模板，以简化此项任务。

## 4.3　主题、样式和套用表格格式

主题是一组统一的设计元素，使用颜色、字体和图形效果设置文档的外观，主题跨 Office 程序共享，以便所有 Office 文档都可以具有相同、统一的外观。主题会影响文本、形状、图

表、超级链接的外观效果，主题的内容主要包括颜色搭配、字体以及形状效果。样式是一组相关单元格格式的集合。表格格式是一组针对单元格区域（如数据清单）的一组设置外观格式的集合。

## 4.3.1　格式刷

使用格式刷可将文档中某一对象所包含的格式快速复制到另一对象上。

格式刷会从第一个所选对象中，无论是形状、单元格、图片边框还是文本片断，获取所有的格式，并将它应用到第二个对象中。这样只需将第一个对象的格式设置正确，然后即可对文档中任意位置的其他对象应用相同的格式。

操作步骤如下。

① 选择具有需要复制格式的形状、文本、图片或单元格。

② 单击"开始"选项卡｜"剪贴板"组｜"格式刷"按钮，鼠标指针旁边出现一个小刷子。

③ 单击要应用此格式的形状、文本、图片或单元格（或者拖动选定目标），完成格式复制。如果选定的是一个区域，则将该格式复制到选定的单元格区域。

例如，要快速将第 1 列的宽度复制到第 2 列，首先单击第 1 列的列标，选中第 1 列，然后单击"格式刷"按钮，最后单击第 2 列的列标，即可完成格式复制。注意，如果列中包含合并的单元格，将无法复制列宽。

如果要将格式复制到多个对象，则双击"格式刷"按钮，完成格式复制后，再次单击"格式刷"按钮或按 Esc 键退出格式刷。

## 4.3.2　主题

通过应用文档主题，用户可以轻松而快速地设置整个文档格式。文档主题实际上是一组格式选项，包括一组主题颜色、一组主题字体（包括标题字体和正文字体）和一组主题效果（包括线条和填充效果）。

Excel 提供若干个预定义文档主题，用户既可以直接套用系统所提供的各种主题，也可以通过修改现有文档主题，然后将其另存为自定义文档主题来创建自己的文档主题，并可以把该主题设置为默认主题。主题文档以文件形式保存在外存上，主题的文件扩展名为.thmx。如果用户所需文档主题未列出，则单击"页面布局"选项卡｜"主题"组｜"主题"按钮，在选项板中单击"浏览主题"，即可在本地计算机中或网络位置上查找所需主题文档。

### 1．应用文档主题

用户可以更改默认文档主题，方法是，选择另一个 Excel 内置的预定义文档主题或自定义文档主题，单击"页面布局"选项卡｜"主题"组｜"主题"按钮，在选项板中选择所需主题即可。

### 2．自定义文档主题

如果需要自定义文档主题，用户可以从更改当前使用主题的颜色、字体、线条和填充效果开始。对主题所做的更改将立即影响当前文档中已经应用该主题的对象。如果要将这些更改应用到新文档，可以将它们另存为自定义文档主题。

要自定义文档主题，单击"页面布局"选项卡|"主题"组中的"颜色"、"字体"以及"效果"按钮，可以分别定义主题颜色、字体以及效果。

（1）自定义主题颜色

主题颜色包含 4 种文本/背景颜色、6 种强调文字颜色和两种超链接颜色。"主题颜色"区中的颜色代表当前文本和背景颜色。单击"颜色"按钮，在选项板中单击"新建主题颜色"，将弹出"新建主题颜色"对话框。在"主题颜色"区中的一组颜色代表该主题的强调文字颜色和超链接颜色，如图 4.3.1 所示。如果更改其中任何颜色来创建自己的一组主题颜色，则在对话框右侧的"示例"区中将相应地发生变化。

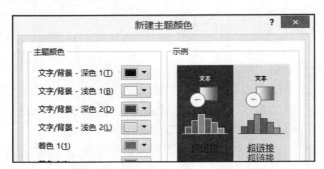

图 4.3.1 "新建主题颜色"对话框（局部）

要将所有主题元素颜色还原为默认的主题颜色，则在"新建主题颜色"对话框中单击"重置"按钮，然后单击"保存"按钮即可。

（2）自定义主题字体

主题字体包含标题字体和正文字体。单击"页面布局"选项卡|"主题"组|"字体"按钮，在选项板中单击"新建主题字体"，可以设置标题字体和正文字体以创建一组新主题字体。

（3）选择一组主题效果

主题效果是线条和填充效果的组合。单击"页面布局"选项卡|"主题"组|"效果"按钮，在选项板中可以选择一种内置的主题效果。需要注意的是，Excel 不允许用户创建自己的主题效果。

（4）保存文档主题

对文档主题的颜色、字体、线条和填充效果的任何更改都可以另存为自定义文档主题，用户可以将该自定义文档主题应用到其他文档中。

单击"页面布局"选项卡|"主题"组|"主题"按钮，在选项板中单击"保存当前主题"，在弹出的"保存当前主题"对话框的"文件名"框中，为主题输入适当的文件名。需要说明的是，自定义文档主题保存在"文档主题"文件夹中，并且将自动添加到自定义主题列表中。

## 4.3.3 单元格样式

Word 中的样式针对段落，Excel 的样式主要针对单元格，所以称为单元格样式。单元格样式是针对于单元格自身及其所包含数据的一组格式。

用户可以通过选择单元格样式方便快速地对单元格进行格式化，并确保套用同一样式的单元格格式完全一致。同时，Excel 允许用户自定义单元格样式，通过相应设置防止其他人对特定单元格格式进行更改，即锁定单元格样式。单元格样式包括数字格式、对齐方式、边框、填充颜色、阴影或单元格保护等。

Excel 提供了若干预定义单元格样式，如图 4.3.2 所示。这样可以快速对单元格格式进行更改，例如，可以同时添加单元格填充色和更改文本颜色。

需要注意的是，单元格样式基于应用于整个工作簿的文档主题。当切换到另一个主题时，单元格样式会发生改变以便与新文档主题相匹配。

### 1．应用单元格样式

选择要设置格式的单元格（区域），单击"开始"选项卡｜"样式"组｜"单元格样式"按钮，在显示的"单元格样式"选项板中选择要应用的单元格样式，如图 4.3.2 所示。

### 2．创建自定义单元格样式

① 单击"开始"选项卡｜"样式"组｜"单元格样式"按钮，在选项板中单击"新建单元格样式"。

② 弹出"样式"对话框，在"样式名"框中，为新单元格样式输入名称。

③ 单击"格式"按钮，在"设置单元格格式"对话框中设置所需的数字、字体、边框、填充等格式。

④ 返回"样式"对话框，在"包括样式（例子）"区中取消勾选不希望包含在单元格样式中的格式对应的复选框，单击"确定"按钮，如图 4.4.3 所示。

图 4.3.2　内置单元格样式选项板（局部）

图 4.3.3　"样式"对话框（局部）

### 3．通过修改现有的单元格样式创建单元格样式

如果要修改现有单元格样式，在"单元格样式"选项板中右击需要修改的单元格样式，在快捷菜单中单击"修改"命令，在弹出的对话框中进行调整。注意：此操作不能创建新样式，即不能修改样式名。如果需要创建现有单元格样式的副本，则右击该单元格样式，在快捷菜单中单击"复制"命令，其他操作步骤同"创建自定义单元格样式"。

### 4．清除所套用单元格样式

用户可以清除单元格所套用的单元格样式而不删除单元格数据本身。选择要清除单元格样式的单元格，在"单元格样式"选项板的"好、差和适中"区中单击"常规"按钮。

### 5．删除预定义或自定义单元格样式

用户可以删除预定义或自定义单元格样式，以将其从可用单元格样式列表中删除。在"单

元格样式"选项板中，右击某个样式，在快捷菜单中单击"删除"命令，即可删除该样式。删除某个单元格样式后，所有应用该样式的单元格都将以默认的单元格样式显示。但用户不能删除"常规"单元格样式。

**6. 从其他工作簿复制单元格样式**

在工作簿中创建新的单元格样式时，若希望也在其他工作簿中使用该样式，可以将这些单元格样式从该工作簿复制到另一工作簿中。

① 打开源工作簿（即要复制的单元格样式所在工作簿）和目标工作簿（即要将这些单元格样式复制到其中的工作簿）。

② 单击目标工作簿。

③ 单击"开始"选项卡 | "样式"组 | "单元格样式"按钮，在"单元格样式"选项板中单击"合并样式"，打开"合并样式"对话框。

④ 在"合并样式来源"框中，单击源工作簿，然后单击"确定"按钮。

如果两个工作簿包含同名的样式，将弹出提示框，选择是否要合并这些样式：

● 如果要将目标工作簿中的样式替换为复制的样式，则单击"是"按钮。

● 如果要将目标工作簿中的样式保持原样，则单击"否"按钮。

## 4.3.4 套用表格格式

套用表格格式也称为套用表格样式，简称表样式。其功能与套用单元格样式相近，但有所不同。套用表格格式主要是用来修改单元格外观，其作用范围一般是单元格区域，是一张完整的"数据清单"（也称"数据列表"，具体内容在第 6 章中介绍），而不是某个单元格或多个不连续的单元格。对单元格区域套用某一表格样式后，该区域中不同的单元格可以有不同外观，如镶边行、镶边列等。套用表格格式后，相应单元格区域将自动转换为"Excel 表格"，并自动进入筛选状态。Excel 表格具有与一般单元格不同的特性，具体内容在 6.8 节中介绍。

Excel 提供了多种内置的表样式（或称快速样式），使用这些样式可快速套用表格格式。如果预定义的表格样式不能满足需要，用户可以创建并应用自定义表样式。如果不再应用该自定义样式，还可删除表样式，同时保留数据。通过为表元素（如标题行和汇总行、第一列和最后一列，以及镶边行和镶边列）使用"快速样式"，可以进一步调整表格式。

**1. 套用表样式**

① 选中要套用表样式的单元格区域，单击"开始"选项卡 | "样式"组 | "套用表格格式"按钮，在选项板中单击要使用的表样式，如图 4.3.4 所示。

② 在弹出的"套用表格式"对话框中指定套用表样式的单元格区域，以及表是否包含"标题"，单击"确定"按钮，如图 4.3.5 所示。

**2. 创建自定义表样式**

① 单击"开始"选项卡 | "样式"组 | "套用表格格式"按钮，在选项板中单击"新建表格样式"。

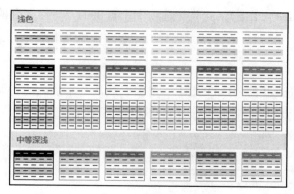

图 4.3.4　套用表格格式中的表样式（局部）

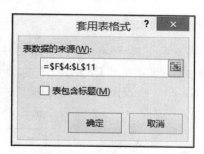

图 4.3.5　"套用表格式"对话框

② 在弹出的"新建表样式"对话框的"名称"框中，输入所创建表样式的名称。如果要修改表元素的格式，则在"表元素"框中选择所需的表元素，单击"格式"按钮，在弹出的"设置单元格格式"对话框中设置表元素的"字体"、"边框"和"填充"格式等属性。如果要去除表元素的现有格式，则选中该元素，单击"清除"按钮，如图 4.3.6 所示。

③ 针对要自定义的所有表元素，重复步骤②。

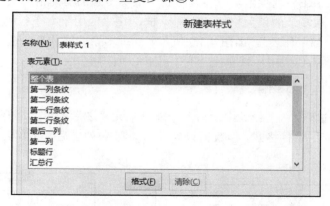

图 4.3.6　"新建表样式"对话框（局部）

④ 如果要使用新表样式作为默认表样式，则勾选"设置为此文档的默认表格样式"复选框。

需要注意的是，创建的自定义表样式只存储在当前工作簿中，不能用于其他工作簿。

### 3. 删除自定义表样式

在"套用表格格式"选项板中，在"自定义"区中右击要删除的表样式，在快捷菜单中单击"删除"命令。

需要注意的是，当前工作簿中套用该表样式的所有表都将以默认的表格样式显示。

## 4.3.5　清除多余单元格格式

对单元格设置不同的格式外观，可以让用户轻松地查找到所需数据所在单元格。然而对大量未包含任何数据的"空白单元格"设置格式，尤其是整行和整列设置，可能会导致工作簿文件体积急剧增大。如果打开一个设置了多余格式的工作表，则会降低 Excel 性能，并且可能还会出现打印问题。使用 Excel 的"INQUIRE"（查询）选项卡中提供的"清除多余的单元格格式"命令可以解决上述问题。

### 1．启动加载项

在 Office Professional Plus 2013 中，Excel 的"INQUIRE"选项卡默认是不加载的。如果要使用 Excel 中的"INQUIRE"选项卡中的命令，需要启用 INQUIRE 加载项。

① 在"Excel 选项"对话框中，选择"加载项"类别。

② 在"管理"下拉列表中选择"COM 加载项"，然后单击"转到"按钮，如图 4.3.7 所示。

图 4.3.7　选择"COM 加载项"

③ 弹出的"COM 加载项"对话框，选中"Inquire"复选框，如图 4.3.8 所示，单击"确定"按钮，"INQUIRE"选项卡出现在功能区中。

### 2．删除多余格式

① 单击"INQUIRE"选项卡｜"杂项"组｜"清除多余的单元格格式"按钮。

② 弹出的"清除多余的单元格格式"对话框，在"应用于"下拉列表中选择清除"活动工作表"还是"全部工作表"，如图 4.3.9 所示。清理多余的格式后，在提示框中单击"是"按钮以将更改保存到工作表中，或单击"否"按钮以取消更改。

### 3．清理对条件格式的影响

清理多余格式的工作从工作表中最后一个非空单元格之后的单元格开始。例如，如果对某行所有单元格均应用条件格式，但数据只到 V 列，则 V 列之后空白单元格的条件格式均被删除。

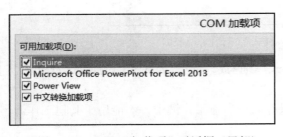

图 4.3.8　"COM 加载项"对话框（局部）

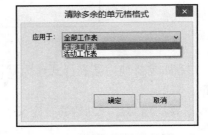

图 4.3.9　"清除多余的单元格格式"对话框

## 4.3.6　合理有效地使用颜色

在 Excel 中合理使用颜色和图标，将有助于用户将注意力集中在关键数据上并直观地理解计算结果。相反地，颜色运用不当不仅会分散用户注意力，过度使用颜色可能会使用户感到疲劳甚至厌烦。

### 1．使用文档主题

使用 Excel 可以轻松创建一致的主题并添加自定义样式和效果。通过运用具有精致配色方案的预定义文档主题，可以免于为颜色搭配而费神费力。通过应用文档主题，可以轻松、迅速地设置整个文档的格式。

### 2．使用标准颜色和限制颜色使用的数目

用户可以控制所选择颜色、颜色数目和工作表或单元格背景等参数，使颜色能够传递数据所包含的正确信息和内涵。也可以使用图标和图例作为颜色的补充，以帮助用户理解所要表达的信息。

### 3．考虑颜色对比度和背景

设置单元格内容颜色时，应该使用饱和度较高的颜色，如亮黄色、墨绿色或深红色，以确保背景与前景之间具有高对比度。例如，工作表背景为白色或灰色时，单元格就应该是其他颜色；单元格填充色为白色或灰色时，字体就应该是另一种颜色。如果必须使用背景色或图片，那么应尽可能使颜色或图片的色度较浅，即饱和度应较低，以免单元格或字体颜色不够突出，与背景无法区分。

### 4．避免使用降低视觉效果或容易混淆的颜色组合

一般不要创建令人难以辨别的图片或颜色搭配效果，可以使用互补色或对比色来增强对比度，应避免使用相似的颜色。基本颜色、相似色、对比色和互补色等相关与颜色有关的概念说明如下。

- 基本颜色也称原始颜色，简称基色（或原色）。现代计算机的显示系统中普遍采用 RGB 模式来描述、合成和显示色彩，而在印刷系统中普遍采用 CMYK 色彩系统。
- 相似色是指色谱中与另一种颜色相邻的颜色，例如，紫色和橙色就是红色的相似色。
- 与一种颜色相隔 3 种颜色以上的颜色就是它的对比色（例如，蓝色和绿色就是红色的对比色），暖色是冷色的对比色。
- 互补色是指在牛顿色圆上彼此相反的颜色，例如，绿色 Green 与品红色（洋红色）Magenta 互为互补色，黄色 Yellow 与蓝色 Blue 互为互补色，靛青色 Cyan 与红色 Red 互为互补色。

### 5．使用能够自然地传达含义的颜色

当阅读财务数据时，数字为红色代表负值，黑色则代表正值，红色传达了人们普遍接受的某种特定的含义，如果要突出显示负值，则红色是首选颜色。根据工作表中所包含数据类型的不同，用户应使用某种特定颜色，通过这些特定颜色可以向工作簿文件的阅读者传达某种特定含义，或者这些颜色具有人们所普遍接受的含义。也就是说，用户在设置单元格格式或者设置数字格式时，针对单元格所包含的不同含义的数据，应采用人们约定俗成的颜色来设置字体格式。

## 4.4　条件格式

针对指定单元格区域应用条件格式，可以直观地查看和分析数据、对比数据和观察数据趋势。既可以针对单元格区域应用条件格式，也可以针对 Excel 表格或数据透视表应用条件格式，其操作方法大同小异，本节仅介绍针对于单元格区域设定条件格式。

在分析数据时，条件格式可以帮助用户解答诸如这样的问题：本公司这个月哪些分店的销售额超过了 500 000 元？哪些学生计算机摸底考试成绩在 80 分以上？哪些学生的成绩介于 70～80 分之间？不及格的学生有哪些？

条件格式使用用户设置的格式突出显示所关注的单元格或单元格区域，强调异常值，使用数据条、颜色刻度和图标集等格式样式来直观地显示数据。条件格式是指基于针对单元格所设置的条件来更改单元格外观，如果针对该单元格的条件结果为逻辑值 True，则使用条件格式中所设置的格式来设置该单元格区域；如果条件为 False，则单元格区域格式保持原有格式。

无论是人工设置还是按条件设置的单元格格式，都可以按格式（包括单元格颜色和字体颜色等）对数据完成排序和筛选操作。图 4.4.1 显示了使用单元格背景颜色、三向箭头图标集和数据条的格式效果。条件格式的作用类似三棱镜对白光的分色效果——按照给定条件将数据分组，然后为不同组数据所在的单元格分配不同的格式外观，如图 4.4.2 所示。

| 员工编号 | 姓名 | 1季度 | 2季度 | 3季度 | 4季度 | 销售总额 |
|---|---|---|---|---|---|---|
| | | | 业务完成量统计表 | | | |
| 1 | 李静 | 325000 | 210000 | 350000 | 180000 | ⬆ 1065000 |
| 2 | 王佳怡 | 250000 | 120000 | 240000 | 250000 | ➡ 860000 |
| 3 | 刘晨 | 365000 | 400000 | 200000 | 150000 | ⬆ 1115000 |
| 4 | 陈智 | 150000 | 150000 | 120000 | 180000 | ⬇ 600000 |
| 5 | 苏小伟 | 100000 | 250000 | 98000 | 150000 | ⬇ 598000 |
| 6 | 刘峰 | 420000 | 180000 | 110000 | 250000 | ⬆ 960000 |
| 7 | 周德东 | 185000 | 90000 | 200000 | 225000 | ➡ 700000 |
| 8 | 张世新 | 250000 | 280000 | 140000 | 160000 | ➡ 830000 |
| 9 | 钟世科 | 125000 | 98000 | 150000 | 150000 | ⬇ 523000 |
| 10 | 程东 | 500000 | 100000 | 120000 | 240000 | ⬆ 960000 |

图 4.4.1  条件格式效果

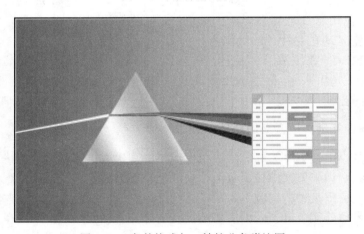

图 4.4.2  条件格式与三棱镜分色类比图

## 4.4.1  内置条件格式

### 1. 突出显示单元格规则

突出显示单元格规则如图 4.4.3 所示，应用该内置条件格式规则时的使用原则如下：

● 单元格数据为数值型，数据大于、小于、介于或等于设定值。

- 单元格数据为字符型，包含指定文本（文本包含）。
- 单元格数据为日期型，介于指定日期范围内（发生日期）。

### 2．针对唯一值或重复值时项目选取规则

项目选取规则如图 4.4.4 所示，应用该内置条件格式规则时，应选中若干个相关单个或单元格区域，使用原则如下：

- 数据为数值型时，最大或最小若干项。
- 数据为数值型时，前百分之几或后百分之几（值由用户设定）。
- 数据为数值型时，高于或低于所选区域内平均值。

图 4.4.3　突出显示单元格规则

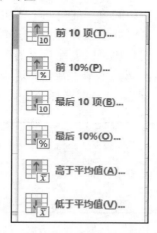

图 4.4.4　项目选取规则

### 3．使用色阶

色阶是指将单元格中数值转换为指定的颜色条，颜色的深浅代表值的大小。作为一种直观指示器，色阶可以帮助用户查看数据分布和数据变化情况。

双色刻度使用两种颜色的渐变色条来填充单元格区域。例如，在"绿-黄色色阶"中，可以指定：值较大的单元格颜色的更绿，而值较小的单元格的颜色更黄，如图 4.4.5 所示。三色刻度使用三种颜色的渐变来填充单元格区域，颜色的深浅表示值的高、中、低。下面以双色刻度为例说明其使用方法。

| 州 | 第 1 季度 | 第 2 季度 | 第 3 |
|---|---|---|---|
| 阿拉巴马 | ￥ 1,166,720 | ￥ 1,625,890 | ￥ 2,899 |
| 佛罗里达 | ￥ 3,622,300 | ￥ 1,731,720 | ￥ 4,944 |
| 乔治亚 | ￥ 5,672,600 | ￥ 4,594,980 | ￥ 5,687 |
| 路易斯安那 | ￥ 6,107,740 | ￥ 2,256,950 | ￥ 7,341 |
| 密西西比 | ￥ 7,746,840 | ￥ 2,620,580 | ￥ 4,901 |

图 4.4.5　绿-黄色阶示例

选择要应用条件格式的单元格区域，单击"开始"选项卡|"样式"组|"条件格式"按钮，在下拉菜单中选择"色阶"，在子菜单中选择某种双色刻度，如"绿-白色阶"。

需要说明的是，当鼠标指针悬停在色阶图标上时，既可以查看哪个图标为双色刻度，哪个是三色刻度，顶部颜色代表较高值，底部颜色代表较低值，也可以实时预览效果。

### 4．使用数据条

数据条可以帮助用户直观地比较某个单元格相对于其他单元格值的大小。数据条的长度代表单元格中值的大小，数据条越长，表示值越大。在观察大量数据中的较大值和较小值时，

使用数据条尤其直观有效。

如图 4.4.6 所示，使用数据条突出显示正值和负值，通过设置数据条格式，使数据条从单元格中间某个位置（坐标轴）开始，处于坐标轴左侧为负值，右侧为正值。

选择单元格区域，单击"开始"选项卡｜"样式"组｜"条件格式"按钮，在下拉菜单中单击"数据条"，在子菜单中选择所需的数据条类型。

### 5. 使用图标集

图标集可以按"阈值"将单元格数据分为 3～5 个类别，其中每个图标代表一个值的范围，如图 4.4.7 所示。例如，在"三向箭头"（彩色）图标集中，绿色向上箭头代表较高值，黄色横向箭头代表中间值，红色向下箭头代表较低值。也可以选择只针对符合条件的单元格显示图标，例如，对低于临界值的那些单元格显示一个警告图标，对高于临界值的单元格不显示图标。同时用户还可以创建自己的图标集组合。

选择单元格区域，单击"开始"选项卡｜"样式"组｜"条件格式"按钮，在下拉菜单中选择"图标集"，在子菜单中选择合适的图标集类型。

| 地区 | 第 1 季度 | 第 2 季度 | 第 3 季度 | 第 4 季度 |
|------|-----------|-----------|-----------|-----------|
| 东北 | (¥172,680) | ¥484,840 | ¥332,970 | ¥1,825,250 |
| 东南 | ¥485,760 | ¥339,540 | ¥396,340 | ¥439,460 |
| 南部 | ¥424,550 | (¥1,055,510) | ¥396,670 | ¥445,610 |
| 北部 | ¥497,620 | ¥462,950 | ¥412,450 | (¥1,152,620) |
| 西部 | ¥34,340 | (¥252,970) | ¥315,320 | ¥1,712,380 |

图 4.4.6　使用数据条比较数据示例

| 类别 | 产品名称 | 第 2 季度 | 第 3 季度 | M/M Δ % |
|------|----------|-----------|-----------|---------|
| 烘焙食材 | 蛋糕粉 | ¥9.75 | ¥10.50 | ↑ 7.7% |
| 烘焙食材 | 巧克力粉 | ¥8.00 | ¥8.00 | ⇨ 0.0% |
| 饮料 | 啤酒 | ¥9.00 | ¥10.50 | ↑ 16.7% |
| 饮料 | 绿茶 | ¥1.85 | ¥2.00 | ↑ 8.1% |
| 水果罐类 | 杏 | ¥1.05 | ¥1.00 | ↓ -4.8% |
| 水果罐类 | 樱桃派馅 | ¥1.00 | ¥1.00 | ⇨ 0.0% |

图 4.4.7　使用图标集标计数据示例

### 6. 高级格式化

前述 5 类条件格式的设置过程，称为快速格式化。执行快速格式化时，用户只需给出简单条件，例如，在设置"突出显示单元格规则"时，只需给定阈值即可。有些甚至不需要给出条件，Excel 会自动对数据分组，例如，数据条、图标集和色阶命令，均不需要给出分组的阈值。

如果用户需要自定义格式、阈值等其他参数，可以使用所谓高级格式化命令，或称为高级条件格式设置。在高级格式化中，用户不仅要选择条件格式类型、给出约束条件，还要更进一步设置该条件格式规则参数，以完成复杂条件设置。

在前述 5 类条件格式中，每类条件格式命令下拉菜单的最下面都有一个"其他规则"选项，这就是完成高级条件格式设置命令。由于不同类别条件格式的高级格式化对应参数的设置方法大同小异，因此这里仅以双色刻度为例，介绍高级条件格式设置。

① 选择要应用条件格式的单元格区域。

② 单击"开始"选项卡｜"样式"组｜"条件格式"按钮，在下拉菜单中选择"色阶"，在子菜单中选择"其他规则"，弹出"新建格式规则"对话框，如图 4.4.8 所示。

③ 在"选择规则类型"区中，单击"基于各自值设置所有单元格的格式"（默认值）。

④ 在"编辑规则说明"区的"格式样式"下拉列表中，选择"双色刻度"（默认值）。

⑤ 在"类型"下拉列表中选择"最小值"和"最大值"的类型，共有 5 种类型：最低值（最高值）、数字、百分比、公式和百分点值，如图 4.4.9 所示。

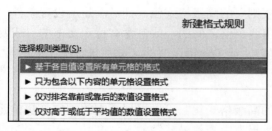

图 4.4.8 "新建格式规则"对话框（局部）

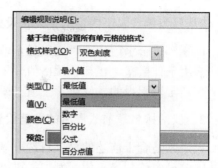

图 4.4.9 "新建格式规则"对话框的"编辑
规则说明"区（局部）

"最低值"和"最高值"为默认类型，分别对应所选单元格区域中的最大值和最小值。

如果单元格数据类型为数字、日期或时间值类型，则选择"数字"，然后在"值"框中输入指定的最低值和最高值。

如果单元格数据类型为数字且为百分比格式，那么输入最小值和最大值的有效值范围为0～100，不需要输入百分号。处于给定百分比最大值和最小值以内的单元格使用双色刻度。

对于"百分点值"格式，输入最小值和最大值的有效范围为百分点值0～100。百分点值使用一种颜色直观地显示一组上限值（如前20个百分点值），用另一种颜色直观地显示一组下限值（如后20个百分点值）。

对于"公式"格式，使用在"值"框中输入的公式的结果作为"阈值"。

在条件格式中，凡是涉及公式的地方都需要注意：

● 所输入公式必须返回数字、日期或时间值，公式以等号（＝）开始。

● 无效的公式将导致所有格式设置都不会被应用。

● 对公式进行测试，以确保它不会返回错误值。

⑥ 选择最小值和最大值所对应的"颜色"，然后单击"确定"按钮。

需要注意的是：

● 输入时应确保最小值小于最大值。

● 可以为最小值和最大值选择不同的类型。例如，可以选择数字型最小值和百分比型最大值。

## 4.4.2 新建规则

条件格式中用户所能创建的"新建规则"有6类，这6类规则的前3类规则主要完成前述内置条件格式的高级格式化，以实现一些复杂条件格式设置。用户应熟悉掌握这6类规则的各自规则设置方法，以及不同应用范围和作用效果。

6类新建规则介绍如下。

### 1. 基于各自值设置所有单元格的格式

该规则适合于前述的数据条、图标集和色阶的高级格式化，略。

## 2．只为包含以下内容的单元格设置格式

该规则适合于前述的"突出显示单元格规则"的高级格式化。针对满足所设置条件的单元格应用条件格式，包括单元格值介于所给出两个值之间的，或包含有特定文本的，或发生日期在指定范围内的，或包含空值（或无空值），或包含错误值的（或不包含错误值的）。

## 3．仅对排名靠前或靠后的数值设置格式

该规则适合于前述的"项目选取规则"的高级格式化。可以根据指定的阈值查找单元格区域中的最大值和最小值。例如，可以在销售报表中查找最畅销的 5 种产品，在客户调查表中查找最不受欢迎的 15%产品，或在部门中查找工资最高的 25 名员工等。

## 4．仅对高于或低于平均值的数值设置格式

该规则可以在单元格区域中查找高于或低于平均值或标准偏差的值。例如，可以在年度业绩审核中查找业绩高于平均水平的人员，或者在质量评级中查找低于两倍标准偏差的制造材料。

## 5．仅对唯一值或重复值设置格式

对所选单元格区域中值是唯一的或有两个以上（包括两个）相同值的单元格应用该规则。如图 4.4.10 所示的示例中，"讲师"列中使用条件格式来查找教授 2 门课程的教师（重复值），重复的教师姓名以玫瑰红颜色突出显示，在"成绩"列中找到成绩的唯一值以绿色突出显示。

## 6．使用公式确定要设置格式的单元格

如果需要更复杂的条件格式，可以使用公式来设定单元格条件格式。例如，需要将单元格包含的数据与条件格式中公式返回的结果进行比较，或计算所选择区域之外单元格中的数据，根据计算结果来决定是否套用条件格式。

在"编辑规则说明"区的"为符合此公式的值设置格式"框中，输入一个公式。公式必须以等号（=）开始且必须返回逻辑值 True（1）或 False（0）。单击"格式"按钮，弹出"设置单元格格式"对话框，可以设置当单元格公式返回值符合条件时要应用的数字、字体、边框或填充格式等，然后单击"确定"按钮，如图 4.4.11 所示。

| 学生 ID | 课程名称 | 讲师 | 成绩 |
|---|---|---|---|
| 371151 | 经济 110 | 刘小龙 | 3.2 |
| 352799 | 物理 303 | 施洛昌 | 2.9 |
| 414715 | 英语 223 | 刘岚 | 4.0 |
| 396168 | 化学 105 | 庞小辉 | 3.3 |
| 351953 | 计算机科学 223 | 费祥 | 2.7 |
| 407263 | 计算机科学 308 | 王俊元 | 2.5 |
| 320704 | 数学 313 | 田正鹏 | 4.0 |
| 414639 | 英语 204 | 洪国明 | 3.0 |
| 544307 | 历史 403 | 罗克 | 3.2 |
| 338285 | 商务 224 | 刘岚 | 2.9 |
| 400934 | 化学 105 | 孙荷佑 | 3.5 |
| 439207 | 电子工程 209 | 何恩方 | 2.2 |
| 550589 | 英语 223 | 安德武 | 1.8 |
| 473686 | 数学 188 | 刘英玫 | 3.3 |
| 351173 | 物理 303 | 施洛昌 | 3.1 |

图 4.4.10　查找重复值和唯一值

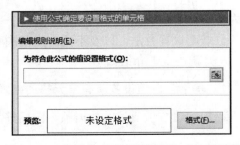

图 4.4.11　使用公式确定要设置格式的单元格

下面针对如图 4.4.12 所示的"业务完成量统计表"数据区域（A3:G27），设置条件格式。具体要求如下：

（1）4 季度数据大于 3 季度数据的员工姓名填充红色标记。

（2）1 季度数据和 2 季度数据都大于 200000 的记录用红色字体显示。

| 业务完成量统计表 | | | | | | |
|---|---|---|---|---|---|---|
| 员工编号 | 姓名 | 1季度 | 2季度 | 3季度 | 4季度 | 销售总额 |
| 1 | 李静 | 325000 | 210000 | 350000 | 180000 | 1065000 |
| 2 | 王佳怡 | 250000 | 120000 | 240000 | 250000 | 860000 |
| 3 | 刘晨 | 365000 | 400000 | 200000 | 150000 | 1115000 |
| 4 | 陈智 | 150000 | 150000 | 120000 | 180000 | 600000 |
| 5 | 苏小伟 | 100000 | 250000 | 98000 | 150000 | 598000 |
| 6 | 刘峰 | 420000 | 180000 | 110000 | 250000 | 960000 |
| 7 | 周德东 | 185000 | 90000 | 200000 | 225000 | 700000 |
| 8 | 张世新 | 250000 | 280000 | 140000 | 160000 | 830000 |
| 9 | 钟世科 | 125000 | 98000 | 150000 | 150000 | 523000 |
| 10 | 程东 | 500000 | 100000 | 120000 | 240000 | 960000 |
| 11 | 李铭 | 90000 | 135000 | 100000 | 250000 | 575000 |

图 4.4.12　示例数据

操作步骤如下。

① 选择 F3:F27 单元格区域，单击"开始"选项卡｜"样式"组｜"条件格式"按钮，在下拉菜单中单击"新建规则"。

② 在打开的"新建格式规则"对话框中，选择规则类型为"使用公式确定要设置格式的单元格"，并输入公式"=F3>E3"。

③ 单击"格式"按钮，在"设置单元格格式"对话框中设置填充色为红色。

④ 重新选择单元格区域 A3:G27，在"新建格式规则"对话框中，选择规则类型为"使用公式确定要设置格式的单元格"，并输入公式"=AND（$C3>200000,$D3>200000）"。单击"格式"按钮，在"设置单元格格式"对话框中设置单元格字体格式为红色。注意，一定要使用混合地址引用方式，结果如图 4.4.13 所示。

| 业务完成量统计表 | | | | | | |
|---|---|---|---|---|---|---|
| 员工编号 | 姓名 | 1季度 | 2季度 | 3季度 | 4季度 | 销售总额 |
| 1 | 李静 | 325000 | 210000 | 350000 | 180000 | 1065000 |
| 2 | 王佳怡 | 250000 | 120000 | 240000 | 250000 | 860000 |
| 3 | 刘晨 | 365000 | 400000 | 200000 | 150000 | 1115000 |
| 4 | 陈智 | 150000 | 150000 | 120000 | 180000 | 600000 |
| 5 | 苏小伟 | 100000 | 250000 | 98000 | 150000 | 598000 |
| 6 | 刘峰 | 420000 | 180000 | 110000 | 250000 | 960000 |
| 7 | 周德东 | 185000 | 90000 | 200000 | 225000 | 700000 |
| 8 | 张世新 | 250000 | 280000 | 140000 | 160000 | 830000 |
| 9 | 钟世科 | 125000 | 98000 | 150000 | 150000 | 523000 |
| 10 | 程东 | 500000 | 100000 | 120000 | 240000 | 960000 |
| 11 | 李铭 | 90000 | 135000 | 100000 | 250000 | 575000 |

图 4.4.13　示例结果（局部）

## 4.4.3　管理规则

用户可以针对同一张工作表的不同单元格（区域）创建条件格式，这样就涉及规则的创建、查找、编辑和删除等操作。并且，用户可以针对同一个单元格区域设定多个不同规则，这样又涉及规则的优先级和冲突问题。这些操作均可在条件格式规则管理器中完成。

### 1. 查找条件格式

如果用户不清楚工作表中哪些单元格包含条件格式，可以使用"定位条件"命令查找包含条件格式的单元格，或查找具有特定条件格式的单元格，找到后以便复制、更改或删除条件格式。

（1）查找所有具有条件格式的单元格

单击"开始"选项卡|"编辑"组|"查找和选择"按钮，在下拉菜单中单击"条件格式"。命令执行后，表中所有包含条件格式的单元格都会被选中，成为活动单元格。

（2）查找包含相同条件格式的单元格

图 4.4.14 "定位条件"对话框（局部）

① 选中包含要查找条件格式的单元格。

② 单击"开始"选项卡|"编辑"组|"查找和选择"按钮，在下拉菜单中单击"定位条件"。

③ 在打开的"定位条件"对话框中，选中"条件格式"项，然后再选中"相同"项，如图 4.4.14 所示。

命令执行后，工作表中所有与上述步骤①选中的单元格具有相同条件格式的单元格都会被选中，成为活动单元格。

### 2. 编辑规则

① 选中包含条件格式的单元格区域。

② 单击"开始"选项卡|"样式"组|"条件格式"按钮，在下拉菜单中单击"管理规则"，弹出"条件格式规则管理器"对话框，如图 4.4.15 所示。

③ 在"显示其格式规则"下拉列表中选择条件格式所在位置，可以选择"当前工作表"或"当前选择"（这是默认选项）。"当前选择"的含义是对当前被选中单元格所包含的条件格式进行编辑管理。

④ 如果需要添加条件格式，则单击"新建规则"按钮，将出现"新建格式规则"对话框；如果需要更改条件格式，首先选择已有规则，然后单击"编辑规则"按钮，将出现"编辑格式规则"对话框，此话框的设置方式与之前介绍的完全相同。

图 4.4.15 条件格式规则管理器（局部）

### 3. 删除规则

选中包含条件格式的单元格，单击"开始"选项卡|"样式"组|"条件格式"按钮，在下拉菜单中选择"清除规则"，在子菜单中单击"清除所选单元格的规则"或"清除整个工作表的规则"，可以删除之前所设置的条件格式。

#### 4．条件格式优先级及冲突处理

当为某单元格区域创建多个条件格式规则时，Excel 会按照什么顺序来计算这些规则？当两个或多个规则发生冲突时，会出现什么情况？系统会如何处理？包含条件格式的单元格被复制/粘贴后如何来重新计算机规则？如何更改规则的计算顺序？这些问题涉及条件格式规则的优先级原则和冲突的处理。

（1）条件格式规则优先级原则

① 当两个或更多条件格式规则应用于同一个单元格区域时，将按其在如图 4.4.15 所示对话框中列出的优先级顺序（自上到下）计算这些规则。

② 在规则列表中，上面规则的优先级高于下面的，如图 4.4.15 所示，图标集优先级高于渐变颜色刻度。

③ 在默认情况下，新规则总是添加到列表的顶部，因此具有较高的优先级，可以使用对话框中的"上移"和"下移"箭头更改优先级顺序，如图 4.4.15 中方框所示。

（2）当多个条件格式规则计算值为真时

对于一个单元格区域，如果同时有多个条件格式规则计算值为真，应分以下两种情况处理。

① 规则不冲突

例如，如果一个规则将单元格的格式设置为字体加粗，而另一个规则将同一个单元格字体设置为红色，则该单元格的字体将被加粗并设为红色。因为这两种格式间没有冲突，所以两个规则都得到应用。

② 规则冲突

例如，一个规则将单元格字体颜色设置为红色，而另一个规则将单元格字体颜色设置为绿色。因为这两个规则冲突，所以只应用一个规则，即应用优先级较高的规则。

（3）复制/粘贴操作和格式刷对条件格式规则的影响

编辑工作表时，可以复制和粘贴具有条件格式的单元格，或者使用格式刷复制条件格式。处理方式为，为目标单元格创建一个基于源单元格的新条件格式规则，即规则不变，套用规则的单元格变为目标单元格。

（4）条件格式和手动格式冲突时

如果应用单元格区域的条件格式规则计算结果为真，它将优先于现有的手动格式，即手动设置的格式不再起作用。但是，删除条件格式规则后，手动设置的单元格格式将变为有效。手动格式没有列在"条件格式规则管理器"对话框中，所以无所谓优先级。

## 4.4.4 使用"快速分析工具"快速设置条件格式

使用前述条件格式命令（如数据条和色阶等）来处理数据时，需要用户完成若干操作步骤。除此之外还有一种便捷方法可以快速完成条件格式设置工作，如双击即可突出显示最大数字。这一方法的关键是在选中作为操作对象的单元格区域后，使用快速分析工具来完成下一步操作。

① 选择包含要为其设置条件格式的单元格（区域）。

② 单击显示在选定数据右下方的"快速分析"按钮 ▦（或按 CRTL+Q 组合键），打开快速分析工具。

③ 切换至"格式"选项卡，选择所需的条件格式选项，每个选项都具有实时数据预览功能，并且还有用于快速清除条件格式的"清除格式"命令，如图 4.4.16 所示。

需要说明的是，快速分析工具提供的选项会随所选定单元格中数据类型的不同而改变，也就是说，可选择的格式选项并不总是相同的。例如，选择包含数字的单元格，其格式选项与选择文本的格式选项不同。

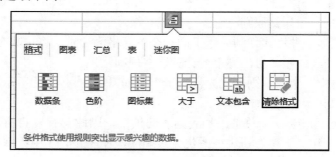

图 4.4.16　快速分析工具

## 4.5　插入对象

在 Excel 中，对象（Object）所包含的数据类型非常丰富。所谓对象，一般是指除保存在单元格中字符形式数据以外的其他所有类型数据。字符形式数据包括前面介绍的文本型、数值型、日期时间型和逻辑型等由各种字符和符号组成的数据。

一般来说，可以把 Excel 中的对象分为 4 种类型。第一种称为独立对象，如图片等，此类对象每个都是独立的整体，不能分割且不能包括其他形式的数据。第二种称为框架对象，如文本框、SmartArt、艺术字、图形（形状）和图表等。创建此类对象时，用户首先创建的是对象的"框架结构"，这类对象可以包含其他类型数据，并且可独立编辑修改。用户可以定义诸如其所包含数据的类型、数量及其他属性，并且该类型对象可包含复杂的结构，如图表等。第三种称为表单对象（控件），主要与用户之间完成交互操作。第四种称为 OLE 对象。控件将在本书第 9 章中介绍，下面只简要介绍常用的独立对象和框架对象在 Excel 中的使用方法。

在工作表中插入图片、形状、艺术字等图形对象可以美化工作表。Excel 2013 大大增强了对图形对象的处理能力，并且不同类型的图形在创建和设置属性的方式方法上非常相似，这降低了用户学习使用的难度。

### 4.5.1　图片

#### 1. 插入图片

用户可以使用的图片来源有两类，一类是本地计算机外存上存储的图像文件，另外一类是网络服务器上存储的图片，此类图片必须下载到本地才能使用。

单击"插入"选项卡|"插图"组|"图片"或"联机图片"按钮，在弹出的对话框中选择本地图像的文件名，单击"插入"按钮，即可将图片插入到当前工作表中。也可以在"插

入图片"对话框中输入图片的关键词搜索联机图像，如剪贴画等。如图 4.5.1 和图 4.5.2 所示。

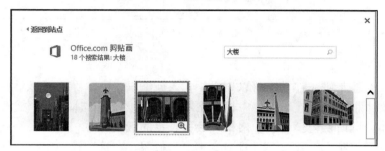

图 4.5.1 "插入图片"窗口

图 4.5.2 搜索关键词为"大楼"的结果

### 2．调整图片

单击选中工作表中一张图片后，窗口上方自动出现"图片工具"功能区，在"格式"选项卡中包含了所有用于图片格式设置和调整的命令按钮。

- 更正：调整图片的雾化和柔化效果，提高降低图像的对比度和亮度等。
- 颜色：调整图片的饱和度、色调，设置部分图片为透明及重新对图片进行着色等。
- 艺术效果：添加艺术化效果，此功能类似 Photoshop 中的滤镜效果。
- 压缩图片：减小图像分辨率或删除图片的裁剪区域以减小图片尺寸。
- 图片样式组：包括设置图片边框、图片效果（设置阴影、发光和三维等视觉效果）和图片版式（转换为 SmartArt 图形），套用预置图片样式等命令。
- 排列组：包括调整多张图片的叠放次序、对齐方式和组合等命令。
- 大小组：包括调整图片高度和宽度，对图片进行裁剪等命令。

## 4.5.2　艺术字、形状和文本框

虽然从外观上来看，艺术字、形状和文本框是完全不同的，但它们的不同之处仅仅是执行插入命令的方式和参数不同。从格式设置角度来看，可以说它们是非常相似的，具有几乎相同的设置方式和命令，甚至在实际使用过程中也可以得到殊途同归的结果。

### 1．插入艺术字

单击"插入"选项卡｜"文本"组｜"艺术字"按钮，在选项板中选择一种艺术字样式，输入所需文字。艺术字设置主要包括"形状样式"和"艺术字样式"设置，如图 4.5.3 所示。

**2．插入形状**

单击"插入"选项卡 | "插图"组 | "形状"按钮，在选项板中选择一种需要的形状，然后在工作表的指定区域以拖动方式绘制出指定大小的形状。如果是封闭形状，如矩形、椭圆等，可以执行右键快捷菜单中的"编辑文字"命令，在形状内部添加文字。形状设置主要包括"形状样式"和"艺术字样式"设置，与艺术字的设置完全相同。

图 4.5.3　"绘图工具"的"格式"选项卡（局部）

**3．插入文本框**

文本框是一个矩形框，在其中可以查看、输入或编辑文本。在需要显示自由浮动的对象时，可以使用文本框来替代在单元格中输入文本。还可以使用文本框显示或查看不受行和列边界约束的文本，同时保留工作表中网格或数据表格的版式。

单击"插入"选项卡 | "文本"组 | "文本框"按钮，在选项板中选择一种横排文本框或垂直文本框，在工作表的指定区域以拖动方式绘制出指定大小的文本框，然后在文本框中输入相应文字。文本框参数设置同形状。

### 4.5.3　SmartArt

当用户需要创建一组包含文字且具有内在联系的形状时，在早期版本中需要花费大量时间精力在创建形状和调整形状的布局（对齐方式、分布）、设置形状格式及文字格式等方面。从 Excel 2007 版本开始提供了 SmartArt 图形，如图形列表、流程图等。SmartArt 图形包括更为复杂的图形，如韦恩图和组织结构图等。在使用 SmartArt 图形时，用户只需要考虑要传递什么样的信息，以及采用何种方式显示信息，并以此为依据来选择 SmartArt 图形布局。

**1．插入 SmartArt 图形**

① 单击"插入"选项卡 | "插图"组 | "SmartArt"按钮，弹出如图 4.5.4 所示"选择 SmartArt 图形"对话框。

② 在所提供的各种类型的图形中选择合适的图形，对话框右侧下方会给出该类型图形的文字说明，例如，选择"流程"类别中的"连续块状流程"，显示如图 4.5.4 所示。

③ 单击工作表中 SmartArt 图形的"[文本]"占位符，如图 4.5.5 所示。输入文字，效果如图 4.5.6 所示。

**2．设置 SmartArt 布局**

（1）更改 SmartArt 布局

在"SmartArt 工具"的"设计"选项卡 | "布局"组中选择所需布局，可以更改布局，

SmartArt 图形的部分属性可以保留，如颜色、样式、效果和文本格式等，而形状的旋转、翻转、大小等将被更改。

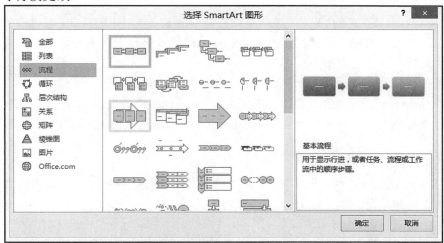

图 4.5.4　"选择 SmartArt 图形"对话框 1

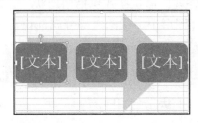

图 4.5.5　SmartArt 图形（文本占位符）

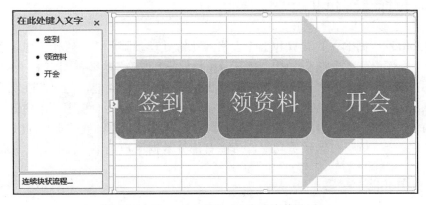

图 4.5.6　SmartArt 图形（内容文字修改后）

（2）添加或删除形状

一个 SmartArt 图形一般包含多个形状，形状内部包含文字。用户可以根据需要添加或删除形状。单击"SmartArt 工具"的"设计"选项卡|"创建图形"组|"添加形状"按钮，添加形状。如果需要删除某个形状，则选中该形状后按 Delete 键或在 SmartArt 图形左侧"在此处输入文本"窗格中删除对应的文本项即可，如图 4.5.6 左侧所示。

（3）更改形状

右击形状，在快捷菜单中选择"更改形状"命令，可更改形状的类型。

### 3. 设置 SmartArt 格式

（1）应用样式

使用"SmartArt 工具"的"设计"选项卡｜"SmartArt 样式"组中的样式，可以改变 SmartArt 图形的外观，如三维效果。需要注意的是，SmartArt 样式是基于主题的，同样的样式在应用不同主题的文档中颜色会有所不同。

（2）更改颜色

单击"SmartArt 工具"的"设计"选项卡｜"SmartArt 样式"组｜"更改颜色"按钮，在选项板中选择某种配色方案可以改变整个 SmartArt 图形的颜色搭配，同样，颜色也受主题的影响。

（3）重设图形

单击"SmartArt 工具"的"设计"选项卡｜"重置"组｜"重设图形"按钮，可以还原 SmartArt 图形的默认布局和颜色。

（4）形状格式设置

在"SmartArt 工具"的"格式"选项卡｜"形状样式"组中应用某种样式，可以快速改变 SmartArt 图形中所取选形状的外观。形状样式包括用形状填充、形状轮廓和形状效果，用户也可以分别设置。对于 SmartArt 图形中形状的大部分属性设置，与普通形状的设置是类似的，这里不再赘述。

（5）设置背景

对于 SmartArt 图形的整个背景，虽然不能套用形状样式，但可以分别应用形状填充、形状轮廓和形状效果，设置方法与形状完全相同。

# 4.6  工作表打印

当完成工作表数据输入、计算和工作表格式化等处理步骤后，一般作为电子表格处理流程的最后一步操作，用户希望工作表中的表格和数据被"正确"地被打印出来。不同于 Word，Excel 2007 之前版本提供的"分页预览"虽然提供所见即所得功能，但无法在此视图下编辑数据。在 Excel 2013 中可以将工作表由默认的普通视图切换到页面视图，用户既可以直接查看包含数据的单元格区域被打印出来的效果，同时也能编辑数据、修改页眉/页脚。但需要注意的是，这不完全等价于打印预览功能，可能有部分数据用户是不希望打印出来的。

## 4.6.1  页面设置

"页面设置"对话框中包括了几乎所有与打印输出有关的页面参数，如图 4.6.1 所示。在"页面布局"选项卡｜"页面设置"组中也列出了常用的页面设置命令，如设置页边距、纸张方向、纸张大小等，如图 4.6.2 所示。下面简单介绍"页面设置"对话框中包含的参数。

### 1. "页面"选项卡

- 设置打印方向（横向或纵向）。
- 设置打印内容的缩放比，一般是缩小内容以适应纸张大小，数值小于 100% 为缩小。
- 设置纸张大小、打印质量和第一页的起始页码。

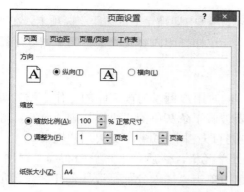

图 4.6.1 "页面设置"对话框（局部）　　　　图 4.6.2 "页面设置"组

#### 2. "页边距"选项卡

● 设置上下左右页边距及页眉/页脚的页边距，单位为厘米。
● 设置打印内容的居中方式，如果此项不设置，则从页面的左上角开始打印单元格数据。

#### 3. "页眉/页脚"选项卡

设置页眉/页脚的内容，可以使用内置的页眉/页脚元素，如日期、文件路径等，也可以使用自定义页眉/页脚，与 Word 页面格式设置类似，同样可以指定首页和奇偶页采用不同的页眉/页脚。自定义页眉/页脚分左、中、右 3 个区域。

需要说明的是，建议在"页面视图"下设置页眉/页脚，操作过程比较直观。

#### 4. "工作表"选项卡

● 设置打印区域，每页可以有固定的标题行或标题列。
● 设置是否打印网格线，是否单色打印，是否打印"行号"和"列标"。
● 设置每页打印的顺序，是先行后列还是先列后行。

### 4.6.2 常用打印技巧

#### 1. 选择打印区域

在实际使用过程中，并非表格中包含的所有数据均需要打印出来，可能只需要打印表格中部分数据，那么用户应根据实际需要设置打印区域。打印区域有 3 种选择：打印整个工作簿、打印活动工作表和打印工作表指定选定区域。选择打印单元格区域后，只有此区域的内容才被打印，打印区域被灰色细线包围，同时根据需要可以"取消打印区域"。注意，一张工作表中打印区域同时只能有一个。

选择需要打印的单元格区域，单击"页面布局"选项卡 | "页面设置"组 | "打印区域"按钮，在下拉菜单中单击"设置打印区域"。

#### 2. 居中打印

如果被打印区域的行、列未占满整个页面，那么使用默认参数打印时，打印内容会偏向页面的左上角，这种情况尤其在"纸张方向"设置为"横向"时会经常出现。为了使打印输出效果更加美观，可以在打印之前将"页面设置"对话框中切换至"页边距"选项卡，在"居中方式"区中选中"水平"和"垂直"两个复选框，这样打印内容就处于页面中间区域。

### 3．人工分页

在页面视图下，Excel 会自动对工作表分页，同时用户可以为被打印的工作表添加页眉和页脚。当切换回普通视图后，用户会看到工作表被若干条灰色的"纵横"虚线分割，虚线代表"自动分页符"，虚线框范围内的单元格区域被打印在同一页上。如果用户需要人工强制分页，只需选中分页位置的下一行和下一列交汇处单元格，然后单击"页面布局"选项卡|"页面设置"组|"分隔符"下拉按钮，在下拉菜单中单击"插入分页符"，Excel 会在选定单元格左上侧插入人工分页符，人工分页符的标记为"细实线"。

如果需要移动调整"人工分页符"的位置，可先切换到分页预览视图，然后拖动代表分页符的"蓝色"粗实线到对应位置即可。

### 4．在每页顶部打印行标题和列标题

如果打印的表格行数过多，打印时会跨越多个页面，为了阅读方便，可以在每页上打印行标题或列标题或标签（也称为打印标题）。例如，对于包含有几百条记录的学生名单，要求所有页面上第一行均打印包含学号、姓名和班级等的标题行。

① 选择要打印的工作表。

② 单击"页面布局"选项卡|"页面设置"组|"打印标题"按钮，弹出"页面设置"对话框。

③ 切换至"工作表"选项卡，在"打印标题"区中，执行下列一项或两项操作，如图 4.6.3 所示。

- 在"顶端标题行"框中，选择或输入对包含列标签的行的引用地址。
- 在"左端标题列"框中，选择或输入对包含行标签的列的引用地址。

如果选择了多个工作表，则"顶端标题行"和"左端标题列"框将不可用，要取消选择多个工作表后方可进行设置。

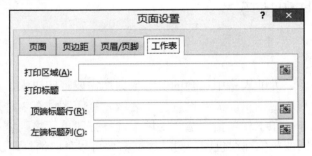

图 4.6.3　设置"打印区域"和"打印标题"

## 4.6.3　打印选项设置

在打印工作表之前，最好先进行打印预览，以确保其外观符合需求。用户可以在打印"背景视图"（Backstage View）的"打印"类别中预览工作表的输出效果，在此视图中，也可以在打印之前更改页面设置和布局，图 4.6.4 所示。

图 4.6.4　打印背景视图（局部）

### 1．打印多个工作表

在打印背景视图的"设置"区中，单击"打印整个工作簿"，即可打印全部工作表。

### 2．设置打印选项

要更改打印机，可以在"打印机"下拉列表中选择打印机，如图 4.6.4 所示。

要更改页面设置，包括更改页面方向、纸张大小和页边距，可以在"设置"区中选择所需选项，如图 4.6.5 所示。

要缩放整个工作表以适合单张打印页，可以在"设置"区中设置缩放选项，如图 4.6.5 所示。

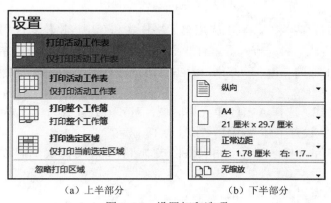

（a）上半部分　　　　　（b）下半部分

图 4.6.5　设置打印选项

## 4.7　综合案例：格式化库存表

库存表是商品管理中常用的表格，本章案例通过对库存表的格式化，介绍单元格区域格式化的步骤和方法以及条件格式的应用技巧。

**【案例】** 设计如图 4.7.1 所示的库存表，并进行格式化。库存表中 A 列为公式，当订货数量大于库存数量时，结果为 1，否则为空。

| | A | B | C | D | E | F | G | H |
|---|---|---|---|---|---|---|---|---|
| 1 | | 库存列表 | | | | | | |
| 2 | | | | | | | | |
| 3 | | 库存ID | 名称 | 单价 | 库存数量 | 重新订货天数 | 订货数量 | 已断货 |
| 4 | 1 | IN0001 | AA1 | 510 | 25 | 10 | 50 | |
| 5 | | IN0002 | AA2 | 930 | 132 | 8 | 67 | |
| 6 | 1 | IN0003 | AA3 | 570 | 151 | 7 | 160 | 是 |
| 7 | | IN0004 | AA4 | 190 | 186 | 6 | 90 | 是 |
| 8 | 1 | IN0005 | AA5 | 750 | 62 | 9 | 70 | |

图 4.7.1　示例库存表

具体要求如下：

（1）表格标题在表格中合并后居中，设置合适的字体、字号等格式。

（2）为表格区域设置合适的格式。

（3）设置"单价"一列的数字格式为"货币"格式。

（4）使用自定义数字格式隐藏 A 列的公式结果。

（5）使用三色旗突出显示 A 列公式结果为 1 的单元格。

（6）使用条件格式突出显示"已断货"的记录。

（7）最终效果参考如图 4.7.2 所示。

| | A | B | C | D | E | F | G | H |
|---|---|---|---|---|---|---|---|---|
| 1 | | | | | **库存列表** | | | |
| 3 | | 库存ID ▼ | 名称 ▼ | 单价 ▼ | 库存数量 ▼ | 重新订货天数 ▼ | 订货数量 ▼ | 已断货 ▼ |
| 4 | ⚑ | IN0001 | AA1 | ¥510.00 | 25 | 10 | 50 | |
| 5 | | IN0002 | AA2 | ¥930.00 | 132 | 8 | 67 | |
| 6 | | IN0003 | AA3 | ¥570.00 | 151 | 7 | 160 | 是 |
| 7 | | IN0004 | AA4 | ¥190.00 | 186 | 6 | 90 | 是 |
| 8 | ⚑ | IN0005 | AA5 | ¥750.00 | 62 | 9 | 70 | |

图 4.7.2　示例最终效果图

**分析**：快速格式化表格时，可以应用单元格样式和套用表格格式。用户也可以自定义单元格格式，如数字格式、对齐方式等。有些重要的数据，如 A 列中公式结果为 1 的数据，表示库存不足，H 列中值为"是"的数据，表示已断货的数据，都需要使用条件格式突出显示。

操作步骤如下。

① 设置标题格式。选择 A1:H1 单元格区域，对齐方式设置为"合并后居中"，应用单元格样式"着色 6"，并设置字体为粗体，字号为 18 磅。

② 选择 A3:H8 单元格区域，套用表格格式"表样式中等深浅 8"，设置水平对齐方式为"居中"。

③ 调整 A 列列宽以及第 2 行的行高。

④ 选择 A4:A8 单元格区域，自定义数字格式。打开"设置单元格格式"对话框，切换至"数字"选项卡，在"分类"框中选择"自定义"，在右侧"类型"框中输入自定义代码";;;"（起隐藏数据的作用）。

⑤ 选择 D4:D8 单元格区域，设置数字格式为"货币"。

⑥ 选择 A4:A8 单元格区域，在"新建格式规则"对话框中设置条件格式，选择规则类型设置为"基于各自值设置所有单元格的格式"，图标样式设置为"自定义"，如图 4.7.3 所示。

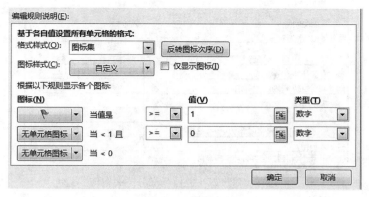

图 4.7.3 图标集条件格式（局部）

⑦ 选择 A4:H8 单元格区域，在"新建格式规则"对话框中设置条件格式，选择规则类型为"使用公式确定要设置公式的单元格"，在"为符合此公式的值设置格式"框中输入公式"=$H4="是""，并设置格式为红色的删除线，如图 4.7.4 所示。

图 4.7.4 公式条件格式

# 4.8 思考与练习

1．隐藏工作表中行/列的主要目的有哪些？

2．如何设置如图 4.8.1 所示某企业"利润表"中"净利润"为亏损的部分显示为红色，赢利的部分显示绿色。

3．如何保证整个工作表的"风格"一致？

| 利润表 | | | |
|---|---|---|---|
| 编制单位:*****有限公司 | | 年 月 | |
| 项目 | 行次 | 本月数 | 本年数 |
| 减:营业外支出 | 17 | | |
| 四、利润总额(亏损以"-"号填列) | 18 | | |
| 减:所得税 | 19 | | |
| *少数股东损益 | 20 | | |
| 加:*未确认的投资损失(以"+"号填列) | 21 | | |
| 五、净利润 | 22 | | |
| 注:表中带*号科目为合并会计报表专用 | | | |

图 4.8.1 利润表（去掉了部分无关数据）

4. 试说明下面自定义数字格式代码的含义：

[蓝色]#,##0.00_）;[红色]（#,##0.00）;0.00;"销售额"@

5. 对同一个单元格设置多个条件格式后，条件格式的优先级和冲突如何解决？

# 第 5 章　公式与函数

Excel 强大的计算功能主要依赖于公式和函数,可以说公式和函数是 Excel 最重要的功能。通过本章的学习,能够掌握函数基本概念、分类和常用函数使用方法,还能够掌握公式的相关知识及其应用,例如公式的运算符及其优先级、公式的输入、单元格引用等,能够在实践中应用公式与函数进行各种数据计算和处理。

## 5.1　公式的基本操作

公式是对工作表中的数据进行计算的表达式,简单地说,公式就是连续的一组数据和运算符组成的序列。Excel 公式以等号"="开始,后面通常跟着由运算符连接起来的常量、单元格引用、区域名称以及函数等。

### 5.1.1　公式的输入

#### 1. 公式的组成

在输入 Excel 公式时,可以包含如下一些基本元素。

- 运算符:运算符对公式中的元素进行特定类型的运算。Excel 包含 4 种类型的运算符:算术运算符、比较运算符、文本运算符和引用运算符。
- 常量:通常包括数字或者文本,例如"100"或者"北京"等。
- 单元格引用:包括对单个单元格的引用和由多个单元格组成的单元格区域的引用。对单个单元格或者单元格区域的引用很灵活,可以来自同一个工作表,也可以来自同一个工作簿中的其他工作表,或者来自其他工作簿中的工作表。
- 区域名称:可以为单元格或单元格区域定义名称。例如,在某个学生信息记录表中,可以为表示学生姓名的单元格区域 A2:A35 定义一个区域名称"学生姓名"。
- 函数:包括 Excel 内置的函数,例如 SUM 或 AVERAGE 等,以及用户自定义函数。

在输入公式时,单击选中需要输入公式的单元格,输入"="号,表示开始输入公式,然后继续输入公式其他内容。也可以先单击选中单元格,在编辑栏中输入"="以及公式其他内容。

例如,输入公式:

=SUM（B1:B10）*1.15%-A1

上面的公式中包含了常量、单元格引用以及函数。其中,SUM 为函数,表示计算括号里面参数的总和;B1:B10 表示对单元格区域的引用;"*"和"-"表示乘法和减法运算符;1.15% 为数字常量;A1 表示对单个单元格的引用。

在公式输入完毕后按 Enter 键,则 Excel 会自动完成公式的计算。例如,在 A1 单元格中输入公式"=1+2"后,按 Enter 键,则在 A1 单元格中显示计算结果 3。

另外，也可以在输入常量时以正号"+"或者负号"-"开始，输入完毕按 Enter 键后 Excel 会自动在前面加上一个"="号，并且正、负号会参与运算。例如，输入公式"-1+2"后，按 Enter 键，则单元格中显示 1。

### 2．记忆式输入

Excel 选项中提供了输入公式时的一种便捷方法：记忆式输入。在启用这个功能后，当在公式中输入函数或名称的前几个字母时，Excel 会自动弹出下拉列表，其中列举出以这几个字母开头的函数或名称，在当前选中的函数旁边还会显示出有关该函数的说明，如图 5.1.1 所示。

图 5.1.1　公式记忆式输入

用户可以使用方向键从中进行选择，也可以使用 Tab 键，或者双击函数或名称以实现快速输入，按 Esc 键可以关闭下拉列表。

使用记忆式输入同时也能尽量避免由用户拼写而产生的错误输入。可以在"Excel 选项"对话框中启用或关闭这项功能，如图 5.1.2 所示。

图 5.1.2　启用或关闭公式记忆式输入

公式输入后，可以双击公式所在的单元格进行编辑修改，或者选中该公式后在编辑栏中进行编辑修改。

## 5.1.2  运算符

运算符对公式中的元素进行特定类型的运算。Excel 包含 4 种类型的运算符：算术运算符、比较运算符、文本运算符和引用运算符。

### 1．算术运算符

算术运算符用于完成基本的数学运算，如加、减、乘、除、乘方、求百分数等。
表 5.1.1 列出了 Excel 公式中的算术运算符。

表 5.1.1  Excel 公式中的算术运算符

| 算术运算符 | 含　义 | 示　例 |
|---|---|---|
| + | 加 | 1+1 |
| － | 减 | 1-1 |
| － | 负号 | -1 |
| * | 乘 | 1*2 |
| / | 除 | 1/2 |
| ^ | 乘方 | 2^2 |
| % | 百分号 | 1% |
| () | 括号 | （1+1）/2 |

### 2．比较运算符

比较运算符通常用来比较两个数值，结果产生一个逻辑值 TRUE 或 FALSE。
表 5.1.2 列出了 Excel 公式中的比较运算符。

表 5.1.2  Excel 公式中的比较运算符

| 比较运算符 | 含　义 | 示　例 |
|---|---|---|
| = | 等于 | A1=A2 |
| > | 大于 | A1>A2 |
| < | 小于 | A1<A2 |
| >= | 大于等于 | A1>=A2 |
| <= | 小于等于 | A1<=A2 |
| <> | 不等于 | A1<>A2 |

### 3．文本运算符

文本运算符只有一个，可以将多个文本连接起来成为一个组合文本。
表 5.1.3 列出了 Excel 公式中的文本运算符。

表 5.1.3  Excel 公式中的文本运算符

| 文本运算符 | 含　义 | 示　例 |
|---|---|---|
| & | 将两个文本连接起来产生一串文本 | "Hello" & "World!"的结果就是 "HelloWorld!" |

#### 4．引用运算符

引用运算符可以将单元格区域合并运算。

表 5.1.4 列出了 Excel 公式中的引用运算符。

表 5.1.4　Excel 公式中的引用运算符

| 引用运算符 | 含　义 | 示　例 |
|---|---|---|
| ： | 区域运算符，对于两个引用之间、包括两个引用在内的所有单元格进行引用 | A1:B2 |
| ， | 联合运算符，将多个引用合并为一个引用 | SUM（A1:A5,C1:C5） |
| 空格 | 交叉运算符，产生同时属于两个引用的单元格区域的引用 | SUM（A1:B5 A2:C6） |

## 5.1.3　运算符优先级

如果公式中同时有多个运算符，例如，既有加法、减法又有乘法、乘方等运算符，Excel 将按照运算符的运算先后顺序进行运算，这就是运算符的优先级。表 5.1.5 按照由高到低的顺序列出了运算符的优先级。

表 5.1.5　Excel 运算符的优先级

| 运　算　符 | 说　明 |
|---|---|
| ：<br>单个空格<br>， | 引用运算符 |
| － | 负号 |
| % | 百分比 |
| ^ | 乘方 |
| *和/ | 乘和除 |
| +和− | 加和减 |
| & | 文本运算符 |
| =、<>、<=、>=、<、> | 比较运算符 |

不同级的运算符按照表 5.1.5 中所列的优先级进行运算；而对于同一级的运算，则从公式等号开始按照从左到右的顺序进行运算。

要想指定公式中运算求值的顺序，可以使用括号将需要先计算的部分括起来。例如，如果公式中不加括号"=1+2*3"，则运算顺序为先计算 2 乘 3，再将乘积加 1，结果等于 7；如果加上括号"=（1+2）*3"，则改变运算顺序为先计算 1 加 2，再将和乘以 3，结果等于 9。

## 5.2　单元格引用

每个单元格都有自己的行号和列标，在 Excel 中对单元格行号、列标的引用称为单元格引用。所以，单元格引用的作用在于标识工作表上的单元格或单元格区域，并指明公式中所使用的数据的位置。通过引用，可以在公式中使用工作表不同部分的数据，或者在多个公式中使用同一单元格的数值。既可以引用同一工作表的单元格，也可以引用同一工作簿不同工作表的单元格或者引用不同工作簿的单元格。另外，在引用单元格数据以后，公式的运算值将随着被引用单元格数据的变化而变化。当被引用的单元格数据被修改后，公式的运算值将自动修改。

根据公式所在单元格的位置发生变化时，单元格引用的变化情况可以引用分为相对引用、绝对引用和混合引用 3 种类型。

## 5.2.1 单元格的引用样式

Excel 可以采用两种单元格的引用样式，即 A1 样式和 R1C1 样式。

### 1. A1 引用样式

这是 Excel 默认的引用样式。列以英文字母表示，从 A 开始到 XFD 结束，共计 16 384 列。行以阿拉伯数字表示，从 1 开始到 1048576 结束，共计 1048576 行。由于每个单元格都是行和列的交叉点，其位置完全可以由所在的行和列来决定，因此，通过该单元格所在的行号和列标就可以准确地定位一个单元格。描述某单元格时，应当顺序输入列字母和行数据，列标在前，行号在后。例如，A1 即指该单元格位于 A 列 1 行，是 A 列和 1 行交叉处的单元格。如果要引用单元格区域，应当顺序输入区域左上角单元格的引用、冒号（:）和区域右下角单元格的引用。A1 引用样式见表 5.2.1。

表 5.2.1　A1 引用样式

| 引　用 | 表　达　式 |
| --- | --- |
| 位于列 B 和行 5 的单元格 | B5 |
| 列 E 中行 15 到行 30 的单元格区域 | E15:E30 |
| 行 15 中列 B 到列 E 的单元格区域 | B15:E15 |
| 行 5 中的所有单元格 | 5:5 |
| 从行 5 到行 10 的所有单元格 | 5:10 |
| 列 H 中的所有单元格 | H:H |
| 从列 H 到列 J 中的所有单元格 | H:J |

### 2. R1C1 引用样式

在 R1C1 引用样式中，Excel 使用 "R" 加行数字和 "C" 加列数字来指示单元格的位置。例如，R1C1 即指该单元格位于第 1 行第 1 列。如果要引用单元格区域，应当顺序输入区域左上角单元格的引用、冒号（:）和区域右下角单元格的引用。R1C1 引用样式见表 5.2.2。

表 5.2.2　R1C1 引用样式

| 引　用 | 表　达　式 |
| --- | --- |
| 位于行 5 和列 2 的单元格 | R5C2 |
| 列 5 中行 15 到行 30 的单元格区域 | R15C5:R30C5 |
| 行 15 中列 2 到列 5 的单元格区域 | R15C2:R15C5 |
| 行 5 中的所有单元格 | R5:R5 |
| 从行 5 到行 10 的所有单元格 | R5:R10 |
| 列 8 中的所有单元格 | C8:C8 |

| 引　　用 | 表　达　式 |
|---|---|
| 从列 8 到列 11 中的所有单元格 | C8:C11 |
| 对在上面 5 行、同一列的单元格的相对引用 | R[-5]C |
| 对整个上面一行单元格区域的相对引用 | R[-1] |
| 对在下面 5 行、右面两列的单元格的相对引用 | R[5]C[2] |

## 5.2.2　相对引用

公式中的相对单元格引用基于公式所在单元格与引用单元格之间的相对位置。如果公式所在单元格的位置改变，引用也随之改变。例如，如果将单元格 B2 中的相对引用公式"=A1"复制到单元格 B3 中，则自动从"=A1"调整为"=A2"，此时公式涉及的单元格之间的相对位置未变。如果多行或多列复制公式，引用会自动调整。在默认情况下，新公式使用相对引用。

例如，根据某设备销售价格和销售数量，计算每个业务员的销售额，如图 5.2.1 所示。

| D3 | | | fx | =B3*C3 | |
|---|---|---|---|---|---|
| | A | B | C | D | E |
| 1 | \*\*\*\*型号设备销售情况单 | | | | |
| 2 | 业务员 | 价格 | 销售数量 | 销售额 | 占总销售额百分比 |
| 3 | 1号 | ¥430.00 | 2300 | ¥989,000.00 | |
| 4 | 2号 | ¥432.00 | 2000 | ¥864,000.00 | |
| 5 | 3号 | ¥453.00 | 2500 | ¥1,132,500.00 | |
| 6 | 4号 | ¥422.00 | 2500 | ¥1,055,000.00 | |

图 5.2.1　相对引用

首先计算 1 号业务员的销售额。选择单元格 D3，输入公式"=B3*C3"后按 Enter 键。然后，通过单元格相对引用，向下复制公式，分别计算 2～4 号业务员的销售额。向下拖动单元格 D3 右下角的填充柄向下复制公式，单元格 D4 公式变为"=B4*C4"，单元格 D5 公式变为"=B5*C5"，单元格 D6 公式变为"=B6*C6"。

## 5.2.3　绝对引用

单元格绝对引用总是固定引用特定的单元格。如果公式所在单元格的位置改变，绝对引用的单元格始终保持不变。例如，如果将单元格 B2 中的绝对引用\$F\$6 复制到单元格 B3 中，则在两个单元格中一样，都是\$F\$6。如果多行或多列复制公式，绝对引用将不做调整。在默认情况下，新公式使用相对引用，需要将它们转换为绝对引用。

还用上面的例子进行举例说明。如果要计算每个销售员的销售额占 4 个销售员总销售额的百分比（E 列），则在公式中需要用到绝对引用。

首先计算 1 号业务员的销售额占总销售额的百分比。选择单元格 E3，输入公式"=D3/SUM（\$D\$3:\$D\$6）"后按 Enter 键。如果通过向下拖动填充柄进行公式复制，则单元格 E4 公式为"=D4/SUM（\$D\$3:\$D\$6）"，公式中分母 sum 函数中的参数使用了绝对引用，以保证在复制公式时分母保持不变，如图 5.2.2 所示。

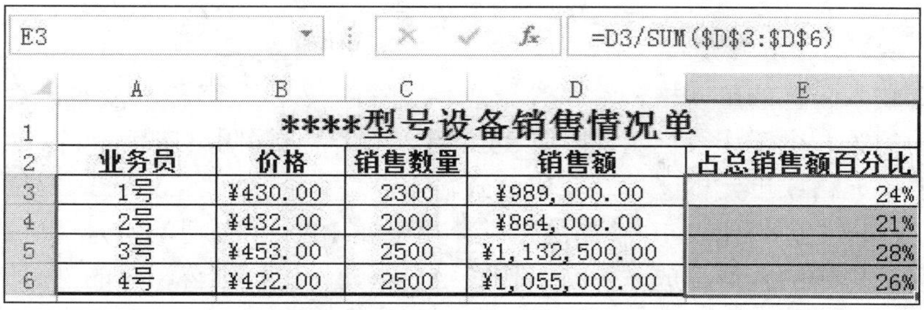

图 5.2.2　绝对引用

## 5.2.4　混合引用

混合引用具有绝对列和相对行，或者绝对行和相对列。绝对引用列采用$A1、$B1 等形式，绝对引用行采用 A$1、B$1 等形式。如果公式所在单元格的位置改变，则相对引用改变，而绝对引用不变。

还是上面的例子，同样还是计算业务员销售额占总销售额的百分比。单元格 E3 中也可以使用公式"=D3/SUM（D$3:D$6）"。D$3 和 D$6 就是混合引用，如果通过向下拖动填充柄进行公式复制，则单元格 E4 中的公式变为"=D4/SUM（D$3:D$6）"，也能得到正确的计算结果。因为，向下复制公式时，行的相对位置发生变化，这里对行使用绝对引用保证了公式中行号不变。假如将单元格 E3 中的公式向右拖动复制到单元格 F3 中，则单元格 F3 中的公式将变为"=E3/SUM（E$3:E$6）"，这是因为，向右复制公式时，列的相对位置发生变化而行号不变。

在 Excel 中输入公式时，只要正确地使用 F4 键，就能简单地对单元格的相对引用和绝对引用进行切换。现举例说明如下。

某单元格所输入的公式为"=SUM（B4:B8）"。

选中整个公式，第 1 次按下 F4 键，该公式内容变为"=SUM（$B$4:$B$8）"，表示对行、列单元格均进行绝对引用。

第 2 次按下 F4 键，公式内容变为"=SUM（B$4:B$8）"，表示对行进行绝对引用，对列进行相对引用。

第 3 次按下 F4 键，公式内容变为"=SUM（$B4:$B8）"，表示对行进行相对引用，对列进行绝对引用。

第 4 次按下 F4 键时，公式内容变回初始状态"=SUM（B4:B8）"，即对行、列单元格均进行相对引用。

需要说明的一点是，F4 键的切换功能只对所选中的公式段起作用。

## 5.2.5　三维引用

对两个或多个工作表中相同单元格或单元格区域的引用称为三维引用。如果需要分析某一工作簿中多张工作表的相同位置处的单元格或单元格区域中的数据，最快捷的方法就是使用三维引用。三维引用包含单元格或区域引用，前面加上工作表名称的范围。

### 1. 公式中使用三维引用

单击需要输入公式的单元格，输入等号"="，再输入函数名称，接着再输入左圆括号，单击需要引用的第一个工作表标签，按住 Shift 键，单击需要引用的最后一个工作表标签，选定需要引用的单元格或单元格区域，完成公式输入。

例如，工作表 1 到工作表 10 存储的是某公司下属 10 个子公司的当月销售数据明细，每个子公司当月销售额的合计都放在各自工作表 A2 单元格中，则公司总的当月销售额就可以使用三维引用："=SUM（Sheet1:Sheet10!A2）"，计算包含在所有 A2 单元格中值的和，单元格取值范围是从工作表 1 到工作表 10。

### 2. 使用三维引用为多个工作表上的单元格命名

为了方便起见，也可以使用三维引用为多个工作表上的单元格命名。

例如，为上面例子中的 A2 单元格命名。单击"公式"选项卡|"定义的名称"组|"定义名称"按钮。在弹出的"新建名称"对话框中，在"名称"框中输入名称"当月销售额"，"范围"选择"工作簿"，在"引用位置"框中输入"="，单击需要引用的第一个工作表的标签 Sheet1，按住 Shift 键，再单击需要引用的最后一个工作表的标签 Sheet10，选定需要引用的单元格 A2，单击"确定"按钮，完成三维引用的命名。这时，计算公司总的当月销售额就可以使用公式："=SUM（当月销售额）"。

## 5.3　使用名称

Excel 不仅可以为工作簿、工作表重新命名，还可以为单元格、单元格区域定义名称，在公式中引用单元格、单元格区域时，既可以使用地址，也可以使用有意义的名称，使得引用更直观。名称是单元格或者单元格区域的别名，它是代表单元格、单元格区域、公式或常量的单词和字符串，目的是便于理解和使用。例如，可以用名称"基本工资"来引用某个存放基本工资的单元格区域 Sheet1!D3:D100。尤其，在创建比较复杂的公式时，在公式或函数中使用名称代替单元格或者区域的地址，更能清楚明了地表示数据的含义，例如公式"=AVERAGE（基本工资）"，比公式"=AVERAGE（Sheet1!D3:D100）"要更容易理解、记忆和书写。名称可以用于所有的工作表，在工作表中复制公式时，使用名称和使用单元格引用的效果相同。在默认状态下，名称使用的是绝对地址引用。

### 5.3.1　定义名称

Excel 定义名称的方法有多种：可以使用编辑栏左边的名称框定义名称、使用"新建名称"对话框定义名称，或者将行或列标签定义为名称。在使用时，可针对具体的形式采用不同的方法。

### 1. 名称框定义名称

在 Excel 中，使用名称框定义单元格或单元格区域名称是最简便的方法。

首先选定单元格或单元格区域，然后在工作表左上角的名称框中输入名称后按 Enter 键即可，如图 5.3.1 所示。

## 2.“新建名称”对话框定义名称

使用“新建名称”对话框定义名称和将行或列标签定义为名称两种方法可以通过单击“公式”选项卡|“定义的名称”组中的相关按钮实现，如图5.3.2所示。

图5.3.1　名称框定义名称　　　　图5.3.2　“公式”选项卡的“定义的名称”组

单击“定义名称”按钮，弹出如图5.3.3所示的“新建名称”对话框。

图5.3.3　“新建名称”对话框

在这个对话框中可以输入名称、名称的作用范围（工作簿或工作表）、备注以及引用位置，这里将“订书单”工作表中的B3:B12定义名称为“订书单位名称”。

另外，定义名称需要遵循以下命名规则。

- 名称可以是任意字符与数字组合在一起，但不能以数字开头，不能以数字作为名称，名称不能与单元格地址相同。如果要以数字开头，可在前面加下画线，如_1blwbbs。
- 名称中不能包含空格，可以用下画线或点号代替。
- 不能使用除下画线、点号和反斜线（/）以外的其他符号，允许使用问号（?），但不能作为名称的开头，例如，name?可以，但?name就不可以。
- 名称的字符个数不能超过255。一般，名称应该便于记忆且尽量简短，否则就违背了定义名称的初衷。
- 名称中的字母不区分大小写。

总之，建议使用简单易记的名称，遇到无效的名称，系统会给出错误提示。

### 3．将行或列标签定义为名称

前面的两种方法一次只能定义一个名字，如果要定义多个名字，就比较麻烦。Excel 提供一种能够根据所选内容创建名称的方法，可以将表格的首行或首列指定为相应的列或行的名字。

假设，如图 5.3.4 所示的工作表"订书单"，可以直接将工作表中的列标题转换为名称。

| | A | B | C | D | E | F |
|---|---|---|---|---|---|---|
| 1 | | | | 订书单 | | |
| 2 | 订书单位代码 | 订书单位名称 | 图书编码 | 图书单价 | 订购数量 | 订书总额 |
| 3 | 1 | 远方电子工业学院 | BN542 | 43 | 2300 | 98900 |
| 4 | 2 | 南方财经学院 | BN212 | 32 | 2000 | 64000 |
| 5 | 3 | 北经贸大学 | BN232 | 53 | 2500 | 132500 |
| 6 | 4 | 北经贸大学 | BN312 | 22 | 2500 | 55000 |
| 7 | 5 | 东德州学院 | BN324 | 43 | 2500 | 107500 |
| 8 | 6 | 东方商学院 | BN542 | 31 | 1000 | 31000 |
| 9 | 7 | 西北师范学院 | BN311 | 67 | 800 | 53600 |
| 10 | 8 | 南滨州医学院 | BN312 | 43 | 2800 | 120400 |
| 11 | 9 | 计量学院 | BN303 | 88 | 1400 | 123200 |
| 12 | 10 | 农林学院 | BN214 | 33 | 2500 | 82500 |

图 5.3.4 "订书单"工作表

选中单元格区域 A2:F12，单击"公式"选项卡｜"定义的名称"组｜"根据所选内容创建"按钮，弹出如图 5.3.5 所示的对话框，勾选"首行"复选框，单击"确定"按钮。

此时，所选区域首行的内容就作为其下单元格的名称。单击名称框下拉列表，可以看到这些定义好的名称，如图 5.3.6 所示。

图 5.3.5 "以选定区域创建名称"对话框

图 5.3.6 名称框下拉列表

## 5.3.2 管理与使用名称

### 1．名称管理器

使用名称管理器可以处理工作簿中所有已定义的名称。例如，用户可能希望查找有错误的名称（如#DIV/0! 或#NAME?），确认名称的值和引用，查看或编辑说明性批注，或者确定名称适用范围。用户还可以排序和筛选名称列表，轻松地添加、更改或删除名称。

要使用名称管理器，单击"公式"选项卡｜"定义的名称"组｜"名称管理器"按钮，打开"名称管理器"对话框，如图 5.3.7 所示。

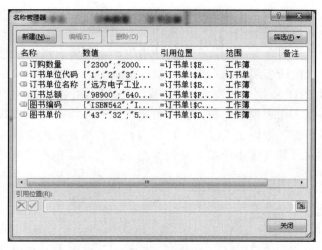

图 5.3.7 "名称管理器"对话框

"名称管理器"对话框名称列表框中各列含义说明见表 5.3.1。

表 5.3.1 "名称管理器"对话框名称列表框中各列含义

| 列 | 含 义 |
|---|---|
| 图标和名称 | 下列任意一项:<br>● 已定义名称,用已定义名称图标表示⬛<br>● 表名称,用表名称图标表示⬛ |
| 值 | 名称的当前值,如公式结果、字符串常量、单元格区域、错误、值数组或占位符(如果无法计算公式) |
| 引用 | 名称的当前引用 |
| 范围 | 下列任意一项:<br>● 工作表名称(如果适用范围是局部工作表级别)<br>● "工作簿"(如果适用范围是全局工作表级别) |
| 备注 | 有关名称的其他信息 |

### 2. 使用名称

定义名称后,就可以在公式或函数中直接使用名称,从而能够更直观地表示单元格或单元格区域。例如,单元格区域 D3:D12 用于存放图书单价,如果要计算图书的平均单价,一般公式的写法是"=AVERAGE(D3:D12)"。如果将单元格区域 D3:D12 命名为"图书单价",则该公式变为"=AVERAGE(图书单价)",公式变得更加直观。

在输入公式时,除了直接输入名称以外,还可以粘贴已经命名过的名称,具体方法是:单击"公式"选项卡 | "定义的名称"组 | "用于公式"按钮,在下拉菜单中选择已经命名的名称,或者单击"粘贴名称"按钮,打开"粘贴名称"对话框,粘贴已经命名的名称。另外,按 F3 键也可以快速打开"粘贴名称"对话框。

## 5.4 数组公式

数组是由数据元素组成的集合,或者说是单元的集合或一组处理的值集合。数据元素以行和列的形式组织起来，构成一个数据矩阵。在 Excel 中，根据构成元素的不同，可以把数组分为常量数组和单元格区域数组。

Excel 中数组公式非常有用，尤其在不能使用工作表函数直接得到结果时，数组公式显得特别重要，它可对一组或多组值执行多重计算，并返回一个或多个结果。数组公式放在花括号{ }中，按 Ctrl+Shift+Enter 组合键可以完成数组公式的输入。通过用单个数组公式代替多个不同的公式，可简化工作表模型。数组公式可以看成有多重数值的公式，与单值公式的不同之处在于，它可以产生一个以上的结果。可以写一个数组公式，即输入一个单个的公式，它执行多个输入操作并计算产生多个结果，每个结果分别显示在不同单元格中；也可以执行多个输入操作但只产生一个结果。

## 5.4.1  计算多个结果

如图 5.4.1 所示，D 列为图书单价，E 列是订购数量，要求在 F 列中计算出每条订书记录的订书总额。一般的做法是，先计算第一条订书记录的订书总额，然后通过向下复制公式计算出其他记录的订书总额。

| 订书总额 | ▼ | : × ✓ | fx | {=D3:D12*E3:E12} | |
|---|---|---|---|---|---|
| | A | B | C | D | E | F |

| | A | B | C | D | E | F |
|---|---|---|---|---|---|---|
| 1 | | | 订书单 | | | |
| 2 | 订书单位代码 | 订书单位名称 | 图书编码 | 图书单价 | 订购数量 | 订书总额 |
| 3 | 1 | 远方电子工业学院 | BN542 | 43 | 2300 | 98900 |
| 4 | 2 | 南方财经学院 | BN212 | 32 | 2000 | 64000 |
| 5 | 3 | 北经贸大学 | BN232 | 53 | 2500 | 132500 |
| 6 | 4 | 北经贸大学 | BN312 | 22 | 2500 | 55000 |
| 7 | 5 | 东德州学院 | BN324 | 43 | 2500 | 107500 |
| 8 | 6 | 东方商学院 | BN542 | 31 | 1000 | 31000 |
| 9 | 7 | 西北师范学院 | BN311 | 67 | 800 | 53600 |
| 10 | 8 | 南滨州医学院 | BN312 | 43 | 2800 | 120400 |
| 11 | 9 | 计量学院 | BN303 | 88 | 1400 | 123200 |
| 12 | 10 | 农林学院 | BN214 | 33 | 2500 | 82500 |

图 5.4.1  计算多个结果

下面介绍如何使用数组产生多个计算结果，一次性计算出全部订书记录的订书总额。具体计算步骤如下。

① 选择 F3:F12 单元格区域，该区域中的单元格用于保存每条订书记录的订书总额。

② 在编辑栏中输入公式"=D3:D12*E3:E12"（不按 Enter 键），并按 Ctrl+Shift+Enter 组合键，可以看到如图 5.4.1 所示的执行结果。

③ 同时可以看到 F3:F12 单元格区域中全部出现用花括号"{}"框住的函数，这表示 F3:F12 单元格区域将被当作一个整体来处理，不能对 F3:F12 单元格区域中的任意一个单元格单独做任何处理，必须针对整个数组来处理。

## 5.4.2  计算单个结果

如果在单元格 F14 中计算全部订书记录的订书总额的总和，如图 5.4.2 所示。一般的做法是，首先分别计算出每条订书记录的订书总额，然后再计算出总和。但是如果用数组公式，就无须先计算每条订书记录的订书总额，只要一步就可以完成。

在单元格 F14 中输入公式"=SUM（D3:D12*E3:E12）"，注意输入公式后不要按 Enter 键，而是按 Ctrl+Shift+Enter 组合键完成公式的输入。此时将看到公式的外面加上了一对花括号"{}"，如图 5.4.2 所示。

| F14 | | | | $f_x$ | {=SUM(D3:D12*E3:E12)} | |
|---|---|---|---|---|---|---|
| | A | B | C | D | E | F |
| 1 | | | 订书单 | | | |
| 2 | 订书单位代码 | 订书单位名称 | 图书编码 | 图书单价 | 订购数量 | 订书总额 |
| 3 | 1 | 远方电子工业学院 | BN542 | 43 | 2300 | |
| 4 | 2 | 南方财经学院 | BN212 | 32 | 2000 | |
| 5 | 3 | 北经贸大学 | BN232 | 53 | 2500 | |
| 6 | 4 | 北经贸大学 | BN312 | 22 | 2500 | |
| 7 | 5 | 东德州学院 | BN324 | 43 | 2500 | |
| 8 | 6 | 东方商学院 | BN542 | 31 | 1000 | |
| 9 | 7 | 西北师范学院 | BN311 | 67 | 800 | |
| 10 | 8 | 南滨州医学院 | BN312 | 43 | 2800 | |
| 11 | 9 | 计量学院 | BN303 | 88 | 1400 | |
| 12 | 10 | 农林学院 | BN214 | 33 | 2500 | |
| 13 | | | | | | |
| 14 | | | | | 合计 | 868600 |

图 5.4.2  公式外面加上了一对花括号

在单元格 F14 中的公式"=SUM（D3:D12*E3:E12）"表示 D3:D12 范围内的每个单元格与 E3:E12 范围内内的每个单元格对应相乘，也就是把每条订书记录的图书单价和订购数量相乘，相乘的结果共有 10 个数字，每个数字代表一条订书记录的订书总额，而 SUM 函数将这些订书总额相加，就得到了所有订书记录的订书总额的总和。

### 5.4.3  使用数组常数

数组常数可以是一维的也可以是二维的。一维数组可以是垂直的也可以是水平的。在一维水平数组中的元素用逗号分开。下面的例子是一个一维水平数组：{10,20,30,40,50}。在一维垂直数组中的元素用分号分开。下面的例子是一个 6×1 的一维垂直数组：{100;200;300;400;500;600}。

数组常量可以用于数组公式中，放在数组公式中作为参数使用。在使用时，直接将数组常量输入到公式中并将它们放在花括号"{}"里。例如，在图 5.4.3 中，就使用了数组常数进行计算。如果输入数组公式的单元格区域是 F3:F5，则 F 列中的计算结果为 3 种不同单价的图书分别购买 1000 册时的订书总额。如果输入数组公式的单元格区域是 F3:G5，则 G 列和 H 列中将显示三种不同单价的图书分别购买 1200 册和 1500 册时的订书总额。

| F3 | | | | $f_x$ | {=D3:D5*{1000,1200,1500}} | |
|---|---|---|---|---|---|---|
| | A | B | C | D | E | F |
| 1 | | | 订书单 | | | |
| 2 | 订书单位代码 | 订书单位名称 | 图书编码 | 图书单价 | 订购数量 | 订书总额 |
| 3 | 1 | 远方电子工业学院 | BN542 | 43 | 2300 | 43000 |
| 4 | 2 | 南方财经学院 | BN212 | 32 | 2000 | 32000 |
| 5 | 3 | 北经贸大学 | BN232 | 53 | 2500 | 53000 |

图 5.4.3  在数组公式中使用数组常数

对于二维数组，用逗号将一行内的元素分开，用分号将各行分开。下面的例子是一个 4×4 的数组（由 4 行 4 列组成）：{1,2,3,4;11,20,21,32;12,3,44,2;13,23,30,40}。

需要注意的是，不可以在数组公式中用常数的方法表示单元格引用、名称或公式。例如，{2*3,3*3,4*3}是错误的，因为出现了多个公式，所以不可用。又如，{A1,B1,C1}因为列出多个引用，也是不可用的。不过可以使用一个单元格区域引用，例如{A1:C1}。

数组常量的内容，可由下列规则构成：

- 数组常量可以是数字、文字、逻辑值或错误值。
- 数组常量中的数字，也可以使用整数、小数或科学计数格式。
- 文本必须以双引号括住。
- 同一个数组常量中可以含有不同类型的值。
- 数组常量中的值必须是常量，不可以是公式。
- 数组常量不能含有货币符号、括号或百分比符号。
- 所输入的数组常量不得含有不同长度的行或列。

### 5.4.4　数组的编辑

数组包含数个单元格，这些单元格形成一个整体，所以数组里的某个单元格不能单独编辑。在编辑数组前，必须先选取整个数组。

例如，前面 5.4.1 节中在单元格区域 F3:F12 中计算全部订书记录的订书总额的公式需要修改，必须先选取整个数组区域：单元格 F3 至单元格 F12，部分选取单元格区域是不能修改公式的。

选取数组的方法为：选定数组中的任一单元格，单击"开始"选项卡｜"编辑"组｜"查找和选择"按钮，在下拉菜单中选择"定位条件"，打开"定位条件"对话框，选择"当前数组"选项，如图 5.4.4 所示。当然，如果事先知道数组所在的单元格区域，可用鼠标直接拖动的方法来选取数组。

图 5.4.4　利用"定位条件"对话框选定数组

编辑数组的方法为：选定要编辑的数组，单击编辑栏，使代表数组的花括号消失，之后就可以编辑公式了，按 Ctrl+Shift+Enter 组合键完成数组的编辑。

## 5.5　常用函数

Excel 强大的计算功能在很大程度上依赖于函数。利用 Excel 的函数可以进行诸如加、减、乘、除等简单的数学运算，还可以操作文本和字符串，也可以完成财务、统计和科学计算等复杂计算。Excel 函数使用一些称为参数的特定数值按特定的顺序或结构进行计算。用户可以直接用它们对某个区域内的数值进行一系列运算，如分析和处理日期值及时间值、确定贷款的支付额、确定单元格中的数据类型、计算平均值、排序显示和运算文本数据等。

Excel 提供了丰富的函数，按其功能分类介绍如下。

（1）数学和三角函数

通过数学和三角函数，可以处理简单的计算，例如，对数字取整、计算单元格区域中的数值总和或复杂计算。

（2）统计函数

统计工作表函数用于对数据区域进行统计分析。例如，统计工作表函数可以提供由一组给定值绘制出的直线的相关信息，如直线的斜率和 $y$ 轴截距，或构成直线的实际点数值。

（3）日期与时间函数

通过日期与时间函数，可以在公式中分析和处理日期值及时间值。

（4）文本函数

通过文本函数，可以在公式中处理文字串。例如，可以改变大小写或确定文字串的长度，可以将日期插入文字串或连接在文字串上。

（5）数据库函数

当需要分析数据清单中的数值是否符合特定条件时，可以使用数据库工作表函数。例如，在一个包含销售信息的数据清单中，可以计算出所有销售数值大于 1000 且小于 2500 的行或记录的总数。Excel 共有 12 个工作表函数用于对存储在数据清单或数据库中的数据进行分析，这些函数的统一名称为 Dfunctions，也称为 D 函数。

（6）逻辑函数

使用逻辑函数可以进行真假值判断，或者进行复合检验。例如，可以使用 IF 函数确定条件为真还是假，并由此返回不同的数值。

（7）查询和引用函数

当需要在数据清单或表格中查找特定数值，或者需要查找某个单元格的引用时，可以使用查询和引用工作表函数。例如，如果需要在表格中查找与第一列中的值相匹配的数值，可以使用 VLOOKUP 工作表函数。如果需要确定数据清单中数值的位置，可以使用 MATCH 工作表函数。

（8）财务函数

财务函数可以进行一般的财务计算，如确定贷款的支付额、投资的未来值或净现值，以及债券或息票的价值。

（9）工程函数

工程工作表函数用于工程分析。这类函数中的大多数可分为 3 种类型：对复数进行处理的函数、在不同的数字系统（如十进制系统、十六进制系统、八进制系统和二进制系统）间进行数值转换的函数、在不同的度量系统中进行数值转换的函数。

（10）信息函数

可以使用信息工作表函数确定存储在单元格中的数据的类型。信息函数包含一组称为 IS 的工作表函数，在单元格满足条件时返回 True。例如，如果单元格包含一个偶数值，则 ISEVEN 工作表函数返回 True。如果需要确定某个单元格区域中是否存在空白单元格，可以使用 COUNTBLANK 工作表函数对单元格区域中的空白单元格进行计数，或者使用 ISBLANK 工作表函数确定区域中的某个单元格是否为空。

（11）兼容性函数

兼容性函数已由新函数替换，这些新函数可以提供更好的精确度，且名称能更好地反映其用法。这些兼容性函数仍可用于与早期版本 Excel 的兼容。

（12）多维数据集函数

该函数的主要功能是处理外部数据源中的多维数据集。例如，获取多维数据集成员的函数，即 CUBEMEMBER 函数，使用这个函数可以获取多维数据集中各成员；获取多维数据集数值的函数，即 CUBEVALUE 函数，使用这个函数可以获得多维数据集中的元素数值。

（13）用户自定义函数

如果要在公式或计算中使用特别复杂的计算，而工作表函数又无法满足需要，则需要创建用户自定义函数。这些函数称为用户自定义函数，可以使用 Visual Basic for Applications 来创建。

（14）Web 函数

Web 函数是 Excel 2013 版本中新增的一个函数类别，它可以通过网页链接直接用公式获取数据。

下面对一些常用的函数进行介绍，并举例说明。

## 5.5.1　函数概述

### 1．函数组成

以常用求和函数 SUM 为例，它的语法格式是 SUM（number1,number2,…）。其中，SUM 为函数名称，一个函数只有唯一的一个名称，它代表了函数的功能和用途。函数名称后紧跟左括号，接着是用逗号分隔的称为参数的内容，最后用一个右括号表示函数结束。

函数括号中的部分称为参数，括号中参数与参数之间使用英文输入法逗号进行分隔。参数可以是前面章节介绍的数据类型，包括常量、数组或单元格引用等，甚至可以是另一个或几个函数等。参数的类型和位置必须满足函数语法的要求，否则将返回错误信息。参数可以说是函数中最复杂的组成部分，它规定了函数的运算对象、顺序或结构等。

### 2．函数与公式的关系

函数与公式常见的使用方式是在输入公式时调用函数，函数与公式之间功能互补。如果说函数是 Excel 预先定义好的，公式就是由用户自行设计的对工作表进行计算和处理的计算式。公式必须以等号"="开始，包括函数、引用、运算符和常量。以公式"=SUM（E1:H1）*A1+26"为例，说明如下："SUM（E1:H1）"是函数，"A1"是对单元格 A1 的引用，"26"是常量，"*"和"+"则是算术运算符。

### 3．函数输入

（1）使用"插入函数"对话框

"插入函数"对话框是 Excel 输入公式的重要工具，尤其适用于各种复杂的函数输入。操作步骤如下。

① 单击"公式"选项卡|"函数库"组|"插入函数"按钮，或者单击编辑栏左侧的插入函数按钮，打开"插入函数"对话框，如图 5.5.1 所示。

图 5.5.1　"插入函数"对话框

② 可以在"搜索函数"框中输入简短的描述快速找到需要的函数，或者在"或选择类别"下拉列表中选择函数类别，然后在下面的"选择函数"框中选择该类别的函数。

③ 选中需要的函数后，单击"确定"按钮，将会弹出如图 5.5.2 所示的"函数参数"对话框，在参数右侧对应的文本框中输入参数值，然后单击"确定"按钮即可完成函数的输入。

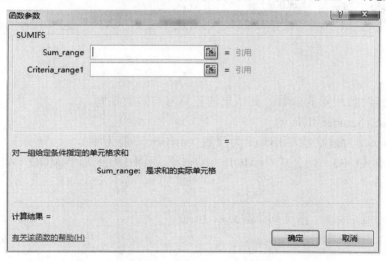

图 5.5.2　"函数参数"对话框

利用"插入函数"对话框进行公式录入的一个优点是，引用单元格区域准确，不容易发生工作表或工作簿名称输入错误的问题。

（2）利用编辑栏输入

如果套用某个现成的公式，或者输入一些嵌套关系复杂的公式，利用编辑栏输入会更加快捷。首先选中输入公式的单元格，单击 Excel 编辑栏，按照公式的组成顺序依次输入各个部分，公式输入完毕后，按 Enter 键，或者单击编辑栏中的输入按钮 ✔ 即可。

## 5.5.2　数学函数

### 1．ABS

用途：返回某个参数的绝对值。

语法：ABS(number)

参数：number 是需要计算其绝对值的一个实数。

例如：如果 A1=-10，则公式"=ABS（A1）"返回 10。

### 2．EXP

用途：返回 e 的 $n$ 次幂，常数 e 等于 2.718 281 828 459 04，是自然对数的底数。

语法：EXP(number)

参数：number 为底数 e 的指数。

注意：EXP 函数是计算自然对数的 LN 函数的反函数。

例如：如果 A1=2，则公式"=EXP（A1）"返回 7.3891，即 $e^2$。

### 3．INT

用途：将任意实数向下取整为最接近的整数。

语法：INT(number)

参数：number 为需要处理的任意一个实数。

例如：如果 A1=17.61、A2=-21.231，则公式"=INT（A1）"返回 17，"=INT（A2）"返回-22。

### 4．MOD

用途：返回两数相除的余数，其结果的正负号与除数相同。

语法：MOD(number,divisor)

参数：number 为被除数，divisor 为除数（divisor 不能为零）。

例如：如果 A1=33，则公式"=MOD（A1,5）"返回 3，公式"=MOD（A1,-5）"返回-2。

### 5．PI

用途：返回圆周率π，精确到小数点后 14 位。

语法：PI()

参数：空。

例如：公式"=PI()"返回 3.141 592 653 589 79。

### 6．POWER

用途：返回给定数字的乘幂。

语法：POWER(number,power)

参数：number 为底数，Power 为指数，均可以为任意实数。

注意：可以用"^"运算符代替 POWER 函数执行乘幂运算，例如公式"=10^2"与公式"=POWER(10,2)"等价。

例如：如果 A1=100，则公式"=POWER(A1,2)"返回 10000，公式"=POWER(100,0.5)"返回 10。

### 7．PRODUCT

用途：将所有数字形式给出的参数相乘，然后返回乘积值。

语法：PRODUCT(number1,number2,…)

参数：number1,number2,…为需要相乘的数字参数。

例如：如果单元格 A1=2，A2=3，A3=4，则公式"=PRODUCT(A1:A3)"返回 24，公式"=PRODUCT(10,11,12)"返回 1320。

### 8．RAND

用途：返回一个大于等于 0 小于 1 的随机数，每次重新计算工作表（按 F9 键），都将返回一个新的数值。

语法：RAND()

参数：空

注意：如果要生成[a,b]之间的随机实数，可以使用公式"=RAND()*(b-a)+a"。如果在某个单元格中应用公式"=RAND()"，然后在编辑状态下按 F9 键，将会产生一个变化的随机数。

例如：公式"=RAND()*100"返回一个大于等于 0、小于 100 的随机数。

### 9．RANDBETWEEN

用途：产生位于两个指定数值之间的一个随机数，每次重新计算工作表（按 F9 键），都将返回新的数值。

语法：RANDBETWEEN(bottom,top)

参数：bottom 是 RANDBETWEEN 函数可能返回的最小随机数，top 是 RANDBETWEEN 函数可能返回的最大随机数。

例如：公式"=RANDBETWEEN(1,100)"产生介于 1～100 之间的一个随机数（变量），公式"=RANDBETWEEN(-1,1)"产生介于-1～1 之间的一个随机数（变量）。

### 10．ROUND

用途：按指定位数四舍五入某个数字。

语法：ROUND(number,num_digits)

参数：number 是需要四舍五入的数字；num_digits 为指定的位数，number 按此位数进行处理。

注意：如果 num_digits 大于 0，则四舍五入到指定的小数位；如果 num_digits 等于 0，则四舍五入到最接近的整数；如果 num_digits 小于 0，则在小数点左侧按指定位数四舍五入。

例如：如果 A1=101.123，则公式"=ROUND(A1,1)"返回 101.1，公式"=ROUND(A1,2)"返回 101.12，公式"=ROUND(A1,-1)"返回 100。

## 11．SIGN

用途：返回数字的符号。正数返回 1，零返回 0，负数返回-1。

语法：SIGN(number)

参数：number 是需要返回符号的任意实数。

例如：如果 A1=100，则公式"=SIGN(A1)"返回 1，公式"=SIGN(2-11)"返回-1，公式"=SIGN(10-10)"返回 0。

## 12．SUM

用途：返回某个单元格区域中所有数字之和。

语法：SUM(number1,number2,…)

参数：number1,number2,…为 1~255 之间需要求和的数值。

注意：参数表中的数字、逻辑值及数字的文本表达式可以参与计算，其中，逻辑值被转换为 1，文本被转换为数字。如果参数为数组或引用，则只有其中的数字将被计算，数组或引用中的空白单元格、逻辑值、文本或错误值将被忽略。

例如：如果 A1=1，A2=2，A3=3，则公式"=SUM(A1:A3)"返回 6，公式"=SUM("3",2,TRUE)"返回 6，因为"3"被转换成数字 3，而逻辑值 TRUE 被转换成数字 1。如果 A1="1"，A2=2，A3=TRUE，则公式"=SUM(A1:A3)"返回 2，原因是引用中的逻辑值、纯数字文本被忽略。

## 13．SUMIF

用途：根据指定条件对若干单元格、区域或引用求和。

语法：SUMIF(range,criteria,[sum_range])

参数：range 为用于条件判断的单元格区域，criteria 是由数字、逻辑表达式等组成的判定条件，sum_range 为需要求和的单元格、区域或引用。

【实例 1】 计算高校工资报表中讲师、副教授和教授的工资总额，原始数据如图 5.5.3 所示。

| | A | B | C | D | E | F | G | H | I | J |
|---|---|---|---|---|---|---|---|---|---|---|
| 1 | | | | 某高校教师工资报表 | | | | | | |
| 2 | 编号 | 学院 | 职称 | 基本工资 | 绩效考核 | 工资合计 | | | 职称 | 工资总额 |
| 3 | N0001 | 计算机学院 | 讲师 | ¥2,500 | ¥3,500 | ¥6,000 | | | 讲师 | |
| 4 | N0002 | 计算机学院 | 副教授 | ¥3,400 | ¥4,300 | ¥7,700 | | | 副教授 | |
| 5 | N0003 | 计算机学院 | 教授 | ¥5,000 | ¥4,700 | ¥9,700 | | | 教授 | |
| 6 | N0004 | 计算机学院 | 讲师 | ¥2,500 | ¥3,500 | ¥6,000 | | | | |
| 7 | N0005 | 计算机学院 | 讲师 | ¥2,500 | ¥3,500 | ¥6,000 | | | | |
| 8 | N0006 | 计算机学院 | 讲师 | ¥2,500 | ¥3,500 | ¥6,000 | | | | |
| 9 | N0007 | 计算机学院 | 副教授 | ¥3,400 | ¥4,500 | ¥7,900 | | | | |
| 10 | N0008 | 工商管理学院 | 讲师 | ¥2,500 | ¥3,500 | ¥6,000 | | | | |
| 11 | N0009 | 工商管理学院 | 教授 | ¥5,000 | ¥4,700 | ¥9,700 | | | | |
| 12 | N0010 | 工商管理学院 | 副教授 | ¥3,400 | ¥4,000 | ¥7,400 | | | | |
| 13 | N0011 | 工商管理学院 | 教授 | ¥5,000 | ¥5,000 | ¥10,000 | | | | |

图 5.5.3　原始数据

具体计算步骤如下。

① 选中要输入函数的单元格，例如，计算"讲师"的工资总额，选中单元格 J3，单击"公式"选项卡│"函数库"组│"插入函数"按钮，如图 5.5.4 所示。

图 5.5.4 单击"插入函数"按钮

② 在弹出的"插入函数"对话框中，在"或选择类别"下拉列表中选择"数字与三角函数"项，然后在"选择函数"框中选择函数"SUMIF"，单击"确定"按钮，如图 5.5.5 所示。

图 5.5.5 选择函数

③ 在弹出的"函数参数"对话框中，单击"Range"框右侧的"压缩对话框"按钮，如图 5.5.6 所示。

图 5.5.6 设置 Range 参数

④ 在工作表数据区域拖动鼠标选择 C3:C21 单元格区域设置 Range 的参数，如图 5.5.7 所示。

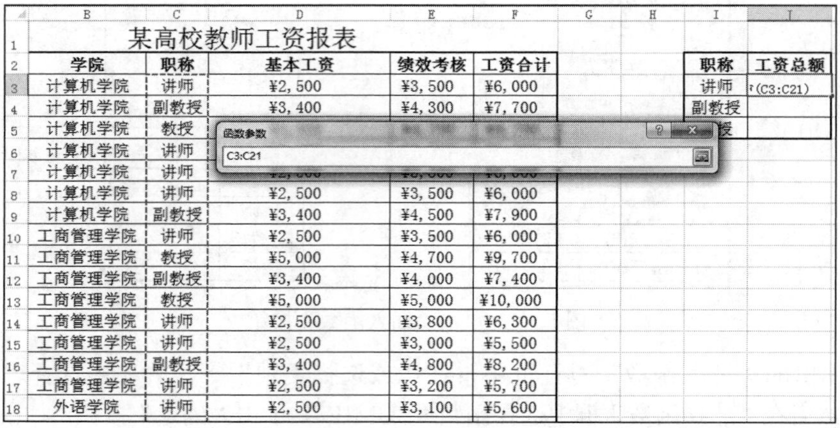

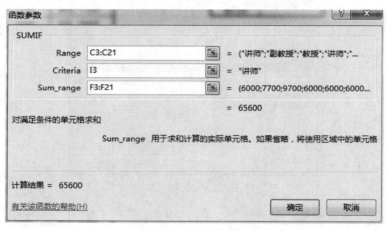

图 5.5.7　选择参数数据区域

⑤ 单击"展开对话框"按钮返回"函数参数"对话框，接着设置 Criteria 为"I3"，设置 Sum_range 为"F3:F21"，如图 5.5.8 所示，然后单击"确定"按钮。

图 5.5.8　设置所有参数

已经计算出"讲师"的工资总额，公式为"=SUMIF(C3:C21,I3,F3:F21)"，其中单元格区域"C3:C21"提供逻辑判断依据，单元格 I3 为"讲师"，是判断条件，就是仅统计单元格区域 C3:C21 中职称为"讲师"的单元格，单元格区域 F3:F21 为实际求和单元格区域。

⑥ 在工作表中，选中单元格 J3，将公式"=SUMIF(C3:C21,I3,F3:F21)"中的参数"C3:C21"和"F3:F21"改为绝对引用（选中公式中需要改变的引用位置，按 F4 键简单地实现相对引用和绝对引用之间的切换），变为"=SUMIF($C$3:$C$21,I3,$F$3:$F$21)"，以便于以后复制公式，从而计算出其余两个职称的工资总额，如图 5.5.9 所示。需要提醒的是，由于下一步的公式复制是在同一列中向下复制，只要在复制公式时保持行号不变即可，因此单元格 J3 中的公式"=SUMIF(C3:C21,I3,F3:F21)"中的参数"C3:C21"和"F3:F21"也可以使用相对引用："=SUMIF(C$3:C$21,I3,F$3:F$21)"。

⑦ 将鼠标指针指向单元格 J3 的右下角，按住左键不放，拖动填充柄，向下拖动至单元

格 J4、J5 进行公式复制，单击弹出的"自动填充选项"按钮，选择"不带格式填充"（如果拖动填充柄进行公式复制时不设置自动填充选项，则单元格格式也会同时被复制，将导致单元格 J5 边框格式的改变），将其余两个职称的工资总额也计算出来，如图 5.5.10 所示。

图 5.5.9　计算结果

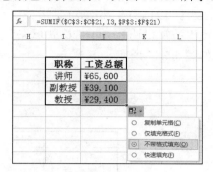

图 5.5.10　复制计算公式

### 14. SUMIFS

用途：根据对区域中满足多个指定条件的若干单元格、区域或引用求和。

语法：SUMIFS(sum_range,criteria_range1,criteria1,[criteria_range2,criteria2],…)

参数：sum_range 必需，对一个或多个单元格求和，包括数字或包含数字的名称、区域或单元格引用。criteria_range1 必需，在其中计算关联条件的第一个区域。criteria1 必需，条件的形式为数字、表达式、单元格引用或文本，可用来定义对 criteria_range1 参数中的哪些单元格求和。例如，条件可以表示为 6、">=60"、A1、"男"或"001"。criteria_range2,criteria2,… 是附加的区域及其关联条件，可选，最多允许 127 个区域/条件对。

注意：SUMIFS 和 SUMIF 函数的参数顺序有所不同。

【实例2】　统计高校工资报表中计算机学院讲师、副教授和教授的工资总额，原始数据如图 5.5.11 所示。

| | 编号 | 学院 | 职称 | 基本工资 | 绩效考核 | 工资合计 | | 学院 | 职称 | 工资总额 |
|---|---|---|---|---|---|---|---|---|---|---|
| 1 | | | 某高校教师工资报表 | | | | | | | |
| 2 | 编号 | 学院 | 职称 | 基本工资 | 绩效考核 | 工资合计 | | 学院 | 职称 | 工资总额 |
| 3 | N0001 | 计算机学院 | 讲师 | ¥2,500 | ¥3,500 | ¥6,000 | | | 讲师 | |
| 4 | N0002 | 计算机学院 | 副教授 | ¥3,400 | ¥4,300 | ¥7,700 | | 计算机学院 | 副教授 | |
| 5 | N0003 | 计算机学院 | 教授 | ¥5,000 | ¥4,700 | ¥9,700 | | | 教授 | |
| 6 | N0004 | 计算机学院 | 讲师 | ¥2,500 | ¥3,500 | ¥6,000 | | | | |
| 7 | N0005 | 计算机学院 | 讲师 | ¥2,500 | ¥3,500 | ¥6,000 | | | | |
| 8 | N0006 | 计算机学院 | 讲师 | ¥2,500 | ¥3,500 | ¥6,000 | | | | |
| 9 | N0007 | 计算机学院 | 副教授 | ¥3,400 | ¥4,500 | ¥7,900 | | | | |
| 10 | N0008 | 工商管理学院 | 讲师 | ¥2,500 | ¥3,500 | ¥6,000 | | | | |
| 11 | N0009 | 工商管理学院 | 教授 | ¥5,000 | ¥4,700 | ¥9,700 | | | | |
| 12 | N0010 | 工商管理学院 | 副教授 | ¥3,400 | ¥4,000 | ¥7,400 | | | | |
| 13 | N0011 | 工商管理学院 | 教授 | ¥5,000 | ¥5,000 | ¥10,000 | | | | |

图 5.5.11　原始数据

具体计算步骤如下。

① 先计算出"计算机学院"中"讲师"的工资总额。单元格 J3 中的公式为"=SUMIFS(F3:F21,B3:B21,H3,C3:C21,I3)"，其中"F3:F21"为实际求和的单元格区域，"B3:B21"为提供逻辑判断依据的学院单元格区域，单元格 H3 为学院判断条件："计算机学院"，"C3:C21"为提供逻辑判断依据的职称单元格区域，单元格 I3 为职称的判断条件："讲师"。

② 选中单元格 J3，以便于下面复制公式计算出其余两个职称的工资总额，将单元格 J3 中的公式“=SUMIFS(F3:F21,B3:B21,H3,C3:C21,I3)”中的参数“F3:F21”、“B3:B21”、“H3”、“C3:C21”改为绝对引用，以便于下面复制公式，变为“=SUMIFS($F$3:$F$21,$B$3:$B$21,$H$3,$C$3:$C$21,I3)”，拖动单元格 J3 右下角的填充柄至单元格 J4、J5，单击弹出的“自动填充选项”按钮，选择“不带格式填充”进行公式复制，将其余两个职称的工资总额也计算出来，如图 5.5.12 所示。

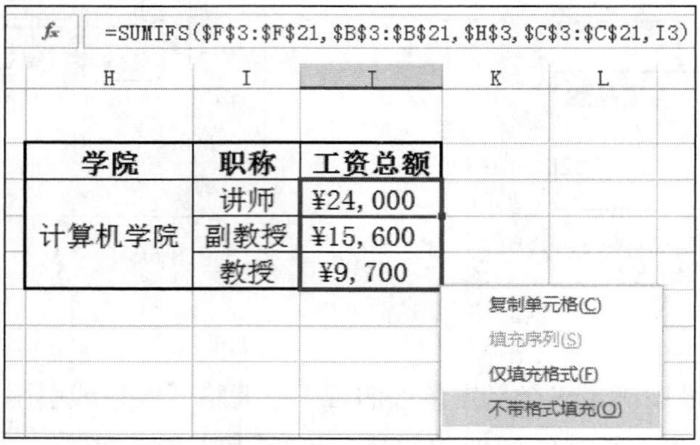


图 5.5.12　复制计算公式

## 15. SUMPRODUCT

用途：在给定的几组数组中，将数组间对应的元素相乘，并返回乘积之和。

语法：SUMPRODUCT(array1,[array2],[array3],…)

参数：array1 是必需的，表示其相应元素需要进行相乘并求和计算的第一个数组参数。array2,array3,…是可选的，表示 2～255 个数组参数，其相应元素需要进行相乘并求和。

注意：数组参数必须具有相同的维数，否则函数 SUMPRODUCT 将返回错误值#VALUE!。函数 SUMPRODUCT 将非数值型的数组元素作为 0 处理。

例如：计算 A、B、C、D 这 4 列对应数据乘积的和。

单元格区域 A2:B4 与 C2:D4 分别是两个数组，如图 5.5.13 所示。将两个数组所有元素对应相乘，然后把乘积相加，输入公式“=SUMPRODUCT(A2:B4,C2:D4)”，计算公式为“=A2*C2+B2*D2+A3*C3+B3*D3+A4*C4+B4*D4”，返回值 119。

| | A | B | C | D |
|---|---|---|---|---|
| 1 | 数组1 | | 数组2 | |
| 2 | 1 | 2 | 9 | 8 |
| 3 | 3 | 4 | 7 | 6 |
| 4 | 5 | 6 | 5 | 4 |

图 5.5.13　复制计算公式

## 16. MINVERSE

用途：返回数组矩阵的逆矩阵。

语法：MINVERSE(array)

参数：array 是具有相等行/列数的数组。它可以是单元格区域，如 A1:D4；也可以是常数数组，如{1,2,3;4,5,6;7,8,9}；或者是两者的名称。

补充：矩阵是由 $m$ 乘 $n$ 个数组成的一个 $m$ 行 $n$ 列的矩形表格，组成矩阵的每个数，均称为矩阵的元素。逆矩阵：设 **A** 是数域上的一个 $n$ 阶方阵，若在相同数域上存在另一个 $n$ 阶矩阵 **B**，使得：**AB=BA=E**，则称 **B** 是 **A** 的逆矩阵，而 **A** 则称为可逆矩阵。

例如：公式 "=MINVERSE({1,-1;2,3})" 返回{0.6,0.2; -0.4,0.2}。

### 17．MMULT

用途：返回两数组的矩阵乘积。结果矩阵的行数与 array1 的行数相同，矩阵的列数与 array2 的列数相同。

语法：MMULT(array1,array2)

参数：array1 和 array2 是要进行矩阵乘法运算的两个数组。array1 的列数必须与 array2 的行数相同，而且两个数组中都只能包含数值。array1 和 array2 可以是单元格区域、数组常数或引用。

例如：公式 "=MMULT({1,2;3,4}，{5,6;7,8})" 返回 19。

## 5.5.3 逻辑函数

### 1．AND

用途：所有参数的逻辑值为真时返回 TRUE（真）；只要有一个参数的逻辑值为假，则返回 FALSE（假）。

语法：AND(logical1,logical2,…)

参数：logical1，logical2，…为待检验的 1～255 个逻辑表达式，它们的结论或为 TRUE（真）或为 FALSE（假）。参数必须是逻辑值或者包含逻辑值的数组或引用，如果数组或引用中含有文字或空白单元格，则忽略它的值。如果指定的单元格区域内包括非逻辑值，AND 将返回错误值#value!。

例如：如果 A1=2，A2=6，那么公式 "=AND(A1>1,A2>1)" 返回 TURE，公式 "=AND(A1>2,A2>2)" 返回 FALSE。

### 2．IF

用途：执行逻辑判断，它可以根据逻辑表达式的真假，返回不同的结果，从而执行数值或公式的条件检测任务。

语法：IF(logical_test,value_if_true,value_if_false)

参数：logical_test 计算结果为 TRUE 或 FALSE 的任何数值或表达式。value_if_true 是 logical_test 为 TRUE 时函数的返回值，如果 logical_test 为 TRUE 并且省略了 value_if_true，则返回 TRUE。而且 value_if_true 可以是一个表达式。value_if_false 是 Logical_test 为 FALSE 时函数的返回值。如果 logical_test 为 FALSE 并且省略 value_if_false，则返回 FALSE。value_if_false 也可以是一个表达式。

例如：根据分数划分成绩等级，规则是：90 分以上是优等，80～89 分是良，60～79 分是中，小于 60 分是差。

假定单元格 A2 计算公式为 "=IF(C2>=90,"优",IF(C2>=80,"良",IF(C2>=60,"中","差")))"。其中第二条 IF 语句同时也是第一条 IF 语句的参数。同样，第三条 IF 语句是第二条 IF 语句的参数，其余类推。例如，若第一个逻辑判断表达式 C2>=90 成立，则单元格 A2 被赋值为"优"；如果第一个逻辑判断表达式 C2>=90 不成立，则计算第二条 IF 语句，其余类推，直至计算结束。该函数广泛用于需要进行逻辑判断的场合。

### 3．NOT

用途：求出一个逻辑值或逻辑表达式的相反值。如果要确保一个逻辑值等于其相反值，就应该使用 NOT 函数。

语法：NOT(logical)

参数：logical 是一个可以得出 TRUE 或 FALSE 结论的逻辑值或逻辑表达式。如果逻辑值或表达式的结果为 FALSE，则 NOT 函数返回 TRUE；如果逻辑值或表达式的结果为 TRUE，那么 NOT 函数返回的结果为 FALSE。

例如：如果 A1=1，A2=2，那么公式"=NOT(A1>A2)"的返回结果为 True。

### 4．OR

用途：所有参数中的任意一个逻辑值为真时即返回 TRUE（真）。

语法：OR(logical1,logical2,…)

参数：logical1,logical2,…是需要进行检验的 1～255 个逻辑表达式，其结论分别为 TRUE 或 FALSE。如果数组或引用的参数包含文本、数字或空白单元格，它们将被忽略。如果指定的区域中不包含逻辑值，OR 函数将返回错误#value!。

例如：如果 A1=6，A2=8，则公式"=OR(A1+A2>A2,A1=A2)"返回 TRUE，而公式"=OR(A1>A2,A1=A2)"返回 FALSE。

## 5.5.4  统计函数

### 1．AVEDEV

用途：返回一组数据与其平均值的绝对偏差的平均值，该函数可以评测数据（例如某科目考试成绩）的离散度，有一定统计意义。

语法：AVEDEV(number1,number2,…)

参数：number1,number2,…是用来计算绝对偏差平均值的一组参数，其个数可以在 1～255 个之间。

例如：如果参加英语考试 5 名学生的成绩分别为 A1=80，A2=70，A3=55，A4=97，A5=85，则公式"=AVEDEV(A1:A5)"返回 11.92，反映出该次英语考试成绩的离散程度。

### 2．AVERAGE

用途：计算所有参数的算术平均值。

语法：AVERAGE(number1,number2,…)

参数：number1,number2,…是要计算平均值的 1～255 个参数。

例如：如果单元格区域 A1:A5 命名为"分数"，其中的数值分别为 100、70、92、47 和 82，则公式"=AVERAGE(分数)"返回 78.2。

### 3. CONFIDENCE

用途：使用正态分布返回总体平均值的置信区间，它是样本平均值任意一侧的区域。例如，某班学生参加考试，依照给定的置信度，可以确定该次考试的最低和最高分数。正态分布又名高斯分布，是一个在数学、物理及工程等领域都非常重要的概率分布，在统计学的许多方面有着重大的影响力。正态分布是具有两个参数 $\mu$ 和 $\sigma^2$ 的连续型随机变量的分布，第一个参数 $\mu$ 是遵从正态分布的随机变量的均值，第二个参数 $\sigma^2$ 是此随机变量的方差，所以正态分布记作 $N(\mu, \sigma^2)$。遵从正态分布的随机变量的概率规律为取 $\mu$ 邻近的值的概率大，而取离 $\mu$ 越远的值的概率越小；$\sigma$ 越小，分布越集中在 $\mu$ 附近，$\sigma$ 越大，分布越分散。

语法：CONFIDENCE(alpha,standard_dev,size)

参数：alpha 是用于计算置信度（它等于100*(1-alpha)%，如果 alpha 为 0.05，则置信度为 95%）的显著水平参数，standard_dev 是数据区域的总体标准偏差，size 为样本容量。

例如：假设样本取自 100 名学生的英语考试成绩，他们的平均分为 70，总体标准偏差为 5 分，则平均分在 70±CONFIDENCE（0.05,5,100）这个区域内的置信度为 95%。公式"=CONFIDENCE（0.05,5,100）"返回 0.98，即考试成绩为 70±0.98 分。

### 4. COUNT

用途：函数计算包含数字的单元格以及参数列表中数字的个数。

语法：COUNT(value1,value2,…)

参数：value1,value2,…是包含或引用各种类型数据的参数（1～255 个），如果参数为数字、日期或者代表数字的文本（用引号引起的数字，如"1"），则将被计算在内。

注意：逻辑值和直接输入到参数列表中代表数字的文本将被计算在内。如果参数为错误值或不能转换为数字的文本，则不会被计算在内。如果参数为数组或引用，则只计算数组或引用中数字的个数，不会计算数组或引用中的空单元格、逻辑值、文本或错误值。

例如：如果 A1=60，A2="张三"，A3=TRUE，A4="30"，则公式"=COUNT(60,"张三",TRUE,"30")"返回 3，而公式"=COUNT(A1:A4)"返回 1。

### 5. COUNTA

用途：返回参数组中非空值的数目。利用函数 COUNTA 可以计算数组或单元格区域中数据项的个数。

语法：COUNTA(value1,value2,…)

参数：value1,value2,…是所要计数的值，参数个数为 1～255 个。在这种情况下，参数可以是任何类型，它们包括空格但不包括空白单元格。如果参数是数组或单元格引用，则数组或引用中的空白单元格将被忽略。

注意：如果不需要统计逻辑值、文字或错误值，则应该使用 COUNT 函数。

例如：如果 A1=10、A2="张三"、A3=TRUE、A4="30"，其余单元格为空，则公式"=COUNTA(A1:A4)"的计算结果等于 4，而如果用上面的函数"=COUNT(A1:A4)"，则结果返回 1。

### 6. COUNTBLANK

用途：计算某个单元格区域中空白单元格的数目。

语法：COUNTBLANK(range)

参数：range 为需要计算其中空白单元格数目的区域。

例如：如果 A1=10，A2="张三"，A3=TRUE，A4="30"，其余单元格为空，则公式"=COUNTBLANK(A1:A7)"的计算结果等于 3。

### 7. COUNTIF

用途：计算区域中满足给定条件的单元格的个数。

语法：COUNTIF（range,criteria）

参数：range 为需要计算其中满足条件的单元格数目的单元格区域。criteria 为确定哪些单元格将被计算在内的条件，其形式可以为数字、表达式或文本。

【实例 3】　在某高校工资报表中统计讲师、副教授和教授的人数，原始数据如图 5.5.14 所示。

| 编号 | 学院 | 职称 | 基本工资 | 绩效考核 | 工资合计 | | | 职称 | 人数 |
|---|---|---|---|---|---|---|---|---|---|
| N0001 | 计算机学院 | 讲师 | ¥2,500 | ¥3,500 | ¥6,000 | | | 讲师 | |
| N0002 | 计算机学院 | 副教授 | ¥3,400 | ¥4,300 | ¥7,700 | | | 副教授 | |
| N0003 | 计算机学院 | 教授 | ¥5,000 | ¥4,700 | ¥9,700 | | | 教授 | |
| N0004 | 计算机学院 | 讲师 | ¥2,500 | ¥3,500 | ¥6,000 | | | | |
| N0005 | 计算机学院 | 讲师 | ¥2,500 | ¥3,500 | ¥6,000 | | | | |
| N0006 | 计算机学院 | 讲师 | ¥2,500 | ¥3,500 | ¥6,000 | | | | |
| N0007 | 计算机学院 | 副教授 | ¥3,400 | ¥4,500 | ¥7,900 | | | | |
| N0008 | 工商管理学院 | 讲师 | ¥2,500 | ¥3,500 | ¥6,000 | | | | |
| N0009 | 工商管理学院 | 教授 | ¥5,000 | ¥4,700 | ¥9,700 | | | | |
| N0010 | 工商管理学院 | 副教授 | ¥3,400 | ¥4,000 | ¥7,400 | | | | |
| N0011 | 工商管理学院 | 教授 | ¥5,000 | ¥5,000 | ¥10,000 | | | | |

图 5.5.14　原始数据

具体计算步骤如下。

① 计算"讲师"人数。选中单元格 J3，插入函数 COUNTIF，公式为"=COUNTIF(C3:C21,I3)"，其中"C3:C21"为需要计算其中满足条件的单元格数目的单元格区域，单元格 I3 为"讲师"。

② 选中单元格 J3，将其公式"=COUNTIF(C3:C21,I3)"中的参数"C3:C21"改为绝对引用，变为"=COUNTIF($C$3:$C$21,I3)"，以便于向下复制公式统计其余两个职称的人数。向下拖动填充柄至单元格 J4、J5，单击弹出的"自动填充选项"按钮，选择"不带格式填充"进行公式复制，将其余两个职称的人数也统计出来，如图 5.5.15 所示。

这里要提示一点，COUNTIF 函数只能统计单个区域内符合指定的单个条件的单元格数量。若要统计多个区域内符合指定条件的单元格数量，则需要利用 COUNTIFS 函数。

图 5.5.15　复制计算公式

### 8. COUNTIFS

用途：计算多个区域内符合指定条件的单元格数量。

语法：COUNTIFS(criteria_range1,criteria1,[criteria_range2,criteria2]…)

参数：criteria_range1 为需要计算其中满足条件 1 的单元格数目的单元格区域。criteria1

为条件 1 单元格区域，其形式可以为数字、表达式或文本。criteria_range2,criteria2 可选，为附加的区域及其关联条件。最多允许 127 个区域/条件对。

**【实例 4】** 在某高校工资报表中分别统计出计算机学院讲师人数以及工商管理学院副教授人数，原始数据如图 5.5.16 所示。

| 编号 | 学院 | 职称 | 基本工资 | 绩效考核 | 工资合计 | | | 学院 | 职称 | 人数 |
|---|---|---|---|---|---|---|---|---|---|---|
| \multicolumn{6}{c}{某高校教师工资报表} | | | | | | | | | | |
| N0001 | 计算机学院 | 讲师 | ¥2,500 | ¥3,500 | ¥6,000 | | | 计算机学院 | 讲师 | |
| N0002 | 计算机学院 | 副教授 | ¥3,400 | ¥4,300 | ¥7,700 | | | 工商管理学院 | 副教授 | |
| N0003 | 计算机学院 | 教授 | ¥5,000 | ¥4,700 | ¥9,700 | | | 外语学院 | 讲师 | |
| N0004 | 计算机学院 | 讲师 | ¥2,500 | ¥3,500 | ¥6,000 | | | | | |
| N0005 | 计算机学院 | 讲师 | ¥2,500 | ¥3,500 | ¥6,000 | | | | | |
| N0006 | 计算机学院 | 讲师 | ¥2,500 | ¥3,500 | ¥6,000 | | | | | |
| N0007 | 计算机学院 | 副教授 | ¥3,400 | ¥4,500 | ¥7,900 | | | | | |
| N0008 | 工商管理学院 | 讲师 | ¥2,500 | ¥3,500 | ¥6,000 | | | | | |
| N0009 | 工商管理学院 | 教授 | ¥5,000 | ¥4,700 | ¥9,700 | | | | | |
| N0010 | 工商管理学院 | 副教授 | ¥3,400 | ¥4,000 | ¥7,400 | | | | | |
| N0011 | 工商管理学院 | 教授 | ¥5,000 | ¥5,000 | ¥10,000 | | | | | |

图 5.5.16　原始数据

具体计算步骤如下。

① 计算"计算机学院"中"讲师"的人数，选中单元格 K3，插入函数 COUNTIFS，公式为"=COUNTIFS(B3:B21,I3,C3:C21,J3)"，其中"B3:B21"为需要计算其中满足第一个条件的单元格数目的单元格区域，单元格 I3 为"计算机学院"，用于确定统计哪个学院，"C3:C21"为需要计算其中满足第二个条件的单元格数目的单元格区域，单元格 J3 为"讲师"，用于确定统计什么职称，也就是统计单元格区域 C3:C21 中职称为"讲师"的单元格数目。两组条件综合起来，就是统计计算机学院讲师的人数。

② 选中单元格 J3 公式"=COUNTIFS(B3:B21,I3,C3:C21,J3)"中的参数"B3:B21"和"C3:C21"，改为绝对引用，变为"=COUNTIFS($B$3:$B$21,I3,$C$3:$C$21,J3)"，以便于向下复制公式，统计其余的人数，结果如图 5.5.17 所示。

| $f_x$ | =COUNTIFS($B$3:$B$21, I3, $C$3:$C$21, J3) |
|---|---|

| 学院 | 职称 | 人数 |
|---|---|---|
| 计算机学院 | 讲师 | 4 |
| 工商管理学院 | 副教授 | |
| 外语学院 | 讲师 | |

图 5.5.17　计算结果

③ 选中单元格 K3 向下拖动填充柄至单元格 K4、K5，单击弹出的"自动填充选项"按钮，选择"不带格式填充"，进行公式复制，将其余人数也统计出来，如图 5.5.18 所示。

### 9．FREQUENCY

用途：以一列垂直数组返回某个区域中数据的频率分布。它可以计算出在给定的值域和接收区间内，每个区间包含的数据个数。

语法：FREQUENCY(data_array,bins_array)

图 5.5.18　复制计算公式

参数：data_array 是用来计算频率一个数组，或对数组单元区域的引用。bins_array 是数据接收区间，为一个数组或对数组区域的引用，设定对 data_array 进行频率计算的分段点。注意，分段点为每个分段区间的最大值。一般来说，数据接收区域也就是结果区域，大于等于分段点区域，用来输入公式，公式输入完毕后，按 **Ctrl+Shift+Enter** 组合键，表明计算结果为一个数组。

**【实例 5】**　在某高校工资报表中统计出工资低于 7000、工资位于 7000～79999 之间、工资位于 8000～8999 之间、工资高于 9000 的教师人数，原始数据如图 5.5.19 所示。

| 编号 | 学院 | 职称 | 基本工资 | 绩效考核 | 工资合计 | | | 工资金额分段 | 工资金额出现频率 | | 分段点 |
|---|---|---|---|---|---|---|---|---|---|---|---|
| | | | | 某高校教师工资报表 | | | | | | | |
| N0001 | 计算机学院 | 讲师 | ¥2,500 | ¥3,500 | ¥6,000 | | | <7000 | | | |
| N0002 | 计算机学院 | 副教授 | ¥3,400 | ¥4,300 | ¥7,700 | | | 7000-7999 | | | |
| N0003 | 计算机学院 | 教授 | ¥5,000 | ¥4,700 | ¥9,700 | | | 8000-8999 | | | |
| N0004 | 计算机学院 | 讲师 | ¥2,500 | ¥3,500 | ¥6,000 | | | >=9000 | | | |
| N0005 | 计算机学院 | 讲师 | ¥2,500 | ¥3,500 | ¥6,000 | | | | | | |
| N0006 | 计算机学院 | 讲师 | ¥2,500 | ¥3,500 | ¥6,000 | | | | | | |
| N0007 | 计算机学院 | 副教授 | ¥3,400 | ¥4,500 | ¥7,900 | | | | | | |
| N0008 | 工商管理学院 | 讲师 | ¥2,500 | ¥3,500 | ¥6,000 | | | | | | |
| N0009 | 工商管理学院 | 教授 | ¥5,000 | ¥4,700 | ¥9,700 | | | | | | |
| N0010 | 工商管理学院 | 副教授 | ¥3,400 | ¥4,000 | ¥7,400 | | | | | | |
| N0011 | 工商管理学院 | 教授 | ¥5,000 | ¥5,000 | ¥10,000 | | | | | | |

图 5.5.19　原始数据

具体计算步骤如下。

① 根据工资金额分段要求建立分段点，如图 5.5.20 所示。注意，分段点应设置为分段区间内的最大值。

| 工资金额分段 | 工资金额出现频率 | 分段点 |
|---|---|---|
| <7000 | | 6999 |
| 7000-7999 | | 7999 |
| 8000-8999 | | 8999 |
| >=9000 | | |

图 5.5.20　建立分段点

② 选定单元格区域 J3:J6，插入函数 FREQUENCY，公式为"=FREQUENCY(F3:F21, L3:L5)"，单击编辑栏中的公式，按 **Ctrl+Shift+Enter** 组合键，编辑栏中公式两边会自动增加花括号，变为"{=FREQUENCY(F3:F21,L3:L5)}"，表明计算结果为一个数组，同时统计出不同工资金额分段的出现频率，如图 5.5.21 所示。

| | 某高校教师工资报表 | | | | | | | | | | |
|---|---|---|---|---|---|---|---|---|---|---|---|
| 编号 | 学院 | 职称 | 基本工资 | 绩效考核 | 工资合计 | | | 工资金额分段 | 工资金额出现频率 | | 分段点 |
| N0001 | 计算机学院 | 讲师 | ¥2,500 | ¥3,500 | ¥6,000 | | | <7000 | 11 | | 6999 |
| N0002 | 计算机学院 | 副教授 | ¥3,400 | ¥4,300 | ¥7,700 | | | 7000-7999 | 4 | | 7999 |
| N0003 | 计算机学院 | 教授 | ¥5,000 | ¥4,700 | ¥9,700 | | | 8000-8999 | 1 | | 8999 |
| N0004 | 计算机学院 | 讲师 | ¥2,500 | ¥3,500 | ¥6,000 | | | >=9000 | 3 | | |
| N0005 | 计算机学院 | 讲师 | ¥2,500 | ¥3,500 | ¥6,000 | | | | | | |
| N0006 | 计算机学院 | 讲师 | ¥2,500 | ¥3,500 | ¥6,000 | | | | | | |
| N0007 | 计算机学院 | 副教授 | ¥3,400 | ¥4,500 | ¥7,900 | | | | | | |
| N0008 | 工商管理学院 | 讲师 | ¥2,500 | ¥3,500 | ¥6,000 | | | | | | |
| N0009 | 工商管理学院 | 教授 | ¥5,000 | ¥4,700 | ¥9,700 | | | | | | |
| N0010 | 工商管理学院 | 副教授 | ¥3,400 | ¥4,000 | ¥7,400 | | | | | | |
| N0011 | 工商管理学院 | 教授 | ¥5,000 | ¥5,000 | ¥10,000 | | | | | | |
| N0012 | 工商管理学院 | 讲师 | ¥2,500 | ¥3,800 | ¥6,300 | | | | | | |
| N0013 | 工商管理学院 | 讲师 | ¥2,500 | ¥3,000 | ¥5,500 | | | | | | |
| N0014 | 工商管理学院 | 副教授 | ¥3,400 | ¥4,800 | ¥8,200 | | | | | | |
| N0015 | 工商管理学院 | 讲师 | ¥2,500 | ¥3,200 | ¥5,700 | | | | | | |
| N0016 | 外语学院 | 讲师 | ¥2,500 | ¥3,100 | ¥5,600 | | | | | | |
| N0017 | 外语学院 | 讲师 | ¥2,500 | ¥4,000 | ¥6,500 | | | | | | |
| N0018 | 外语学院 | 副教授 | ¥3,400 | ¥4,500 | ¥7,900 | | | | | | |
| N0019 | 外语学院 | 讲师 | ¥2,500 | ¥3,500 | ¥6,000 | | | | | | |

图 5.5.21　数组计算结果

## 10．MAX

用途：返回数据集中的最大数值。

语法：MAX(number1,number2,…)

参数：number1,number2,…是需要找出最大数值的 1～255 个数值。

## 11．MAXA

用途：返回数据集中的最大数值。它与 MAX 的区别在于文本值和逻辑值（如 TRUE 和 FALSE）作为数字参与计算。

语法：MAXA(value1,value2,…)

参数：value1,value2,…为需要从中查找最大数值的 1～255 个参数。

例如：如果单元格区域 A1:A4 包含 0.1、0.6、0.9 和 TRUE，则公式"=MAXA(A1:A4)"返回 1。

## 12．MEDIAN

用途：返回给定数值集合的中值（它是在一组数据中居于中间的数。换句话说，在这组数据中，有一半的数据比它大，有一半的数据比它小）。

语法：MEDIAN(number1,number2,…)

参数：number1,number2,…是需要找出中位数的 1～255 个数字参数。如果参数集合中包含偶数个数字，函数 MEDIAN 将返回位于中间的两个数的平均值。

例如：公式"=MEDIAN(1,3,5,7,9)"返回 5，公式"=MEDIAN(1,2,3,4,5,6)"返回 3.5，即 3 与 4 的平均值。

## 13．MIN

用途：返回给定参数表中的最小值。

语法：MIN(number1,number2,…)

参数：number1,number2,…是要从中找出最小值的 1～255 个数字参数。

例如：如果 A1=1，A2=2，A3=3，A4=4，A5=2，则公式"=MIN(A1:A5)"返回 1，而公

式"=MIN(A1:A5,0,-1)"返回-1。

### 14．RANK

用途：返回一个数值在一组数值中的排位（如果数据清单已经排过序了，则数值的排位就是它当前的位置）。

语法：RANK(number,ref,order)

参数：number 是需要计算其排位的一个数字。ref 是包含一组数字的数组或引用（其中的非数值型参数将被忽略）。order 为一个数字，指明排位的方式。如果 order 为 0 或省略，则按降序排列的数据清单进行排位。如果 order 不为零，则 ref 作为按升序排列的数据清单进行排位。

注意：函数 RANK 对重复数值的排位相同，但重复数的存在将影响后续数值的排位。例如，在一列整数中，若整数 10 出现两次，两个整数 10 并列排位为 2，则 11 的排位为 4（没有排位为 3 的数值）。

**【实例6】** 在某公司销售情况表中根据销售额的高低对部门进行排名，原始数据如图 5.5.22 所示。

| | A | B | C | D | E | F | G | H |
|---|---|---|---|---|---|---|---|---|
| 1 | | | | 某公司销售情况表 | | | | |
| 2 | 销售部门 | 产品名称 | 产品型号 | 折扣 | 销售单价 | 销售数量 | 销售额 | 销售额排名 |
| 3 | A部 | 彩电 | SM-5EGT | 95% | ￥2,180.50 | ￥158.00 | ￥327,293.05 | |
| 4 | B部 | 彩电 | HR-OKK1-5 | 98% | ￥2,298.00 | ￥175.00 | ￥394,107.00 | |
| 5 | C部 | 彩电 | SM-5EGT | 98% | ￥2,180.00 | ￥225.00 | ￥480,690.00 | |
| 6 | D部 | 空调 | V-1100S1. | 97% | ￥1,680.50 | ￥136.00 | ￥221,691.56 | |
| 7 | E部 | 空调 | V-1100S1. | 95% | ￥1,680.50 | ￥248.00 | ￥476,520.00 | |
| 8 | F部 | 冰箱 | HR-OKK1-5 | 98% | ￥2,300.00 | ￥234.00 | ￥527,436.00 | |
| 9 | G部 | 冰箱 | SM-5EGT | 95% | ￥2,200.00 | ￥228.00 | ￥476,520.00 | |

图 5.5.22　原始数据

具体计算步骤如下。

① 计算 A 部门的销售额排名，选中单元格 H3，插入函数 RANK，设置函数参数，结果如图 5.5.23 所示。

② 选中单元格 H3，将其公式"=RANK(G3,G3:G9)"中的参数"G3:G9"改为绝对引用，变为"=RANK(G3,$G$3:$G$9)"。向下拖动填充柄至 H9 单元格，单击弹出的"自动填充选项"按钮，选择"不带格式填充"进行公式复制，将统计出其余部门的销售额排名，如图 5.5.24 所示。

| $f_x$ | =RANK(G3,G3:G9) | |
|---|---|---|
| | G | H |
| | | |
| | 销售额 | 销售额排名 |
| | ￥327,293.05 | 6 |

图 5.5.23　计算结果

| | E | F | G | H |
|---|---|---|---|---|
| 1 | 司销售情况表 | | | |
| 2 | 销售单价 | 销售数量 | 销售额 | 销售额排名 |
| 3 | ￥2,180.50 | ￥158.00 | ￥327,293.05 | 6 |
| 4 | ￥2,298.00 | ￥175.00 | ￥394,107.00 | 5 |
| 5 | ￥2,180.00 | ￥225.00 | ￥480,690.00 | 2 |
| 6 | ￥1,680.50 | ￥136.00 | ￥221,691.56 | 7 |
| 7 | ￥1,680.50 | ￥248.00 | ￥476,520.00 | 3 |
| 8 | ￥2,300.00 | ￥234.00 | ￥527,436.00 | 1 |
| 9 | ￥2,200.00 | ￥228.00 | ￥476,520.00 | 3 |

图 5.5.24　复制计算公式

### 15．STDEV

用途：估算样本的标准偏差。它反映了数据相对于平均值的离散程度，有一定统计意义。

语法：STDEV(number1,number2,…)

参数：number1,number2,…为对应于总体样本的1～255个参数。可以使用逗号分隔的参数形式，也可使用数组，即对数组单元格的引用。

注意：STDEV 函数假设其参数是总体中的样本。如果数据是全部样本总体，则应该使用 STDEVP 函数计算标准偏差。同时，函数忽略参数中的逻辑值（TRUE 或 FALSE）和文本。如果不能忽略逻辑值和文本，应使用 STDEVA 函数。

例如：假设某次考试的成绩样本为 A1=90，A2=98，A3=94，A4=99，A5=93，则估算所有成绩标准偏差的公式为"=STDEV(A1:A5)"，其结果等于 3.70，反映出该次考试成绩的标准偏差。

### 16．VAR

用途：估算样本方差。

语法：VAR(number1,number2,…)

参数：number1,number2,…对应于与总体样本的1～255个参数。

例如：假设抽取某次考试中的 5 个分数，并将其作为随机样本，用 VAR 函数估算成绩方差，样本值为 A1=90，A2=98，A3=94，A4=99，A5=93，则公式"=VAR（A1:A5）"返回13.7。

## 5.5.5　文本函数

### 1．FIND

用途：FIND 用于查找其他文本串（within_text）内的文本串（find_text），并从 within_text 的首字符开始返回 find_text 的起始位置编号。

语法：FIND(find_text,within_text,start_num)

参数：find_text 是待查的目标文本；within_text 是包含待查找文本的源文本；start_num 指定从其开始进行查找的字符，即 within_text 中编号为 1 的字符。如果忽略 start_num，则假设其为 1。

例如：如果 A1="中国传媒大学"，则公式"=FIND("传媒",A1,1)"返回 3。

### 2．MID/MIDB

用途：MID 返回文本串中从指定位置开始的特定数目的字符，该数目由用户指定。MIDB 返回文本串中从指定位置开始的特定数目的字符，该数目由用户指定。MIDB 函数可以用于双字节字符。

语法：MID(text,start_num,num_chars)或 MIDB(text,start_num,num_bytes)

参数：text 是包含要提取字符的文本串。start_num 是文本中要提取的第一个字符的位置，文本中第一个字符的 start_num 为 1，其余类推。num_chars 指定希望 MID 从文本中返回字符的个数；num_bytes 指定希望 MIDB 从文本中按字节返回字符的个数。

例如：如果 A1="中国传媒大学"，则公式"=MID(A1,5,2)"返回"大学"，公式"=MIDB(A1,5,2)"返回"传"。

### 3. LEN/LENB

用途：LEN 返回文本串的字符数。LENB 返回文本字符串中用于代表字符的字节数。

语法：LEN(text)或 LENB(text)

参数：text 待要查找其长度的文本。

注意：函数 LEN 面向使用单字节字符集的语言，而函数 LENB 面向使用双字节字符集的语言。函数 LEN 始终将每个字符（不管是单字节还是双字节）按 1 计数。当启用支持 DBCS 的语言的编辑并将其设置为默认语言时，函数 LENB 会将每个双字节字符按 2 计数。

例如：如果 A1="中国传媒大学"，则公式"=LEN(A1)"返回 6，公式"=LENB(A1)"返回 12。

### 4. TRIM

用途：除了单词之间的单个空格外，清除文本中所有的空格。如果从其他应用程序中获得了带有不规则空格的文本，可以使用 TRIM 函数清除这些空格。

语法：TRIM(text)

参数：text 是需要清除其中空格的文本。

例如：如果 A1="□□Hello□World!□□□"（这里□表示空格），则公式"=TRIM(A1)"将删除公式中文本的前导空格和尾部空格，返回"Hello□World!"。

### 5. LOWER

用途：将一个文字串中的所有大写字母转换为小写字母。

语法：LOWER(text)

语法：text 是包含待转换字母的文字串。

注意：LOWER 函数不改变文字串中非字母的字符。LOWER 与 PROPER 和 UPPER 函数非常相似。

例如：如果 A1="Excel"，则公式"=LOWER(A1)"返回"excel"。

### 6. UPPER

用途：将文本转换成大写形式。

语法：UPPER(text)

参数：text 为需要转换成大写形式的文本，它可以是引用或文字串。

例如：公式"=UPPER("china")"返回"CHINA"。

### 7. TEXT

用途：将数值转换为按指定数字格式表示的文本。

语法：TEXT(value,format_text)

参数：value 是数值，计算结果是数值的公式，或对数值单元格的引用。format_text 是所要选用的文本型数字格式，即"设置单元格格式"对话框"数字"选项卡的"分类"列表框中显示的格式。

注意：使用"单元格格式"对话框的"数字"选项卡设置单元格格式，只会改变单元格的格式而不会影响其中的数值。使用函数 TEXT 可以将数值转换为带格式的文本，而其结果将不再作为数字参与计算。

例如：如果 A1=12345.6789，则公式"=TEXT(A1,"#,##0.00")"返回文本"12345.68"。

### 8．VALUE

用途：将表示数字的文字串转换成数字。

语法：VALUE(text)

参数：text 为带引号的文本，或对需要进行文本转换的单元格的引用。它可以是 Excel 可以识别的任意常数、日期或时间格式。如果 text 不属于上述格式，则 VALUE 函数返回错误值#value！。

注意：通常不需要在公式中使用 VALUE 函数，Excel 可以在需要时自动进行转换。VALUE 函数主要用于与其他电子表格程序兼容。

例如：结合 TEXT 函数，如果 A1=12345.6789，则公式"=VALUE(TEXT(A1,"#,##0.00"))"返回数字 12345.6789；公式=VALUE("16:48:00")−VALUE("12:00:00")返回 0.2，该序列数等于4 小时 48 分钟。

## 5.5.6 查找和引用函数

### 1．INDEX

用途：返回表格或区域中的数值或对数值的引用。函数 INDEX()有两种形式：数组和引用。数组形式通常返回数值或数值数组，引用形式通常返回引用。

语法：

INDEX(array,row_num,column_num)

返回数组中指定的单元格或单元格数组的数值。

INDEX(reference,row_num,column_num,area_num)

返回引用中指定单元格或单元格区域的引用。

参数：array 为单元格区域或数组常数。row_num 为数组中某行的行序号，函数从该行返回数值。如果省略 row_num，则必须有 column_num。column_num 是数组中某列的列序号，函数从该列返回数值。如果省略 column_num，则必须有 row_num。reference 是对一个或多个单元格区域的引用，如果为引用输入一个不连续的选定区域，则必须用括号括起来。area_num 是选择引用中的一个区域，并返回该区域中 row_num 和 column_num 的交叉区域。选中或输入的第一个区域序号为 1，第二个为 2，其余类推。如果省略 area_num，则 INDEX 函数使用区域 1。

例如：如果 A1=1，A2=2，A3=3，B1=4，B2=5，B3=6，则公式"=INDEX(A1:A3,1,1)"返回 1，公式"=INDEX((A1:A3,B1:B3),1,1,2)"返回 4。

### 2．MATCH

用途：返回在指定方式下与指定数值匹配的数组中元素的相应位置。如果需要找出匹配元素的位置而不是匹配元素本身，则应该使用 MATCH 函数。

语法：MATCH(lookup_value,lookup_array,match_type)

参数：lookup_value 为需要在数据表中查找的数值，它可以是数值、文本或逻辑值的单元格引用。lookup_array 是可能包含所要查找的数值的连续单元格区域，Lookup_array 可以是数组或数组引用。match_type 为数字-1、0 或 1，它说明 Excel 如何在 lookup_array 中查找 lookup_value。如果 match_type 为 1，则函数 MATCH 查找小于或等于 lookup_value 的最大数值。如果 match_type 为 0，则函数 MATCH 查找等于 lookup_value 的第一个数值。如果 match_type 为-1，则函数 MATCH 查找大于或等于 lookup_value 的最小数值。

注意：MATCH 函数返回 lookup_array 中目标值的位置，而不是数值本身。如果 match_type 为 0 且 lookup_value 为文本，则 lookup_value 可以包含通配符（*和?），星号可以匹配任何字符序列，问号可以匹配单个字符。

例如：如果 A1=68，A2=76，A3=85，A4=90，则公式"=MATCH(90,A1:A5,0)"返回 4。

### 3．OFFSET

用途：以指定的引用为参照系，通过给定偏移量得到新的引用。返回的引用可以是一个单元格或单元格区域，并可以指定返回的行数或列数。

语法：OFFSET(reference,rows,cols,height,width)

参数：reference 是作为偏移量参照系的引用区域，它必须是单元格或相连单元格区域的引用。rows 是相对于偏移量参照系的左上角单元格，上（下）偏移的行数。如果使用 5 作为参数 rows，则说明目标引用区域的左上角单元格比 reference 低 5 行。行数可为正数（代表在起始引用的下方）或负数（代表在起始引用的上方）。cols 是相对于偏移量参照系的左上角单元格，左/右偏移的列数。如果使用 5 作为参数 cols，则说明目标引用区域的左上角的单元格比 reference 靠右 5 列。列数可为正数（代表在起始引用的右边）或负数（代表在起始引用的左边）。height 是要返回的引用区域的行数，height 必须为正数。width 是要返回的引用区域的列数，width 必须为正数。

例如：如果 A1=68，A2=76，A3=85，A4=90，则公式"=SUM(OFFSET(A1:A2,2,0,2,1))"返回 177。

【实例7】 在学生成绩表中根据学生的学号运用 MATCH 与 OFFSET 函数查找课程成绩。如图 5.5.25 所示，在单元格 D18 中输入学号，在单元格区域 A1:I5 成绩记录中查找出该学号对应学生的数学成绩并显示在单元格 F18 中。

| | A | B | C | D | E | F | G | H | I |
|---|---|---|---|---|---|---|---|---|---|
| 1 | 学号 | 系别 | 姓名 | 数学 | 计算机 | 英语 | 总分 | 平均分 | 等级 |
| 2 | 980101 | 外语 | 张金哲 | 75 | 67 | 56 | 198 | 66 | 及格 |
| 3 | 980102 | 法律 | 李黎明 | 78 | 87 | 78 | 243 | 81 | 良好 |
| 4 | 980103 | 法律 | 张小含 | 94 | 93 | 95 | 282 | 94 | 优秀 |
| 5 | 980104 | 外语 | 周明瑜 | 85 | 65 | 54 | 204 | 68 | 及格 |
| 6 | 980107 | 戏文 | 李天 | 45 | 66 | 55 | 166 | 55 | 不及格 |
| 7 | 980109 | 历史 | 李清雅 | 67 | 76 | 77 | 220 | 73 | 及格 |
| 8 | 980112 | 影视 | 赵山伯 | 76 | 56 | 75 | 207 | 69 | 及格 |
| 9 | 980120 | 戏文 | 王青青 | 76 | 46 | 82 | 204 | 68 | 及格 |
| 10 | 980121 | 法律 | 陈星 | 74 | 84 | 93 | 251 | 84 | 良好 |
| 11 | 980122 | 外语 | 高寒 | 56 | 55 | 54 | 165 | 55 | 不及格 |
| 12 | 980123 | 历史 | 杨样 | 65 | 64 | 72 | 201 | 67 | 及格 |
| 13 | 980124 | 外语 | 孙心 | 74 | 77 | 65 | 216 | 72 | 及格 |
| 14 | 980125 | 外语 | 刘冰 | 65 | 56 | 54 | 175 | 58 | 不及格 |
| 15 | 980126 | 历史 | 李青竹 | 65 | 55 | 83 | 203 | 67 | 及格 |
| 16 | | | | | | | | | |
| 17 | | | | | | | | | |
| 18 | | | 请输入学号： | | 数学成绩： | | | | |

图 5.5.25 复制计算公式

具体计算步骤如下。

① 用 MATCH 函数实现自动查找。要自动寻找数据，就要选择寻找的方式，这里用学号来寻找，找到学号相同的就可以填入数据量。寻找的数据是学号（单元格 D18），查找的范围是单元格区域 A2:A15。查找的公式为：

　　　　=MATCH(D18,A2:A15,0)

公式的意义：在单元格区域 A1:A15 中寻找与单元格 D18 内容相同的数据，找到以后，会返回一个值，这个值是该数据在单元格区域 A1:A15 中的相对位置。参数中的 0 表示必须找到等于 D18 的数据。

假设查找学号为 980101，若公式返回 1，则表示找到了单元格区域 A2:A15 中的第一行记录。

② 用 OFFSET 函数实现自动取成绩。找到学号在单元格区域 A1:A15 中的相对位置后，就可以用 OFFSET 来定位、取成绩。OFFSET 要取成绩，首先要找一个单元格作为固定不变的坐标参考点，这里选择单元格 A1 最合适。假设查找学号为 980101，该学号对应的数学成绩就从 A1 下移一行，再右移 4 列就行了。查找公式为：

　　　　=OFFSET(A1,1,4)

最后，将 OFFSET 中的 1 用 MATCH 公式代替，得到完整的公式如下：

　　　　=OFFSET(A1,MATCH(D18,A2:A15,0),4)

## 4. ROW

用途：返回给定引用的行号。

语法：ROW(reference)

参数：reference 为需要得到其行号的单元格或单元格区域。

例如：公式"=ROW(A6)"返回 6，如果在单元格 C5 中输入公式"=ROW()"，则其计算结果为 5。

## 5. ROWS

用途：返回引用或数组的行数。

语法：ROWS(array)

参数：array 为需要得到其行数的数组、数组公式或对单元格区域的引用。

例如：公式"=ROWS(A1:A9)"返回 9，=ROWS({1,2,3;4,5,6;1,2,3})返回 3。

## 6. LOOKUP

用途：返回向量（单行区域或单列区域）或数组中的数值。该函数有两种语法形式：向量和数组。其向量形式在单行区域或单列区域（向量）中查找数值，然后返回第二个单行区域或单列区域中相同位置的数值；其数组形式在数组的第一行或第一列查找指定的数值，然后返回数组的最后一行或最后一列中相同位置的数值。

语法 1（向量形式）：LOOKUP(lookup_value，lookup_vector，result_vector)

语法 2（数组形式）：LOOKUP(lookup_value，array)

参数 1（向量形式）：lookup_value 为函数 LOOKUP 在第一个向量中所要查找的数值，lookup_value 可以为数字、文本、逻辑值或包含数值的名称或引用。lookup_vector 为只包含一行或一列的区域，lookup_vector 的数值可以为文本、数字或逻辑值。

参数 2（数组形式）：lookup_value 为函数 LOOKUP 在数组中所要查找的数值，lookup_value 可以为数字、文本、逻辑值或包含数值的名称或引用。如果函数 LOOKUP 找不到 lookup_value，则使用数组中小于或等于 lookup_value 的最大数值。array 为包含文本、数字或逻辑值的单元格区域，它的值用于与 lookup_value 进行比较。

注意：lookup_vector 的数值必须按升序排列，否则 LOOKUP 函数不能返回正确的结果；参数中的文本不区分大小写。

例如：如果 A1=68，A2=76，A3=85，A4=90，则公式"=LOOKUP(76,A1:A4)"返回 2，公式"=LOOKUP("bump",{"a",1;"b",22;"c",3})"，若查找到"b"，则返回在数组中找到的最后一列中的数值，返回 22。

### 7．VLOOKUP

用途：在表格或数值数组的首列查找指定的数值，并由此返回表格或数组当前行中指定列处的数值。当比较值位于数据表首列时，可以使用函数 VLOOKUP 代替函数 HLOOKUP。

语法：VLOOKUP(lookup_value,table_array,col_index_num,range_lookup)

参数：lookup_value 为需要在数据表第一列中查找的数值，它可以是数值、引用或文字串。table_array 为需要在其中查找数据的数据表，可以使用对区域或区域名称的引用。col_index_num 为 table_array 中待返回的匹配值的列序号。当 col_index_num 为 1 时，返回 table_array 第一列中的数值；当 col_index_num 为 2 时，返回 table_array 第二列中的数值，其余类推。range_lookup 为一个逻辑值，指明函数 VLOOKUP 返回时是精确匹配还是近似匹配。如果为 TRUE 或省略，则返回近似匹配值，也就是说，如果找不到精确匹配值，则返回小于 lookup_value 的最大数值。如果 range_value 为 FALSE，函数 VLOOKUP 将返回精确匹配值。如果找不到，则返回错误值#N/A。例如，如果单元格 A1=23，A2=45，A3=50，A4=65，则公式"=VLOOKUP(50,A1:A4,1,TRUE)"返回 50。

【实例 8】 在学生成绩表中根据学生的学号查找课程成绩。原始数据如图 5.5.26 所示，在单元格 D18 中输入学号，在 A1:I5 成绩记录中查找出该学号对应学生的数学成绩，显示在单元格 F18 中。

| | A | B | C | D | E | F | G | H | I |
|---|---|---|---|---|---|---|---|---|---|
| 1 | 学号 | 系别 | 姓名 | 数学 | 计算机 | 英语 | 总分 | 平均分 | 等级 |
| 2 | 980101 | 外语 | 张金哲 | 75 | 67 | 56 | 198 | 66 | 及格 |
| 3 | 980102 | 法律 | 李黎明 | 78 | 87 | 78 | 243 | 81 | 良好 |
| 4 | 980103 | 法律 | 张小含 | 94 | 93 | 95 | 282 | 94 | 优秀 |
| 5 | 980104 | 外语 | 周明瑜 | 85 | 65 | 54 | 204 | 68 | 及格 |
| 6 | 980107 | 戏文 | 李天 | 45 | 66 | 55 | 166 | 55 | 不及格 |
| 7 | 980109 | 历史 | 李清雅 | 67 | 76 | 77 | 220 | 73 | 及格 |
| 8 | 980112 | 影视 | 赵山伯 | 76 | 56 | 75 | 207 | 69 | 及格 |
| 9 | 980120 | 戏文 | 王青青 | 76 | 46 | 82 | 204 | 68 | 及格 |
| 10 | 980121 | 法律 | 陈星 | 74 | 84 | 93 | 251 | 84 | 良好 |
| 11 | 980122 | 外语 | 高寒 | 56 | 55 | 54 | 165 | 55 | 不及格 |
| 12 | 980123 | 历史 | 杨样 | 65 | 64 | 72 | 201 | 67 | 及格 |
| 13 | 980124 | 外语 | 孙心 | 74 | 77 | 65 | 216 | 72 | 及格 |
| 14 | 980125 | 外语 | 刘冰 | 65 | 56 | 54 | 175 | 58 | 不及格 |
| 15 | 980126 | 历史 | 李青竹 | 65 | 55 | 83 | 203 | 67 | 及格 |
| 16 | | | | | | | | | |
| 17 | | | | | | | | | |
| 18 | | | 请输入学号： | | 数学成绩： | | | | |

图 5.5.26 原始数据

具体计算步骤如下。

① 选中单元格 F18，插入函数 VLOOKUP，公式为"=VLOOKUP(D18,A2:I15,4,TRUE)"。因为 Lookup_value 参数的值为学号，输入目前暂时为空，所以公式计算结果显示错误，如

图 5.5.27 所示。

图 5.5.27　生成计算公式

　　② 在 D18 单元格中输入学号后按 Enter 键，将显示出该学号对应的数学成绩，如图 5.5.28 所示。

图 5.5.28　显示查找结果

　　需要注意的是，第 4 个参数 range_lookup，若为 FALSE 或 0，则查找精确匹配值，如果没有找到，则返回错误值 "#N/A!"；若为 TURE 或 1 或省略，则返回正确匹配值或近似值，即如果没有找到精确匹配值，则返回小于查找值的最大值，此时，要求数据区域中的第一列必须升序排序。

　　【实例 9】　按不同税率计算个人所得税。

　　个人所得税的计算公式是：个人所得税=应纳税所得额*税率-速算扣除数。其中，应纳税所得额=工资-免征额，免征额是 3500 元。速算扣除数是指采用超额累进税率计税时，简化计算应纳税额的一个数据，用快捷方法计算税款时，可以扣除的数额。原始数据如图 5.5.29 所示，左侧数据表中是工资，右侧数据表是分段税率及速算扣除数。

图 5.5.29　原始数据

分析：题目的关键是根据应纳税所得额查找出对应的税率及速算扣除数。注意，这里税率及速算扣除数是根据应纳税所得额所在的区间确定的，也就是说，不同的应纳税所得额只要位于某个特定数据范围内，对应的税率和速算扣除数是一样的。所以，根据应纳税所得额查找税率及速算扣除数就不能使用精确查找，而是应该使用近似查找。根据 VLOOKUP 函数的特点：第 4 个参数 range_lookup 设为 TURE 或 1 将返回小于查找值的最大值。可以把右侧数据表中的分段点设置为应纳税所得额区间的最小值，通过近似查找来匹配位于该区间内的不同的应纳税所得额，如图 5.5.30 所示。

| 级数 | 分段点 | 全月应纳税所得额 | 税率(%) | 速算扣除数 |
|---|---|---|---|---|
| | | 应纳个人所得税税额=应纳税所得额*适用税率-速算扣除数 | | |
| | | 税率表 | | |
| 1 | 1 | 不超过1500元的 | 3% | 0 |
| 2 | 1501 | 超过1500元至4500元的部分 | 10% | 105 |
| 3 | 4501 | 超过4500元至9000元的部分 | 20% | 555 |
| 4 | 9001 | 超过9000元至35000元的部分 | 25% | 1005 |
| 5 | 35001 | 超过35000元至55000元的部分 | 30% | 2755 |
| 6 | 55001 | 超过55000元至80000元的部分 | 35% | 5505 |
| 7 | 80001 | 超过80000元的部分 | 45% | 13505 |

图 5.5.30　设置分段点

在单元格 C4 中输入公式：

=IF(B4<=3500,0,VLOOKUP(B4-3500,F4:I10,3,1)*(B4-3500)-VLOOKUP(B4-3500,F4:I10,4,1))

当工资<=3500 时，个人所得税为 0；当工资>3500 时，工资减去 3500 得到应纳税所得额（B4-3500），根据应纳税所得额在 F4:I10 单元格区域中查找对应的税率和速算扣除数。用应纳税所得额对分段点进行的查找是近似查找：VLOOKUP(B4-3500,$F$4:$I$10,3,1)。同理，近似查找到速算扣除数：VLOOKUP(B4-3500,F4:I10,4,1)。将公式中的 F4:I10 单元格区域修改为绝对引用以实现向下的公式复制：

=IF(B4<=3500,0,VLOOKUP(B4-3500,$F$4:$I$10,3,1)*(B4-3500)-
VLOOKUP(B4-3500,$F$4:$I$10,4,1))

最终计算结果如图 5.5.31 所示。

| 姓名 | 工资 | 个人所得税 | | 级数 | 分段点 | 全月应纳税所得额 | 税率(%) | 速算扣除数 |
|---|---|---|---|---|---|---|---|---|
| | 工资统计表 | | | | | 应纳个人所得税税额=应纳税所得额*适用税率-速算扣除数 | | |
| | | | | | | 税率表 | | |
| 张强 | 3150 | 0 | | 1 | 1 | 不超过1500元的 | 3% | 0 |
| 李明 | 4680 | 35.4 | | 2 | 1501 | 超过1500元至4500元的部分 | 10% | 105 |
| 王群 | 5250 | 70 | | 3 | 4501 | 超过4500元至9000元的部分 | 20% | 555 |
| 赵亮 | 7800 | 325 | | 4 | 9001 | 超过9000元至35000元的部分 | 25% | 1005 |
| 冯奇 | 8600 | 465 | | 5 | 35001 | 超过35000元至55000元的部分 | 30% | 2755 |
| 刘伟 | 9600 | 665 | | 6 | 55001 | 超过55000元至80000元的部分 | 35% | 5505 |
| 谢洪 | 10300 | 805 | | 7 | 80001 | 超过80000元的部分 | 45% | 13505 |
| 刘丽 | 19950 | 3107.5 | | | | | | |

图 5.5.31　最终所得税计算结果

### 5.5.7　财务函数

#### 1．FV

用途：基于固定利率及等额分期付款方式，返回某项投资的未来值。

语法：FV(rate,nper,pmt,pv,type)

参数：rate 为各期利率，nper 为总投资期（即该项投资的付款期总数），pmt 为各期所应支付的金额，pv 为现值（即从该项投资开始计算时已经入账的款项，或一系列未来付款的当前值的累积和，也称为本金），type 为数字 1 或 0（1 为期初，0 为期末）。

例如：公式"=FV(2.25%/12,24,–2000,0)"中的 4 个参数：2.25%/12 为利率 e，24 表示存24 个月，–2000 表示每期付 2000 元给银行，0 表示期初结算，结果为 49 049.37 元，表示两年后连本带息有 49 049.37 元。

#### 2．IPMT

用途：基于固定利率及等额分期付款方式，返回投资或贷款在某一给定期限内的利息偿还额。

语法：IPMT(rate,per,nper,pv,fv,type)

参数：rate 为各期利率，per 用于计算其利息数额的期数（介于 1 到 nper 之间），nper 为总投资期，pv 为现值（本金），fv 为未来值（最后一次付款后的现金余额，如果省略 fv，则假设其值为零），type 指定各期的付款时间是在期初还是期末（1 为期初，0 为期末）。

#### 3．PMT

用途：基于固定利率及等额分期付款方式，返回贷款的每期付款额。

语法：PMT(rate,nper,pv,fv,type)

参数：rate 贷款利率，nper 该项贷款的付款总数，pv 为现值（也称为本金），fv 为未来值（或最后一次付款后希望得到的现金余额），type 指定各期的付款时间是在期初还是期末（1为期初，0 为期末）。

#### 4．PPMT

用途：基于固定利率及等额分期付款方式，返回投资在某一给定期间内的本金偿还额。

语法：PPMT(rate,per,nper,pv,fv,type)

参数：rate 为各期利率，per 用于计算其本金数额的期数（介于 1 到 nper 之间），nper 为总投资期（该项投资的付款期总数），pv 为现值（也称为本金），fv 为未来值，type 指定各期的付款时间是在期初还是期末（1 为期初，0 为期末）。

【实例 10】　财务函数应用。

若向银行贷款 400 000 元，年利率为 4.05%，计划在 20 年内还清，计算每年的还款额以及历年应还的本金、利息各是多少？原始数据如图 5.5.32 所示。

具体计算步骤如下。

① 计算每年本息合计还款额，选中单元格 F14，输入公式"=PMT(F11,F12,F10)"，公式中的 F11 为年利率，F12 为还款年限，F10 为贷款额，因为还款是向外付出，所以显示为负

数，结果如图 5.5.33 所示。

| ▲ | A | B | C | D | E | F |
|---|---|---|---|---|---|---|
| 1 | 第1年利息 | | 第1年还本金 | | 第1年本息合计 | |
| 2 | 第2年利息 | | 第2年还本金 | | 第2年本息合计 | |
| 3 | 第3年利息 | | 第3年还本金 | | 第3年本息合计 | |
| 4 | 第4年利息 | | 第4年还本金 | | 第4年本息合计 | |
| 5 | 第5年利息 | | 第5年还本金 | | ... | |
| 6 | 第6年利息 | | 第6年还本金 | | | |
| 7 | 第7年利息 | | 第7年还本金 | | | |
| 8 | 第8年利息 | | 第8年还本金 | | | |
| 9 | 第9年利息 | | 第9年还本金 | | 银行贷款计算器 | |
| 10 | 第10年利息 | | 第10年还本金 | | 贷款额(元) | ¥400,000.00 |
| 11 | 第11年利息 | | 第11年还本金 | | 年利率 | 4.05% |
| 12 | 第12年利息 | | 第12年还本金 | | 还款年限（年） | 20 |
| 13 | 第13年利息 | | 第13年还本金 | | | |
| 14 | 第14年利息 | | 第14年还本金 | | 每年本息合计PMT | |
| 15 | 第15年利息 | | 第15年还本金 | | | |
| 16 | 第16年利息 | | 第16年还本金 | | | |
| 17 | 第17年利息 | | 第17年还本金 | | | |
| 18 | 第18年利息 | | 第18年还本金 | | | |
| 19 | 第19年利息 | | 第19年还本金 | | | |
| 20 | 第20年利息 | | 第20年还本金 | | | |

图 5.5.32　原始数据

图 5.5.33　计算结果 1

② 计算每年应还的本金、利息。选中单元格 B1，输入公式"=IPMT(F11,1,F12,F10)"，公式中的 F11 为年利率，1 表示第 1 年，F12 为还款年限，F10 为贷款额，因为利息是向外付出，所以显示为负数，结果如图 5.5.34 所示。

| B1 | | | | fx | =IPMT(F11,1,F12,F10) | |
|---|---|---|---|---|---|---|
| ▲ | A | B | | C | | D |
| 1 | 第1年利息 | ¥-16,200.00 | | 第1年还本金 | | |

图 5.5.34　计算结果 2

计算第 2 年的利息，方法相同，将公式中的参数 per 设置为 2 即可，其余不变。以后每年的利息计算方法类推。

③ 计算第 1 年的应还本金，选中单元格 D1，输入公式"=PPMT(F11,1,F12,F10)"，公式中的 F11 为年利率，1 表示第 1 年，F12 为还款年限，F10 为贷款额，因为本金是向外付出，所以也显示为负数，结果如图 5.5.35 所示。

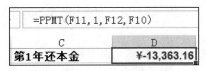

图 5.5.35　计算结果 3

计算第 2 年的本金方法相同，将公式中的参数 per 设置为 2 即可，其余不变。以后每年的本金计算方法类推。

④ 选中单元格 F1，输入公式"=B1+D1"，将第 1 年的应还利息和本金加起来，计算出第 1 年应还银行的本息合计，发现得到的结果和通过 PMT 函数计算得到的结果相同。

## 5.5.8　数据库函数

Excel 提供的数据库函数与统计函数功能类似，不同之处在于数据库函数必须要在指定的判断依据下使用这些函数，同时在使用数据库函数之前，必须还要指定数据库函数的判断范围。

数据库函数名称的特点是，函数名前都有一个字母"D"。函数的统一名称为 Dfunctions，每个函数均有 3 个相同的参数：database、field 和 criteria。这些参数指向数据库函数所使用的工作表区域。格式为：Dfunctions(database,field,criteria)。其中，参数 database 是构成数据清单或数据库（相关概念参见前面章节）的单元格区域，包含字段名行。参数 field 是函数要计算的数据列，数据清单中的数据列必须在第一行具有标志项，参数 field 可以是文本，即两端带引号的标志项，field 也可以是代表数据清单中数据列位置的数字序号。参数 criteria 是条件区域，是对一组单元格区域的引用，它至少包含一个列标志和列标志下方用于设定条件的单元格。设置的条件可以包含多行和多列。位于不同行的多个条件之间是"或者"的关系，而位于同行不同列的多个条件之间是"并且"的关系。

### 1．DAVERAGE

用途：返回数据库或数据清单中满足指定条件的列中数值的平均值。

语法：DAVERAGE(database,field,criteria)

参数：database 构成列表或数据库的单元格区域。field 指定函数所使用的数据列。criteria 为一组包含给定条件的单元格区域。

【实例 11】　计算不同条件下学生平均成绩，原始数据如图 5.5.36 所示，完成下列计算：

| | A | B | C | D | E | F | G | H | I |
|---|---|---|---|---|---|---|---|---|---|
| 1 | 学生成绩表 | | | | | | | | |
| 2 | 系别 | 学号 | 姓名 | 出生年月日 | 性别 | 数学 | 计算机 | 英语 | 等级 |
| 3 | 法律 | 980102 | 张小含 | 1997/3/2 | 女 | 65 | 56 | 82 | 及格 |
| 4 | 法律 | 980126 | 李黎明 | 1994/8/6 | 男 | 74 | 77 | 54 | 及格 |
| 5 | 历史 | 980103 | 张金哲 | 1998/5/1 | 男 | 45 | 66 | 78 | 及格 |
| 6 | 历史 | 980104 | 周明瑜 | 1997/2/18 | 女 | 74 | 84 | 56 | 及格 |
| 7 | 历史 | 980109 | 李清雅 | 1996/6/2 | 女 | 56 | 55 | 95 | 及格 |
| 8 | 法律 | 980124 | 李天 | 1996/7/7 | 男 | 65 | 55 | 77 | 及格 |
| 9 | 外语 | 980101 | 赵山伯 | 1997/4/3 | 男 | 94 | 67 | 54 | 及格 |
| 10 | 外语 | 980121 | 王青青 | 1997/5/31 | 女 | 76 | 46 | 65 | 及格 |
| 11 | 戏文 | 980111 | 陈星 | 1997/7/5 | 男 | 86 | 78 | 98 | 良好 |
| 12 | 戏文 | 980120 | 高寨 | 1996/11/11 | 女 | 94 | 93 | 75 | 良好 |
| 13 | 戏文 | 980122 | 杨祥 | 1997/3/2 | 男 | 67 | 76 | 83 | 及格 |
| 14 | 戏文 | 980125 | 孙心 | 1997/8/12 | 女 | 85 | 65 | 82 | 及格 |
| 15 | 影视 | 980112 | 刘冰 | 1997/3/2 | 男 | 75 | 87 | 55 | 及格 |
| 16 | 影视 | 980112 | 李青 | 1996/6/4 | 男 | 76 | 56 | 54 | 及格 |
| 17 | 影视 | 980123 | 孙宁 | 1996/6/2 | 男 | 65 | 64 | 93 | 及格 |

图 5.5.36　原始数据

（1）求法律系学生的数学平均成绩；

（2）求法律系男生的数学平均成绩；

（3）求法律系和外语系的数学平均成绩。

具体计算步骤如下。

① 计算法律系学生的数学平均成绩。问题的关键是要根据要求建立条件区域：系别为"法律"。在单元格 A19 中输入列标志"系别"，在列标志下方的单元格 A20 中输入设定条件"法律"，如图 5.5.37 所示。

图 5.5.37　建立条件区域 1

在单元格 B23 中计算法律系学生的数学平均成绩，输入函数 DAVERAGE，公式为"=DAVERAGE(A2:I17,F2,A19:A20)"，计算结果如图 5.5.38 所示。

图 5.5.38　计算结果 1

② 计算法律系男生的数学平均成绩。问题的关键同样是建立条件区域：系别为"法律"并且性别为"男"。因为需要同时满足系别为"法律"，并且性别为"男"的两个条件，所以在第一步建立的条件区域基础上增加性别条件：在单元格 B19 中输入列标志"性别"，在列标志下方的单元格 B20 中输入设定条件"男"，如图 5.5.39 所示。

|  | A | B |
|---|---|---|
| 19 | 系别 | 性别 |
| 20 | 法律 | 男 |

图 5.5.39　建立条件区域 2

在单元格 B24 中计算法律系男生的数学平均成绩，输入 DAVERAGE 函数，公式为"=DAVERAGE(A2:I17,F2,A19:B20)"，计算结果如图 5.5.40 所示。

图 5.5.40　计算结果 2

③ 计算法律系和外语系的数学平均成绩。问题的关键同样是建立条件区域：系别为"法

律"或者"外语"。

求法律系和外语系的数学平均成绩,需要统计两个系别的学生成绩,或者是法律系或者是外语系,所以这两个条件之间是"或"的关系,所以应该分两行来写。在单元格 C19 中输入"系别",在单元格 C20 中输入"外语",在单元格 C21 中输入"法律",如图 5.5.41 所示。

图 5.5.41　建立条件区域 3

在单元格 B25 中计算法律系和外语系的数学平均成绩,输入 DAVERAGE 函数,公式为:"=DAVERAGE(A2:I17,F2,C19:C21)",计算结果如图 5.5.42 所示。

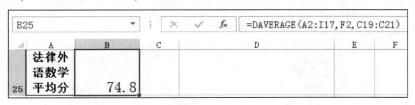

图 5.5.42　计算结果 3

实际上,也可以建立如图 5.5.43 所示的条件区域,效果和上面的做法是一样的。

图 5.5.43　另一种建立条件区域的方法

## 2．DCOUNT

用途:返回数据库或数据清单的指定字段中满足给定条件并且包含数字的单元格数目。

语法:DCOUNT(database,field,criteria)

参数:database 构成列表或数据库的单元格区域。field 指定函数所使用的数据列。criteria 为一组包含给定条件的单元格区域。

【实例 12】　统计学生成绩表不同条件下的人数,原始数据如图 5.5.44 所示,完成下列计算:

(1)求法律系的人数;

(2)求数学成绩在 70~80 分之间的人数。

具体计算步骤如下。

① 计算法律系的人数。问题的关键是要根据要求建立条件区域:系别为"法律"。

在单元格 H19 中输入列标志"系别",在列标志下方单元格 H20 中输入设定条件"法律",如图 5.5.45 所示。

在单元格 H23 中计算法律系的人数,使用函数 DCOUNT,计算公式为"=DCOUNT(A2:I17,F2,H19:H20)"。其中,第二个参数 F2 也可以是任何其他数值类型的字段。

| | A | B | C | D | E | F | G | H | I |
|---|---|---|---|---|---|---|---|---|---|
| 1 | | | | 学生成绩表 | | | | | |
| 2 | 系别 | 学号 | 姓名 | 出生年月日 | 性别 | 数学 | 计算机 | 英语 | 等级 |
| 3 | 法律 | 980102 | 张小含 | 1997/3/2 | 女 | 65 | 56 | 82 | 及格 |
| 4 | 法律 | 980126 | 李黎明 | 1994/8/6 | 男 | 74 | 77 | 54 | 及格 |
| 5 | 历史 | 980103 | 张金哲 | 1998/5/1 | 男 | 45 | 66 | 78 | 及格 |
| 6 | 历史 | 980104 | 周明瑜 | 1997/2/18 | 女 | 74 | 84 | 56 | 及格 |
| 7 | 历史 | 980109 | 李清雅 | 1996/6/2 | 女 | 56 | 55 | 95 | 及格 |
| 8 | 法律 | 980124 | 李天 | 1996/7/7 | 男 | 65 | 55 | 77 | 及格 |

图 5.5.44　原始数据

② 计算数学成绩在 70～80 分之间的人数。问题的关键同样是建立条件区域："数学>=70 并且数学<80"。

因为数学成绩需要同时满足 ">=70" 和 "<80" 两个条件，所以在建立条件区域时应该将这两个条件放在同一行中。在单元格 I19 中输入列标志 "数学"，在列标志下方单元格 I20 中输入设定条件 ">=70"。同时，在旁边的单元格 J19 中输入列标志 "数学"，在列标志下方单元格 J20 中输入设定条件 "<80"，如图 5.5.46 所示。

图 5.5.45　建立条件区域 1

图 5.5.46　建立条件区域 2

在单元格 H24 中计算数学成绩在 70～80 分之间的人数，计算公式为 "=DCOUNT(A2:I17,F2,I19:J20)"。

### 3. DSUM

用途：返回数据清单或数据库的指定列中满足给定条件的单元格中的数字之和。

语法：DSUM(database,field,criteria)

参数：同上

【实例 13】　统计不同条件下的总销售额，原始数据如图 5.5.47 所示，完成如下计算：

| | A | B | C | D | E | F | G |
|---|---|---|---|---|---|---|---|
| 1 | 华联连锁超市业绩表 | | | | | | |
| 2 | 地区 | 店面 | 商品 | 季度 | 销售额 | | |
| 3 | 北京 | NO.1 | 食品 | 1季度 | 35000 | | |
| 4 | 北京 | NO.1 | 日用品 | 1季度 | 32100 | | |
| 5 | 北京 | NO.1 | 日用品 | 4季度 | 63000 | | |
| 6 | 北京 | NO.1 | 食品 | 2季度 | 76000 | | |
| 7 | 北京 | NO.1 | 食品 | 2季度 | 19500 | | |
| 8 | 北京 | NO.2 | 食品 | 3季度 | 26540 | | |
| 9 | 北京 | NO.2 | 食品 | 4季度 | 73400 | | |
| 10 | 北京 | NO.2 | 食品 | 4季度 | 39200 | | 北京地区总销售额 |
| 11 | 广州 | NO.4 | 日用品 | 1季度 | 49700 | | 北京地区一店销售额 |
| 12 | 广州 | NO.4 | 食品 | 1季度 | 54300 | | 北京地区上半年的总销售额 |
| 13 | 上海 | NO.3 | 日用品 | 2季度 | 65000 | | |
| 14 | 上海 | NO.3 | 日用品 | 4季度 | 28100 | | |
| 15 | 上海 | NO.3 | 食品 | 3季度 | 32800 | | |
| 16 | 上海 | NO.3 | 食品 | 3季度 | 14100 | | |
| 17 | 上海 | NO.4 | 日用品 | 2季度 | 48200 | | |
| 18 | 上海 | NO.4 | 日用品 | 2季度 | 45670 | | |

图 5.5.47　原始数据

（1）求北京地区总销售额；

（2）求北京地区一店的总销售额；

（3）求北京地区上半年的总销售额。

具体计算步骤如下。

① 计算北京地区总销售额。问题的关键是要根据要求建立条件区域：地区-北京。

在单元格 G2 中输入列标志"地区"，在列标志下方单元格 G3 中输入设定条件"北京"，如图 5.5.48 所示。

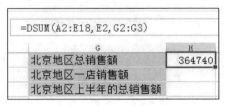

图 5.5.48　建立条件区域 1

选中单元格 H10，输入函数 DSUM，公式为"=DSUM(A2:E18,E2,G2:G3)"，计算结果如图 5.5.49 所示。

=DSUM(A2:E18,E2,G2:G3)

| G | H |
| --- | --- |
| 北京地区总销售额 | 364740 |
| 北京地区一店销售额 | |
| 北京地区上半年的总销售额 | |

图 5.5.49　计算结果 1

② 计算北京地区一店面的总销售额。问题的关键同样是建立条件区域：地区-北京，店面：NO.1。

因为需要同时满足地区为"北京"，且店面为"一店"的两个条件，所以在前面建立的条件区域基础上增加店面条件：在单元格 H2 中输入列标志"店面"，在列标志下方单元格 H3 中输入用于的设定条件"NO.1"，如图 5.5.50 所示。

| | C | D | E | F | G | H |
| --- | --- | --- | --- | --- | --- | --- |
| 1 | 光连锁超市业绩表 | | | | | |
| 2 | 商品 | 季度 | 销售额 | | 地区 | 店面 |
| 3 | 食品 | 1季度 | 35000 | | 北京 | NO.1 |
| 4 | 日用品 | 1季度 | 32100 | | | |

图 5.5.50　建立条件区域 2

选中单元格 H11，输入函数 DSUM，公式为"=DSUM(A2:E18,E2,G2:H3)"，计算结果如图 5.5.51 所示。

fx　=DSUM(A2:E18,E2,G2:H3)

| F | G | H |
| --- | --- | --- |
| | 北京地区总销售额 | 364740 |
| | 北京地区一店总销售额 | 225600 |
| | 北京地区上半年的总销售额 | |

图 5.5.51　计算结果 2

③ 计算北京地区上半年的总销售额。问题的关键同样是建立条件区域：地区-北京，季度：1 季度或者 2 季度。

这里需要同时满足地区为"北京"，且销售时间为"上半年"两个条件，所以这两个条件放在一行。在单元格 G4 中输入列标志"地区"，在列标志下方单元格 G5 中输入设定条件"北京"。在单元格 H4 中输入列标志"季度"，在列标志下方单元格 H5 中输入设定条件"1季度"。第二个条件中要求是上半年的销售额，所以可以是 1 季度和 2 季度这两个季度的数据，这两个条件之间是"或者"的关系，所以应该分两列来写。在单元格 G6 中输入"北京"，在单元格 H6 中输入"2 季度"，如图 5.5.52 所示。

| | C | D | E | F | G | H |
|---|---|---|---|---|---|---|
| 4 | 日用品 | 1季度 | 32100 | | 地区 | 季度 |
| 5 | 日用品 | 4季度 | 63000 | | 北京 | 1季度 |
| 6 | 食品 | 2季度 | 76000 | | 北京 | 2季度 |

图 5.5.52　建立条件区域 3

选中单元格 H12，输入函数 DSUM，公式为"=DSUM(A2:E18,E2,G4:H6)"，计算结果如图 5.5.53 所示。

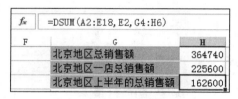

| $f_x$ | =DSUM(A2:E18,E2,G4:H6) | |
|---|---|---|
| F | G | H |
| | 北京地区总销售额 | 364740 |
| | 北京地区一店总销售额 | 225600 |
| | 北京地区上半年的总销售额 | 162600 |

图 5.5.53　计算结果 3

## 5.5.9　日期时间函数

### 1．DATE

用途：返回代表特定日期的序列值。

语法：DATE(year,month,day)

参数：year 为 1～4 位，根据使用的日期系统解释该参数。在默认情况下，在 Windows 下使用 1900 日期系统，而在 Macintosh 下使用 1904 日期系统。month 代表每年中月份的数字。如果所输入的月份大于 12，将从指定年份的 1 月份开始执行加法运算。day 代表在该月份中第几天的数字。如果 day 大于该月份的最大天数，将从指定月份的第一天开始往上累加。

注意：Excel 按顺序的序列号保存日期，这样就可以对其进行计算。如果工作簿使用的是 1900 日期系统，则 Excel 会将 1900 年 1 月 1 日保存为序列号 1。同理，会将 1998 年 1 月 1 日保存为序列号 35796，因为该日期距离 1900 年 1 月 1 日为 35795 天。

例如：如果采用 1900 日期系统（Excel 默认），则公式"=DATE(2001,1,1)"返回 36892。

### 2．DATEVALUE

用途：返回 date_text 所表示的日期的序列号。该函数的主要用途是将文字表示的日期转换成一个序列号。

语法：DATEVALUE(date_text)

参数：date_text 是用 Excel 日期格式表示日期的文本。在使用 1900 日期系统中，date_text 必须是 1900 年 1 月 1 日到 9999 年 12 月 31 日之间的一个日期；而在 1904 日期系统中，date_text 必须是 1904 年 1 月 1 日到 9999 年 12 月 31 日之间的一个日期。如果 date_text 超出上述范围，则函数 DATEVALUE 返回错误值#VALUE！。如果省略参数 date_text 中的年代，则函数 DATEVALUE 使用计算机系统内部时钟的当前年代，且 date_text 中的时间信息将被忽略。

例如：公式"=DATEVALUE("2001/3/5")"返回 36955，公式"=DATEVALUE("2-26")"返回 36948。

### 3．DAY

用途：返回用序列号（整数 1～31）表示的某日期的天数，用整数 1～31 表示。

语法：DAY(serial_number)

参数：serial_number 是要查找的天数日期，它有多种输入方式：带引号的文本串（如"1998/01/30"）、序列号（如 1900 日期系统的 35825 表示的 1998 年 1 月 30 日），以及其他公式或函数的结果（如 DATEVALUE("1998/1/30")）。

例如：公式"=DAY("2001/1/27")"返回 27，公式"=DAY(35825)"返回 30，公式"=DAY (DATEVALUE("2001/1/25"))"返回 25。

### 4．HOUR

用途：返回时间值的小时数。即介于 0（12:00 AM）～23（11:00 PM）之间的一个整数。

语法：HOUR(serial_number)

参数：serial_number 表示一个时间值，其中包含要返回的小时数。它有多种输入方式：带引号的文本串（如"6:45 PM"）、十进制数（如 0.78125 表示 6:45 PM）或其他公式或函数的结果（如 TIMEVALUE("6:45 PM")）。

例如：公式"=HOUR("3:30:30 PM")"返回 15，公式"=HOUR(0.5)"返回 12 即 12:00:00 AM，公式"=HOUR(29747.7)"返回 16。

### 5．MINUTE

用途：返回时间值中的分钟，它是介于 0～59 之间的一个整数。

语法：MINUTE(serial_number)

参数：serial_number 是一个时间值，其中包含要查找的分钟数。时间有多种输入方式：带引号的文本串（如"6:45 PM"）、十进制数（如 0.78125 表示 6:45 PM）或其他公式或函数的结果（如 TIMEVALUE("6:45 PM")）。

例如：公式"=MINUTE("15:30:00")"返回 30，公式"=MINUTE(0.06)"返回 26，公式"=MINUTE(TIMEVALUE("9:45 PM"))"返回 45。

### 6．MONTH

用途：返回以序列号表示的日期中的月份，它是介于 1（1 月）～12（12 月）之间的整数。

语法：MONTH(serial_number)

参数：serial_number 表示一个日期值，其中包含要查找的月份。日期有多种输入方式：带引号的文本串（如"1998/01/30"）、序列号（如表示 1998 年 1 月 30 日的 35825）或其他公式或函数的结果（如 DATEVALUE("1998/1/30")）等。

例如：公式"=MONTH("2001/02/24")"返回 2，公式"=MONTH(35825)"返回 1，公式"=MONTH(DATEVALUE("2000/6/30"))"返回 6。

### 7．NETWORKDAYS

用途：返回参数 start-data 和 end-data 之间完整的工作日（不包括周末和专门指定的假期）数值。

语法：NETWORKDAYS(start_date,end_date,holidays)

参数：start_date 为开始日期。end_date 为终止日。holidays 表示不在工作日历中的一个或多个日期所构成的可选区域，法定假日以及其他非法定假日。

例如：项目开始日期为 2007-5-6，项目终止日期为 2008-11-1，其中假日为 2007-10-1，则公式"=NETWORKDAYS("2007-5-6","2008-11-1")"表示项目开始日期和终止日期之间工作日的数值：390，公式"=NETWORKDAYS("2007-5-6","2008-11-1","2007-10-1")"表示项目开始日期和终止日期之间工作日的数值但不包括第一个假日：389。

## 5.6  公式审核

为了确保数据准确无误，对公式进行审核是十分重要的，Excel 提供了许多强大而又方便的功能。

### 5.6.1  了解错误类型

在实际应用中，常出现的错误主要有：在公式中除数为零，或者除数为空白单元格（Excel 把空白单元格也当作 0）；在公式中使用查找功能的函数（如 VLOOKUP、HLOOKUP、LOOKUP 等）时，找不到匹配的值；在公式中使用 Excel 无法识别的文本，例如函数的名称拼写错误，使用了没有被定义的区域或单元格名称，引用文本时没有加引号等；文本类型的数据参与数值运算，函数参数的数值类型不正确；函数的参数本应该是单一值，却提供了一个区域作为参数；输入一个数组公式时，忘记按 Ctrl+Shift+Enter 组合键；使用不正确的区域运算符或引用的单元格区域的交集为空等。

Excel 会根据出现的错误给出信息提示，了解这些错误信息的含义可以帮助用户修改公式，得出正确的结果。表 5.6.1 列出了 Excel 中的公式的错误值及其含义。

**表 5.6.1  Excel 中公式的错误值及其含义**

| 错　误　值 | 含　　义 |
| --- | --- |
| #####! | 如果单元格中所包含的数字、日期或时间比单元格宽，或者单元格的日期时间公式产生了一个负值，就会产生#####!错误 |
| #VALUE! | 当使用错误的参数或运算对象类型时，或者当公式自动更正功能不能更正公式时，将产生错误值#VALUE! |
| #NAME? | 在公式中使用 Excel 不能识别的文本时将产生错误值#NAME? |
| #DIV/0! | 当公式中用零作为除数时，将会产生错误值#DIV/0! |
| #N/A | 当在函数或公式中没有可用数值时，将产生错误值#N/A |

| 错 误 值 | 含 义 |
|---|---|
| #REF! | 当单元格引用无效时，将产生错误值#REF! |
| #NUM! | 当公式或函数中某个参数有问题时，将产生错误值#NUM! |
| #NULL! | 当试图为两个并不相交的区域指定交叉点时，将产生错误值#NULL! |

## 5.6.2 追踪公式单元格

Excel 中可以使用箭头标出单元格之间的引用关系。追踪单元格就是使用箭头将单元格与该单元格有引用关系的单元格连接起来，以便查看单元格之间的引用关系，便于查找公式的来龙去脉。

引用关系包含"引用"和"从属"两个概念。因而，追踪包括追踪引用单元格和追踪从属单元格两种。

引用单元格是指被其他单元格中的公式引用的单元格。如图 5.6.1 中所示，单元格 F3 中的公式为"=D3*E3"，则单元格 D3 和单元格 E3 就是单元格 F3 的引用单元格。从属单元格是其中包含引用其他单元格的公式的单元格。单元格 F3 就是单元格 D3 和单元格 E3 的从属单元格。

| ▲ | A | B | C | D | E | F |
|---|---|---|---|---|---|---|
| 1 | | | 订书单 | | | |
| 2 | 订书单位代码 | 订书单位名称 | 图书编码 | 图书单价 | 订购数量 | 订书总额 |
| 3 | 1 | 远方电子工业学院 | BN542 | 43 | 2300 | 98900 |
| 4 | 2 | 南方财经学院 | BN212 | 32 | 2000 | 64000 |
| 5 | 3 | 北经贸大学 | BN232 | 53 | 2500 | 132500 |
| 6 | 4 | 北经贸大学 | BN312 | 22 | 2500 | 55000 |
| 7 | 5 | 东德州学院 | BN324 | 43 | 2500 | 107500 |
| 8 | 6 | 东方商学院 | BN542 | 31 | 1000 | 31000 |
| 9 | 7 | 西北师范学院 | BN311 | 67 | 800 | 53600 |
| 10 | 8 | 南滨州医学院 | BN312 | 43 | 2800 | 120400 |
| 11 | 9 | 计量学院 | BN303 | 88 | 1400 | 123200 |
| 12 | 10 | 农林学院 | BN214 | 33 | 2500 | 82500 |
| 13 | | | | | | |
| 14 | | | | | 合计 | 868600 |
| 15 | | | | | 平均 | 86860 |

图 5.6.1　查看从属单元格

选择单元格 F3，单击"公式"选项卡 | "公式审核"组 | "追踪引用单元格"按钮，如图 5.6.2 所示。

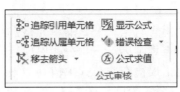

图 5.6.2　"公式审核"组

将会出现从单元格 D3 和单元格 E3 指向单元格 F3 的箭头，如图 5.6.3 所示。此时找出该公式所引用的单元格，并用纯蓝色的追踪线连接公式所在的活动单元格与引用单元格，线的末端为指向公式的箭头。

单元格 F14 是订书总额的合计，公式为=SUM(F3:F12)，引用了单元格 F3；单元格 F15 是订书总额的平均值，公式为=F14/COUNT(E3:E12)，引用了单元格 F14。

| | A | B | C | D | E | F |
|---|---|---|---|---|---|---|
| 1 | 订书单 | | | | | |
| 2 | 订书单位代码 | 订书单位名称 | 图书编码 | 图书单价 | 订购数量 | 订书总额 |
| 3 | 1 | 远方电子工业学院 | BN542 | 43 | 2300 | 98900 |
| 4 | 2 | 南方财经学院 | BN212 | 32 | 2000 | 64000 |
| 5 | 3 | 北经贸大学 | BN232 | 53 | 2500 | 132500 |
| 6 | 4 | 北经贸大学 | BN312 | 22 | 2500 | 55000 |
| 7 | 5 | 东德州学院 | BN324 | 43 | 2500 | 107500 |
| 8 | 6 | 东方商学院 | BN542 | 31 | 1000 | 31000 |
| 9 | 7 | 西北师范学院 | BN311 | 67 | 800 | 53600 |
| 10 | 8 | 南滨州医学院 | BN312 | 43 | 2800 | 120400 |
| 11 | 9 | 计量学院 | BN303 | 88 | 1400 | 123200 |
| 12 | 10 | 农林学院 | BN214 | 33 | 2500 | 82500 |
| 13 | | | | | | |
| 14 | | | | | 合计 | 868600 |
| 15 | | | | | 平均 | 86860 |

图 5.6.3　追踪引用单元格的箭头

选择单元格 F3，单击"公式"选项卡|"公式审核"组|"追踪从属单元格"按钮，则会出现从单元格 F3 指向单元格 F14 的箭头，再次单击"追踪从属单元格"按钮又会新出现一个从单元格 F14 指向单元格 F15 的箭头，指明单元格 F3 被单元格 F14 引用，而单元格 F14 又被单元格 F15 引用，如图 5.6.4 所示。

| | A | B | C | D | E | F |
|---|---|---|---|---|---|---|
| 1 | 订书单 | | | | | |
| 2 | 订书单位代码 | 订书单位名称 | 图书编码 | 图书单价 | 订购数量 | 订书总额 |
| 3 | 1 | 远方电子工业学院 | BN542 | 43 | 2300 | 98900 |
| 4 | 2 | 南方财经学院 | BN212 | 32 | 2000 | 64000 |
| 5 | 3 | 北经贸大学 | BN232 | 53 | 2500 | 132500 |
| 6 | 4 | 北经贸大学 | BN312 | 22 | 2500 | 55000 |
| 7 | 5 | 东德州学院 | BN324 | 43 | 2500 | 107500 |
| 8 | 6 | 东方商学院 | BN542 | 31 | 1000 | 31000 |
| 9 | 7 | 西北师范学院 | BN311 | 67 | 800 | 53600 |
| 10 | 8 | 南滨州医学院 | BN312 | 43 | 2800 | 120400 |
| 11 | 9 | 计量学院 | BN303 | 88 | 1400 | 123200 |
| 12 | 10 | 农林学院 | BN214 | 33 | 2500 | 82500 |
| 13 | | | | | | |
| 14 | | | | | 合计 | 868600 |
| 15 | | | | | 平均 | 86860 |

图 5.6.4　追踪从属单元格的箭头

要移去追踪箭头，单击"公式"选项卡|"公式审核"组|"移去箭头"按钮即可。

## 5.6.3　错误检查

错误检查功能可以自动检查出含有错误公式的单元格，并显示公式出错的原因，以便用户手动改错。当用户启用错误检查规则后，一旦公式出现错误，单元格左上角将会显示出一个智能标签，此时用户可以使用错误检查或公式求值功能来迅速找到错误并改正。

以图 5.6.5 为例，选中有错误公式的单元格 F15，会在旁边出现智能标签，单击该按签可以得到该错误的名称，也可以选择"关于此错误的帮助"命令来打开错误的帮助信息，选择"显示计算步骤"命令将打开"公式求值"对话框，选择"忽略错误"命令可以忽略此错误。

选中有错误公式的单元格 F15 后，单击"公式"选项卡|"公式审核"组|"错误检查"按钮，弹出"错误检查"对话框，如图 5.6.6 所示。在左侧可看见公式出错的原因，明确出错原因后在右侧单击"在编辑栏中编辑"按钮可以返回 Excel 工作表，在编辑栏中修正错误，然后在"错误检查"对话框中单击"继续"按钮，完成对整个工作表的错误检查。

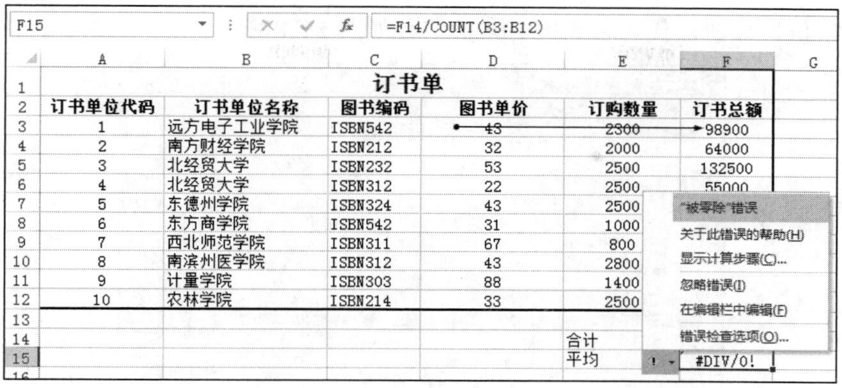

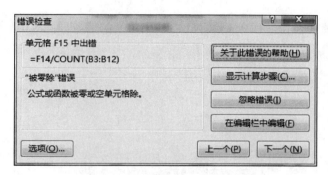

图 5.6.5　错误检查

图 5.6.6　"错误检查"对话框

## 5.6.4　公式求值

有时在检查复杂公式时，例如检查嵌套公式，可能很难理解其计算过程，使用公式求值功能可查看公式的单步运算情况，一步步追踪公式的求值过程。尤其是当公式出现错误时，该方法尤其有效。

继续以 5.6.3 节中的例子介绍公式求值的使用方法。

在图 5.6.5 中，选中出错的单元格 F15，单击"公式"选项卡 | "公式审核"组 | "公式求值"按钮，弹出"公式求值"对话框，如图 5.6.7 所示。

图 5.6.7　"公式求值"对话框

单击"求值"按钮，代入单元格 F14 的值，如图 5.6.8 所示。

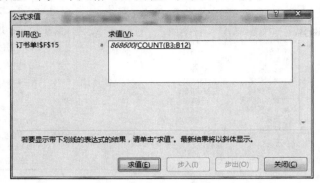

图 5.6.8　带入单元格 F14 的值

继续单击"求值"按钮，代入 COUNT（B3:B12）的值，如图 5.6.9 所示。

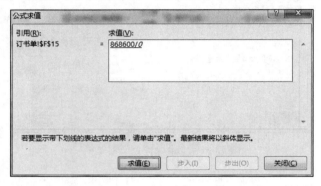

图 5.6.9　带入 COUNT（B3:B12）的值

如果继续单击"求值"按钮，则会出现"#DIV/0!"的错误，如图 5.6.13 所示。据此，可以判断出是在哪一步出现的错误。

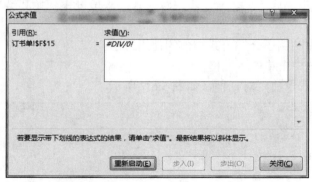

图 5.6.10　出现错误

"公式求值"对话框中各按钮说明如下。

- 求值：用于计算对话框中所列出的公式中带下画线的表达式的结果。
- 步入：用于进入对话框中所列出的公式中带下画线的表达式。
- 步出：用于求出对话框中最下方列出的公式的值并返回上一级公式。
- 重新启动：将再次跟踪公式求值过程。

## 5.6.5  循环引用

所谓循环引用，就是公式直接或间接地引用了本身所在的单元格。如图 5.6.11 所示，单元格 A1 中，公式"=B1"引用了单元格 B1，而单元格 B1 中公式又引用了单元格 A1，造成单元格 A1 和单元格 B1 间接引用了本身所在的单元格，从而出现错误警告如图 5.6.12 所示。

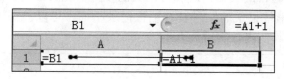

图 5.6.11　出现循环引用

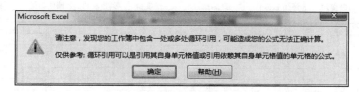

图 5.6.12　错误警告

但是并非所有的循环引用都是没用的，例如，可以利用循环引用来解方程 $\cos(x)=x$，如图 5.6.13 所示（为方便查看，单元格 A1、A2 中的公式通过单击"公式"选项卡|"公式审核"组|"显示公式"按钮显示出来）。

首先需要启用循环引用：打开"Excel 选项"对话框，选择"公式"类别，在"计算选项"区中选中"启用迭代计算"复选框。还可以进一步设置最多迭代次数和最大误差，控制计算精度。在单元格中输入计算公式，公式将形成一个循环引用，Excel 会对其进行迭代计算，当迭代次数达到最多迭代次数或者误差小于最大误差时，计算的结果即为方程的解，最后计算结果如图 5.6.14 所示。

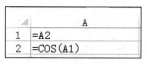

图 5.6.13　显示公式

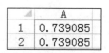

图 5.6.14　计算结果

# 5.7　综合案例：用公式完成销售数据计算

本章案例介绍如何在 Excel 中用公式进行一个较为完整的数据计算。

【案例】　在如图 5.7.1 所示的工作表中，用公式完成销售情况表的计算。

具体要求如下：

（1）根据折扣、销售原价、销售数量计算销售额。

（2）计算最低折扣和最高销售额。

（3）对销售情况记录按销售额进行排名并计算出销售情况记录中出现次数最多的折扣。

（4）计算不同商品的总销售额并统计销售数量在不同区间出现的频率。

（5）通过销售记录的编号查询销售记录明细。

分析：这里需要综合运用前面介绍的计算公式以及数学函数、统计函数、查找函数等。要求（1）、（2）可以利用基本的数学运算和 MN、MAX 等简单函数完成；要求（3）、（4）则要运用 FREQUENCY 等统计函数完成；要求（5）可以使用查找函数完成，例如 VLOOKUP等。

当然，完成这些任务并不一定非要固定使用某个函数，也可以使用其他函数也能完成相同的功能，这需要根据题目的具体情况和对函数的掌握情况灵活进行选择，并非一成不变。例如，要求（5）通过销售记录的编号查询销售记录明细，可以尝试用 INDEX、MATCH、OFFSET、LOOKUP 等其他函数实现。

| 编号 | 销售部门 | 商品名称 | 产品型号 | 折扣 | 销售原价 | 销售数量 | 销售额 | 名次 |
|---|---|---|---|---|---|---|---|---|
| | | | 京京家电销售情况表 | | | | | |
| XS0001 | A部 | 彩电 | VVRM-5EGT | 0.93 | ¥3,100 | 36 | | |
| XS0002 | C部 | 冰箱 | PW-OKK1-5 | 0.95 | ¥4,210 | 24 | | |
| XS0003 | B部 | 彩电 | VVRM-5EGT | 0.98 | ¥3,100 | 39 | | |
| XS0004 | A部 | 空调 | HV-1100VVR1.0 | 0.95 | ¥2,999 | 29 | | |
| XS0005 | B部 | 空调 | HV-1100VVR1.0 | 0.93 | ¥2,999 | 29 | | |
| XS0006 | B部 | 空调 | HV-1100VVR1.0 | 0.95 | ¥2,999 | 27 | | |
| XS0007 | A部 | 冰箱 | PW-OKK1-5 | 0.95 | ¥4,210 | 35 | | |
| XS0008 | C部 | 彩电 | VVRM-5EGT | 0.93 | ¥3,100 | 36 | | |
| XS0009 | C部 | 冰箱 | PW-OKK1-5 | 0.95 | ¥4,210 | 24 | | |
| XS0010 | B部 | 彩电 | VVRM-5EGT | 0.95 | ¥3,100 | 27 | | |
| XS0011 | A部 | 彩电 | VVRM-5EGT | 0.97 | ¥3,100 | 26 | | |
| XS0012 | C部 | 彩电 | VVRM-5EGT | 0.93 | ¥3,100 | 36 | | |
| XS0013 | A部 | 空调 | HV-1100VVR1.0 | 0.97 | ¥2,999 | 34 | | |
| XS0014 | A部 | 空调 | HV-1100VVR1.0 | 0.98 | ¥2,999 | 39 | | |
| XS0015 | C部 | 空调 | HV-1100VVR1.0 | 0.95 | ¥2,999 | 39 | | |
| XS0016 | B部 | 冰箱 | PW-OKK1-5 | 0.93 | ¥4,210 | 33 | | |
| XS0017 | A部 | 冰箱 | PW-OKK1-5 | 0.98 | ¥4,210 | 22 | | |
| XS0018 | C部 | 冰箱 | PW-OKK1-5 | 0.95 | ¥4,210 | 22 | | |
| XS0019 | B部 | 彩电 | VVRM-5EGT | 0.93 | ¥3,100 | 28 | | |
| 最低折扣 | | | 出现次数最多的折扣 | | | | | |
| 最高销售额 | | | | | | | | |

图 5.7.1　京京家电销售情况表

具体计算步骤如下。

（1）根据折扣、销售原价、销售数量计算销售额。

单击单元格 I4，输入公式"=F4*G4*H4"，按 Enter 键，得到计算结果，如图 5.7.2 所示。

| I4 | | | | | fx | =F4*G4*H4 | | |

| 编号 | 销售部门 | 商品名称 | 产品型号 | 折扣 | 销售原价 | 销售数量 | 销售额 | 名次 |
|---|---|---|---|---|---|---|---|---|
| | | | 京京家电销售情况表 | | | | | |
| XS0001 | A部 | 彩电 | VVRM-5EGT | 0.93 | ¥3,100 | 36 | ¥103,788.00 | |

图 5.7.2　计算销售额

拖动单元格 I4 右下角的填充柄到单元格 I22 处，进行公式复制，得到所有商品的销售额，如图 5.7.3 所示。

（2）计算最低折扣和最高销售额。

单击单元格 C23，输入公式"=MIN(F4:F22)"，按 Enter 键确认，单击单元格 C24，输入公式"=MAX(I4:I22)"，按 Enter 键确认，得到计算结果，如图 5.7.4 所示。

I4 　　|　fx　=F4*G4*H4

**京京家电销售情况表**

| 编号 | 销售部门 | 商品名称 | 产品型号 | 折扣 | 销售原价 | 销售数量 | 销售额 | 名次 |
|---|---|---|---|---|---|---|---|---|
| XS0001 | A部 | 彩电 | VVRM-5EGT | 0.93 | ¥3,100 | 36 | ¥103,788.00 | |
| XS0002 | C部 | 冰箱 | PW-OKK1-5 | 0.95 | ¥4,210 | 24 | ¥95,988.00 | |
| XS0003 | B部 | 彩电 | VVRM-5EGT | 0.98 | ¥3,100 | 39 | ¥118,482.00 | |
| XS0004 | A部 | 空调 | HV-1100VVR1.0 | 0.95 | ¥2,999 | 29 | ¥82,622.45 | |
| XS0005 | B部 | 空调 | HV-1100VVR1.0 | 0.93 | ¥2,999 | 29 | ¥80,883.03 | |
| XS0006 | B部 | 空调 | HV-1100VVR1.0 | 0.95 | ¥2,999 | 27 | ¥76,924.35 | |
| XS0007 | A部 | 冰箱 | PW-OKK1-5 | 0.95 | ¥4,210 | 35 | ¥139,982.50 | |
| XS0008 | C部 | 彩电 | VVRM-5EGT | 0.93 | ¥3,100 | 36 | ¥103,788.00 | |
| XS0009 | C部 | 冰箱 | PW-OKK1-5 | 0.95 | ¥4,210 | 24 | ¥95,988.00 | |
| XS0010 | B部 | 彩电 | VVRM-5EGT | 0.95 | ¥3,100 | 27 | ¥79,515.00 | |
| XS0011 | B部 | 彩电 | VVRM-5EGT | 0.97 | ¥3,100 | 26 | ¥78,182.00 | |
| XS0012 | C部 | 彩电 | VVRM-5EGT | 0.93 | ¥3,100 | 36 | ¥103,788.00 | |
| XS0013 | A部 | 空调 | HV-1100VVR1.0 | 0.97 | ¥2,999 | 34 | ¥98,907.02 | |
| XS0014 | A部 | 空调 | HV-1100VVR1.0 | 0.98 | ¥2,999 | 39 | ¥114,621.78 | |
| XS0015 | C部 | 空调 | HV-1100VVR1.0 | 0.95 | ¥2,999 | 39 | ¥111,112.95 | |
| XS0016 | B部 | 冰箱 | PW-OKK1-5 | 0.93 | ¥4,210 | 33 | ¥129,204.90 | |
| XS0017 | A部 | 冰箱 | PW-OKK1-5 | 0.98 | ¥4,210 | 22 | ¥90,767.60 | |
| XS0018 | C部 | 冰箱 | PW-OKK1-5 | 0.95 | ¥4,210 | 22 | ¥87,989.00 | |
| XS0019 | B部 | 彩电 | VVRM-5EGT | 0.93 | ¥3,100 | 28 | ¥80,724.00 | |
| 最低折扣 | | | 出现次数最多的折扣 | | | | | |
| 最高销售额 | | | | | | | | |

图 5.7.3　计算所有商品的销售额

C24 　　|　fx　=MAX(I4:I22)

**京京家电销售情况表**

| 编号 | 销售部门 | 商品名称 | 产品型号 | 折扣 | 销售原价 | 销售数量 | 销售额 | 名次 |
|---|---|---|---|---|---|---|---|---|
| XS0001 | A部 | 彩电 | VVRM-5EGT | 0.93 | ¥3,100 | 36 | ¥103,788.00 | |
| XS0002 | C部 | 冰箱 | PW-OKK1-5 | 0.95 | ¥4,210 | 24 | ¥95,988.00 | |
| XS0003 | B部 | 彩电 | VVRM-5EGT | 0.98 | ¥3,100 | 39 | ¥118,482.00 | |
| XS0004 | A部 | 空调 | HV-1100VVR1.0 | 0.95 | ¥2,999 | 29 | ¥82,622.45 | |
| XS0005 | B部 | 空调 | HV-1100VVR1.0 | 0.93 | ¥2,999 | 29 | ¥80,883.03 | |
| XS0006 | B部 | 空调 | HV-1100VVR1.0 | 0.95 | ¥2,999 | 27 | ¥76,924.35 | |
| XS0007 | A部 | 冰箱 | PW-OKK1-5 | 0.95 | ¥4,210 | 35 | ¥139,982.50 | |
| XS0008 | C部 | 彩电 | VVRM-5EGT | 0.93 | ¥3,100 | 36 | ¥103,788.00 | |
| XS0009 | C部 | 冰箱 | PW-OKK1-5 | 0.95 | ¥4,210 | 24 | ¥95,988.00 | |
| XS0010 | B部 | 彩电 | VVRM-5EGT | 0.95 | ¥3,100 | 27 | ¥79,515.00 | |
| XS0011 | B部 | 彩电 | VVRM-5EGT | 0.97 | ¥3,100 | 26 | ¥78,182.00 | |
| XS0012 | C部 | 彩电 | VVRM-5EGT | 0.93 | ¥3,100 | 36 | ¥103,788.00 | |
| XS0013 | A部 | 空调 | HV-1100VVR1.0 | 0.97 | ¥2,999 | 34 | ¥98,907.02 | |
| XS0014 | A部 | 空调 | HV-1100VVR1.0 | 0.98 | ¥2,999 | 39 | ¥114,621.78 | |
| XS0015 | C部 | 空调 | HV-1100VVR1.0 | 0.95 | ¥2,999 | 39 | ¥111,112.95 | |
| XS0016 | B部 | 冰箱 | PW-OKK1-5 | 0.93 | ¥4,210 | 33 | ¥129,204.90 | |
| XS0017 | A部 | 冰箱 | PW-OKK1-5 | 0.98 | ¥4,210 | 22 | ¥90,767.60 | |
| XS0018 | C部 | 冰箱 | PW-OKK1-5 | 0.95 | ¥4,210 | 22 | ¥87,989.00 | |
| XS0019 | B部 | 彩电 | VVRM-5EGT | 0.93 | ¥3,100 | 28 | ¥80,724.00 | |
| 最低折扣 | 0.93 | | 出现次数最多的折扣 | | | | | |
| 最高销售额 | ¥139,983 | | | | | | | |

图 5.7.4　计算最低折扣和最高销售额

在计算最低折扣时，也可以通过单击"开始"选项卡｜"编辑"组｜"自动求和"按钮右侧的下拉按钮，在下拉菜单中选择"最小值"命令，将在单元格中自动插入最小值函数 MIN()，此时光标在函数括号内闪烁，在工作表中拖动鼠标选择要计算的单元格区域 F4:F22，进行函数参数填充，按 Enter 键后，也可得到计算结果。最高销售额也可以用同样的方法计算得到。

（3）对销售情况记录按销售额进行排名并计算出销售情况记录中出现次数最多的折扣。

单击单元格 J4，输入公式"=RANK(I4,I4:I22)"，然后在编辑栏中单击公式中的"I4,I4:I22"部分，按 F4 键，将相对引用"I4:I22"转换为绝对引用"$I$4:$I$22"，计算结果如图 5.7.5 所示。拖动单元格 J4 右下角的填充柄到单元格 J22 处，进行公式复制，得到所有销售情况记录的销售额排名。

图 5.7.5　按销售额进行排名

计算销售额名次时，也可以通过单击编辑栏中的"插入函数"按钮，在"插入函数"对话框中选择 RANK 函数，在随后打开的"函数参数"对话框中完成函数的参数设置，如图 5.7.6 所示。

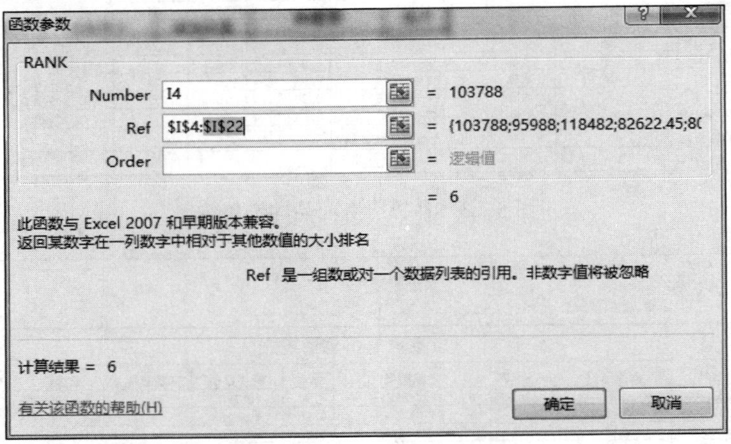

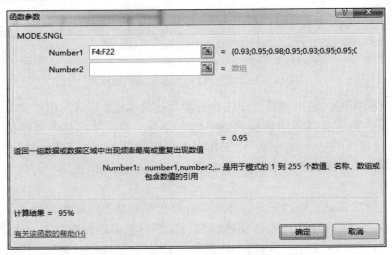

图 5.7.6　设置 RANK 函数参数

下面，计算销售情况记录中出现次数最多的折扣。

选中单元格 F23，单击"公式"选项卡│"函数库"组│"其他函数"按钮，在下拉菜单中选择"统计"│"MODE.SNGL"项，在随后打开的"函数参数"对话框中完成函数的参数设置，如图 5.7.7 所示。

图 5.7.7　设置 MODE. SNGL 函数参数

计算结果如图 5.7.8 所示。

| F23 | | | | $f_x$ | =MODE.SNGL(F4:F22) | | | | |

| 编号 | 销售部门 | 商品名称 | 产品型号 | 折扣 | 销售原价 | 销售数量 | 销售额 | 名次 |
|------|----------|----------|----------|------|----------|----------|--------|------|
| | | | 京京家电销售情况表 | | | | | |
| XS0001 | A部 | 彩电 | VVRM-5EGT | 0.93 | ¥3,100 | 36 | ¥103,788.00 | 6 |
| XS0002 | C部 | 冰箱 | PW-OKK1-5 | 0.95 | ¥4,210 | 24 | ¥95,988.00 | 10 |
| XS0003 | B部 | 彩电 | VVRM-5EGT | 0.98 | ¥3,100 | 39 | ¥118,482.00 | 3 |
| XS0004 | A部 | 空调 | HV-1100VVR1.0 | 0.95 | ¥2,999 | 29 | ¥82,622.45 | 14 |
| XS0005 | B部 | 空调 | HV-1100VVR1.0 | 0.93 | ¥2,999 | 29 | ¥80,883.03 | 15 |
| XS0006 | B部 | 空调 | HV-1100VVR1.0 | 0.95 | ¥2,999 | 27 | ¥76,924.35 | 19 |
| XS0007 | A部 | 冰箱 | PW-OKK1-5 | 0.95 | ¥4,210 | 35 | ¥139,982.50 | 1 |
| XS0008 | C部 | 彩电 | VVRM-5EGT | 0.93 | ¥3,100 | 36 | ¥103,788.00 | 6 |
| XS0009 | C部 | 冰箱 | PW-OKK1-5 | 0.95 | ¥4,210 | 24 | ¥95,988.00 | 10 |
| XS0010 | B部 | 彩电 | VVRM-5EGT | 0.95 | ¥3,100 | 27 | ¥79,515.00 | 17 |
| XS0011 | B部 | 彩电 | VVRM-5EGT | 0.97 | ¥3,100 | 26 | ¥78,182.00 | 18 |
| XS0012 | C部 | 彩电 | VVRM-5EGT | 0.93 | ¥3,100 | 36 | ¥103,788.00 | 6 |
| XS0013 | A部 | 空调 | HV-1100VVR1.0 | 0.97 | ¥2,999 | 34 | ¥98,907.02 | 9 |
| XS0014 | A部 | 空调 | HV-1100VVR1.0 | 0.98 | ¥2,999 | 39 | ¥114,621.78 | 4 |
| XS0015 | C部 | 空调 | HV-1100VVR1.0 | 0.95 | ¥2,999 | 39 | ¥111,112.95 | 5 |
| XS0016 | B部 | 冰箱 | PW-OKK1-5 | 0.93 | ¥4,210 | 33 | ¥129,204.90 | 2 |
| XS0017 | A部 | 冰箱 | PW-OKK1-5 | 0.98 | ¥4,210 | 22 | ¥90,767.60 | 12 |
| XS0018 | C部 | 冰箱 | PW-OKK1-5 | 0.95 | ¥4,210 | 22 | ¥87,989.00 | 13 |
| XS0019 | B部 | 彩电 | VVRM-5EGT | 0.93 | ¥3,100 | 28 | ¥80,724.00 | 16 |
| 最低折扣 | 0.93 | | | 出现次数最多的折扣 | 0.95 | | | |
| 最高销售额 | ¥139,983 | | | | | | | |

图 5.7.8　销售额排名和出现次数最多的折扣

（4）计算不同商品的总销售额并统计销售数量在不同区间出现的频率。

单击单元格 M4，输入公式"=SUMIF（D4:D22,L4,I4:I22）"，然后把相对引用"D4:D22"转换为绝对引用"\$D\$4:\$D\$22"，把相对引用"I4:I22"转换为绝对引用"\$I\$4:\$I\$22"，按 Enter 键，得到彩电的总销售额。拖动单元格 M4 右下角的填充柄到单元格 M6 处，进行公式复制，得到所有商品的总销售额，如图 5.7.9 所示。

| $f_x$ | =SUMIF(\$D\$4:\$D\$22,L4,\$I\$4:\$I\$22) | | | | | | | | |

| 产品型号 | 折扣 | 销售原价 | 销售数量 | 销售额 | 名次 | | 商品名称 | 总销售额 |
|----------|------|----------|----------|--------|------|---|----------|----------|
| | | | | | | | | 京京家电销售情况表 |
| VVRM-5EGT | 0.93 | ¥3,100 | 36 | ¥103,788.00 | 6 | | 彩电 | ¥668,267.00 |
| PW-OKK1-5 | 0.95 | ¥4,210 | 24 | ¥95,988.00 | 10 | | 冰箱 | ¥639,920.00 |
| VVRM-5EGT | 0.98 | ¥3,100 | 39 | ¥118,482.00 | 3 | | 空调 | ¥565,071.58 |

图 5.7.9　总销售额

计算总销售额时，也可以通过单击编辑栏中的"插入函数"按钮，在"插入函数"对话框中选择 SUMIF 函数，在随后打开的"函数参数"对话框中完成函数的参数设置，如图 5.7.10 所示。

图 5.7.10　设置 SUMIF 函数参数

下面计算销售数量在不同区间出现的频率。

首先依据单元格区域 L9:L12 中的分段情况在单元格区域 O9:O12 中建立分段点，如图 5.7.11 所示。

| 销售数量分段 | 销售数量出现频率 | 分段点 |
|---|---|---|
| 20-25 | 4 | 25 |
| 26-30 | 6 | 30 |
| 31-36 | 6 | 36 |
| 36-40 | 3 | 40 |

图 5.7.11　建立分段点

选择单元格区域 M9:M12，输入公式"=FREQUENCY(H4:H22,O9:O12)"，按 Ctrl+Shift+Enter 组合键得到计算结果，如图 5.7.12 所示。

图 5.7.12　销售数量出现频率

（5）通过销售记录的编号查询销售记录明细。

以单元格 L14 为起始单元格，建立空白的查询记录明细表，如图 5.7.13 所示。

图 5.7.13　空白查询记录明细表

在单元格 L15 中输入公式"=INDEX($B$3:$I$3,1)"，引用销售情况表中第二行列标题的数据"编号"，按 Enter 键，在单元格 L15 中得到的结果为"编号"，如图 5.7.14 所示。

| | | | | | | | | | |
|---|---|---|---|---|---|---|---|---|---|
| L15 | | : × ✓ fx | =INDEX($B$3:$I$3,1) | | | | | | |

**京京家电销售情况表**

| 编号 | 销售部门 | 商品名称 | 产品型号 | 折扣 | 销售原价 | 销售数量 | 销售额 | 名次 | | 商品名称 | 总销售额 |
|---|---|---|---|---|---|---|---|---|---|---|---|
| XS0001 | A部 | 彩电 | VVRM-5EGT | 0.93 | ¥3,100 | 36 | ¥103,788.00 | 6 | | 彩电 | ¥668,267.00 |
| XS0002 | C部 | 冰箱 | PW-OKK1-5 | 0.95 | ¥4,210 | 24 | ¥95,988.00 | 10 | | 冰箱 | ¥639,920.00 |
| XS0003 | B部 | 彩电 | VVRM-5EGT | 0.98 | ¥3,100 | 39 | ¥118,482.00 | 3 | | 空调 | ¥565,071.58 |
| XS0004 | A部 | 空调 | HV-1100VVR1.0 | 0.95 | ¥2,999 | 29 | ¥82,622.45 | 14 | | | |
| XS0005 | B部 | 空调 | HV-1100VVR1.0 | 0.93 | ¥2,999 | 29 | ¥80,883.03 | 15 | | **销售数量分段** | **销售数量出现频率** |
| XS0006 | B部 | 空调 | HV-1100VVR1.0 | 0.95 | ¥2,999 | 27 | ¥76,924.35 | 19 | | 20-25 | 4 |
| XS0007 | A部 | 冰箱 | PW-OKK1-5 | 0.95 | ¥4,210 | 35 | ¥139,982.50 | 1 | | 26-30 | 6 |
| XS0008 | B部 | 彩电 | VVRM-5EGT | 0.93 | ¥3,100 | 36 | ¥103,788.00 | 6 | | 31-36 | 6 |
| XS0009 | C部 | 冰箱 | PW-OKK1-5 | 0.95 | ¥4,210 | 24 | ¥95,988.00 | 10 | | 36-40 | 3 |
| XS0010 | B部 | 彩电 | VVRM-5EGT | 0.95 | ¥3,100 | 27 | ¥79,515.00 | 17 | | | |
| XS0011 | B部 | 彩电 | VVRM-5EGT | 0.97 | ¥3,100 | 26 | ¥78,182.00 | 18 | | **销售记录明细查询** | |
| XS0012 | C部 | 彩电 | VVRM-5EGT | 0.93 | ¥3,100 | 36 | ¥103,788.00 | 6 | | **编号** | |

图 5.7.14　引用列标题"编号"

拖动单元格 L15 右下角的填充柄到单元格 L22 处，进行公式复制，然后将每个单元格公式中的第二个参数依次修改为 2,3,4,…,8，得到对其余的销售情况表中第二行列标题数据引用，如图 5.7.15 所示。

| 销售记录明细查询 |  |
|---|---|
| 编号 | |
| 销售部门 | |
| 商品名称 | |
| 产品型号 | |
| 折扣 | |
| 销售原价 | |
| 销售数量 | |
| 销售额 | |

图 5.7.15　引用其余列标题

在单元格 M16 中输入公式"=VLOOKUP($M$15,$B$4:$I$22,2,FALSE)"，依据单元格 M15 中的编号，查找销售情况表中对应行记录的"销售部门"列的数据，如图 5.7.16 所示。注意，因为此时单元格 M15 中没有数据，也就是说没有编号，所以单元格 M16 中的运算结果暂时为"#N/A"，稍后在单元格 M15 中输入编号后，将显示出正确的结果。

| 销售记录明细查询 | |
|---|---|
| 编号 | |
| 销售部门 | =VLOOKUP($M$15,$B$4:$I$22,2,FALSE) |
| 商品名称 | VLOOKUP(lookup_value, **table_array**, col_index_num, [range_lookup]) |

图 5.7.16　查找"销售部门"数据

拖动单元格 M16 右下角的填充柄到单元格 M22 处，进行公式复制，然后将每个单元格公式中的第 3 个参数依次修改为 3,4,…,8，可查询得到对其余的销售情况表中其他列的数据。同样，因为此时单元格 M15 中没有数据，所以单元格 M16 以下的运算结果也都暂时为"#N/A"，如图 5.7.17 所示。

| 销售记录明细查询 | |
|---|---|
| 编号 | |
| 销售部门 | #N/A |
| 商品名称 | #N/A |
| 产品型号 | #N/A |
| 折扣 | #N/A |
| 销售原价 | #N/A |
| 销售数量 | #N/A |
| 销售额 | =VLOOKUP($M$15,$B$4:$I$22,8,FALSE) |
| | VLOOKUP(lookup_value, **table_array**, col_index_num, [range_lookup]) |

图 5.7.17　查找其他数据

在单元格 M15 中输入数据"XS0010",按 Enter 键,即在其下方单元格中自动显示出该编号销售记录的其他明细情况,设置单元格格式后,得到如图 5.7.18 所示的销售记录明细。

| 销售记录明细查询 | |
| --- | --- |
| 编号 | XS0010 |
| 销售部门 | B部 |
| 商品名称 | 彩电 |
| 产品型号 | VVRM-5EGT |
| 折扣 | 0.95 |
| 销售原价 | ¥3,100 |
| 销售数量 | 27 |
| 销售额 | ¥79,515.00 |

图 5.7.18　依据编号进行明细查询

## 5.8　思考与练习

1．"九九乘法口诀表"是小学生学习数学的基础,结合本章所学,请思考如何通过公式单元格混合引用来完成如图 5.8.1 所示的"九九乘法口诀表"。

图 5.8.1　九九乘法表

2．总结 SUMIF、COUNTIF、RANK 函数和数据库函数中参数引用的用法,体会 Excel 函数对不同工作表、不同位置、不同大小单元格区域进行多维引用的灵活特点。

3．对于任意给定的一组实数 A、B、C,求解方程 $AX^2+BX+C=0$ 的实根。

(提示:先安排 3 个单元格放置 3 个常系数 A、B、C,数据自行模拟,不妨先用 1、2、–3,再在两个结果单元格中输入求根公式,计算出两个根。思考:如果要求当方程有实根时输出实根的值,无实根时输出"无实根",如何实现?)

4．在一个 Excel 文件的工作表 Sheet2 中存放身份证前 6 位编码对应的全部地区名称,请在 Sheet1 中设计一个表格,在 A 列某个单元格中输入一个身份证号码,在 B 列对应的单元格里立刻返回这个身份证主人的籍贯、生日、性别等信息。如何实现?

# 第6章 数据管理

随着越来越多的公司和企业将 Excel 作为其报表处理系统的前端工具，Excel 在数据管理和数据分析方面的优势越来越被广大用户所重视。Excel 提供了丰富实用的数据管理工具，如排序、筛选、分类汇总和数据透视表等，这使得用户不必掌握专业计算机软件知识，即可使用数据库管理软件的基本功能，并且操作更为简便有效。这些功能有助于决策者更方便地利用 Excel 分析并获取关键信息，以便更及时、科学地做出相关决策。

## 6.1 数据清单

用户在完成数据输入后，如何管理使用工作表中的数据，从已有数据中总结提取出数据的某种规律性，或者按照用户要求重新排列数据，以及显示满足条件的数据等，此类工作一般使用"数据库管理软件"来完成。但数据库管理软件应用复杂，在制作图表、公式函数等方面功能较弱，且要求用户必须掌握相对专业的软件知识，这对一般计算机用户来说，实现起来非常困难。

Excel 的"数据清单"（Data List，或称数据列表、列表）提供了一组强大的数据库管理功能，可以非常方便地管理和分析数据库形式表格中的数据。但作为初级的数据库管理系统，Excel 的数据管理功能有很多弱点，主要体现在不能保证数据的完整性、一致性和安全性等，这些必须由用户来保证。所以说，Excel 不是严格的"数据库管理系统"（Database Management System，DBMS），但 Excel 在计算和分析数据、制作图表、创建透视表和透视图等方面具有很强的优势，其具备的筛选、数据透视表等功能有利于实现数据挖掘。

### 6.1.1 基本概念

Excel 的数据库管理功能基于数据清单。数据清单为 Excel 2003 及之前版本的称谓，新版本中一般称之为"数据列表"，简称"列表"。为了与旧版本中的列表（现称 Excel 表、表）区分开，本章仍沿用数据清单的称谓。但读者需要特别注意，在 Excel 2013 中，数据清单的概念已经明显弱化，并且有些针对数据清单的命令在执行时弹出的对话框中改称为数据列表，即本章所介绍的数据清单。

数据清单是 Excel 中对关系型数据库形式表格的约定称呼。

#### 1．关系型数据库简介

关系数据库（Relational Database）建立在关系模型（Relational Model）基础上，其借助于"集合代数"等数学概念和方法来处理数据库中的数据。现实世界中的各种实体（Entity）以及实体之间的各种联系均用关系模型来表示，实体是客观世界中存在的且可互相区分的事物，实体可以是人也可以是实物，也可以是抽象概念。关系模型是由埃德加·科德于 1970 年首先提出的，并配合"科德十二定律"。

关系型数据库基于关系模型，关系模型采用二维表格来表示实体和实体之间的联系，二维表由若干行和列组成。关系型数据库将数据分类存储在多张二维表之中，用关系来表达表格与表格之间的关联，同时每张表格的定义是相互独立的。对一张表进行数据的增加、修改以及删除，只要不涉及其他二维表的关联关系，都不会影响到其他的表。在查询的时候，也可以通过多个表的关联，从表格中取出相关的信息，也就是"多表关联查询"。

关系型数据库是由数据库表（简称表）以行和列的形式组织起来的数据集合。一个数据库包括一张或多张数据库表。例如，有一张关于译著者信息的名为 authors 的表，表中每列都包含特定类型数据，如所有译著者姓名、住址、联系方式等，每行都包含一个特定作者所有具体信息，如姓名、住址和联系方式等。在关系型数据库中，一个表就代表一个"关系"。

### 2. 名词术语

下面以图 6.1.1 所示"教师信息表"和"课程表"为例，介绍关系型数据库几个重要概念。

| 教师编号 | 姓名 | 性别 | 职称 | 学院 |
| --- | --- | --- | --- | --- |
| s806 | 王志勇 | 男 | 讲师 | 计算机学院 |
| s837 | 薛奇峰 | 男 | 教授 | 工学院 |

| 课程编号 | 课程名称 | 学时 | 教师编号 |
| --- | --- | --- | --- |
| s005069 | 数据结构 | 60 | s806 |
| s005135 | C语言 | 45 | s837 |

图 6.1.1　教师信息表（上表）和课程表（下表）

① 关系。图 6.1.1 中的"教师信息表"和"课程表"表明两类不同的关系。

② 记录。也就是一个实体，表中的每行表示一个记录。如图 6.1.1 所示的"教师信息表"中的一行代表一位教师的相关信息。

③ 字段。实际上也就是实体的某个属性的值，表中的每列表示一个字段，如图 6.1.1 所示的"课程表"中的"课程编号"列，它是一个表的字段。

最后，两张表可以通过"教师编号"字段创建关联关系。

### 3. 数据清单

数据清单一般是一张工作表中的一个单元格区域，与只用来容纳数据的普通单元格区域相比，数据清单有以下特点或称满足条件。

● 最上面一行必须是文本型数据表示的标题行。

● 标题相当于数据库表中的字段名，标题行相当于字段名行，列名给出了数据清单中该列数据的属性名，如姓名、性别、成绩等，分别指出本列保存的数据代表姓名（文本型）、性别（文本型，仅有两个值：男、女）和成绩（数值型）。

● 同一列数据的数据类型必须相同。

● 除了列名外，表中的一行称为一条记录。

● 表中不能有空行和空列。

这样一张表格给出了所描述的各个对象（或称实体）之间的关系。一行称为一条记录，记录描述的是某个对象的若干属性值。每条记录所包含的这些属性值标记或确定了不同于其他对象的"唯一"性，对象之间是互不从属的"平行关系"。一列称为一个字段，字段描述若干对象的同一个属性值。为了说明表的性质，可以在标题行上面给出表名，表名一般要与标题行之间隔开一个空行。表名给出数据清单的名称，如利润表、成绩表等。对于一张数据清单来说，可以没有表名，即表名是可选的。

## 6.1.2 创建数据清单

由于 Excel 弱化了数据清单的概念，因此在 Excel 新版本的命令选项卡中默认不显示数据清单创建命令（记录单命令）。用户可以手动添加该命令到指定命令组中。用户只要遵循数据清单的约束条件，也可以按照在普通单元格中输入数据的方法来创建数据清单，并不一定非得要使用记录单命令。

首先要创建数据清单"框架"，即确定标题行中字段名及字段排列的先后顺序，其次是按行或按列在指定单元格中输入数据清单中数据。

在输入数据过程中必须遵照数据清单的约定，否则后面介绍的数据管理功能可能无法完成，或分析结果不正确、不完整。编辑数据清单过程与前述单元格编辑过程完全相同，不再赘述。

需要注意的是：

- 应避免在一张工作表中创建多张数据清单，这是因为自动筛选命令只能在同一个工作表中的一个数据清单中使用。
- 将数据清单转换为 Excel 表格（简称 Excel 表或表）后可以没有上一条的限制，即在一张工作表中对多个单元格区域（表）进行筛选。

## 6.1.3 删除重复项

如果数据清单中的数据是直接从外部数据源导入的，或者是由多个数据源合并生成的，那么数据清单中有可能包含重复记录，这就没有保证数据的唯一性，可能造成在完成数据管理操作时得到错误的分析结果。

在分析数据之前可以使用"删除重复项"命令删除数据清单中重复数据。

下面以如图 6.1.1 所示的"教师信息表"为例说明具体的操作步骤。

① 选中数据清单中任意一个单元格。

② 单击"数据"选项卡｜"数据工具"组｜"删除重复项"按钮。

③ 在弹出的"删除重复项"对话框中，选择要删除重复项的列，然后单击"确定"按钮，如图 6.1.2 所示。

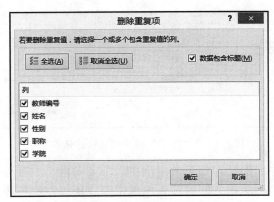

图 6.1.2 "删除重复项"对话框

④ Excel 会将重复项删除，并弹出一个提示框，告知用户共删除了多少条包含重复项的记录，保留了多少条记录。

需要注意的是：

- 为了保证数据安全，在删除重复记录之前，最好先将原始数据清单复制一份到其他空白工作表或工作簿中，在确认没有问题后再对原始数据进行操作。
- 在步骤③中选择包含重复项的列时，最好选中所有列，这样可以保证不会删除有效数据。如果选择部分列来完成删除重复记录，例如，只选中教师信息表中的"姓名"列，就要保证表中不包含重名的教师，否则可能删除重名的不同教师的有效记录，这会造成数据不完整。

## 6.2 排序

数据清单中的数据按照要求完成排序后，用户可以非常方便快速地定位并查看所需数据。例如，针对某单位员工基本信息表，可以先按"部门"再按"员工编号"对员工进行升序排序，排序后可以非常容易地以"人工"方式查找到已知其所在部门和员工编号的某员工基本信息。

排序是最基本的数据管理功能，且"分类汇总"基于排序。排序一般有两种方式，第一种称为按列排序，是指根据字段（列）的值，对记录（行）在数据清单中的先后顺序进行重新排列。第二种称为按行排序，是指按照某一行对所有列（字段）在数据清单中的前后位置进行重新排列。一般所采用的排序方式均为按列排序，即根据某个或某些字段的值对所有记录进行排序，而不是按行排序。

作为排序依据的字段称为"关键字段"（简称关键字）。关键字最多可以有 64 个，依次称为"主要关键字"和"次要关键字"。用户添加的关键字达到 64 个后，"排序"对话框中的"添加条件"按钮自动变为灰色。除了给出的第一排序关键字为主要关键字外，其他所有的关键字段均称为次要关键字。用户也可以按照次要关键字给出的顺序称之为第一次要关键字、第二次要关键字等。

Excel 不仅可以按照数据值的大小、字符内码的大小和汉字笔画进行排序，还可以按照单元格颜色、字体颜色和单元格图标进行排序，如图 6.2.1 所示。

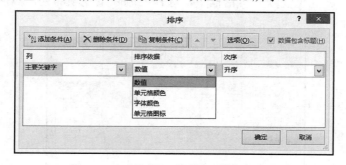

图 6.2.1　"排序"对话框（排序依据）

应该特别注意，排序一般针对整个数据清单，不要对清单中部分数据进行排序，这样会破坏数据之间的关系，造成数据之间的联系出现错误。所以在执行排序命令之前，要么选中整张数据清单，要么选中数据清单中任意一个单元格，让排序命令自动选择数据清单区域。

或者在使用快速排序之前选中数据清单中某一列的任意一个单元格（此列作为排序关键字），不要选择数据清单中的部分单元格区域，然后对其排序，这是错误的。

## 6.2.1 单列和多列排序

所谓单列排序，是指排序的关键字只有一个的排序方式。多列排序是指关键字有两个或两个以上的排序方式。在 Excel 2013 中，单列排序对应的是快速排序，多列排序对应的是按指定条件排序或称自定义排序。

### 1. 排序原则

在 Excel 中排序遵循以下原则（升序排序）。

① 数值型数据

根据关键字段中数值型数据的大小，将记录从小到大排列（包括日期和时间型数据）。

② 文本型数据

根据关键字段包含的文本型数据所对应的计算机机器内部码（机内码）的大小，将记录从小到大排列，如英文字符为 ASCII 码的大写字母，采用 A 到 Z 的顺序排序。

③ 逻辑值

FALSE 在前，TRUE 在后。

④ 错误值

错误值的排列顺序或称排序优先级相同，即按排序之前在数据清单中的顺序排列。

⑤ 空单元格

关键字段值为空的记录，总排在最后（最下方）。

降序排序除以上第④条和第⑤条排序原则与升序排序相同之外，第①、②、③条原则与升序排序顺序相反。

### 2. 单列排序（快速排序）

单击"数据"选项卡|"排序和筛选"组|"快速排序"按钮，为升序排序，为降序排序。或者单击"开始"选项卡|"编辑"组|"排序和筛选"按钮，在下拉菜单中选择排序按钮。

需要注意的是，选中整个数据清单后，快速排序的排序关键字默认为最左面的一列，其他字段不能作为排序的关键字段。

### 3. 多列排序（按指定条件排序）

下面以如图 6.1.1 所示的"教师信息表"为例，说明多列排序的具体操作步骤。

① 选中数据清单中任意一个单元格，或整个数据清单。

② 单击"数据"选项卡|"排序和筛选"组|"排序"按钮，弹出"排序"对话框。

③ 分别设置"列"（排序关键字）、"排序依据"（排序方式）和"次序"（排序原则），如图 6.2.2 所示。

④ 单击"添加条件"按钮，添加"次要关键字"，然后针对"次要关键字"重复步骤③。

⑤ 如果有多个"次要关键字"，则重复步骤④，然后单击"确定"按钮。

图 6.2.2　"排序"对话框

需要注意的是：

- "列"中的"主要关键字"和"次要关键字"右侧下拉列表中给出的是作为排序依据的字段名，如本例中的"学院"等。
- 如果"数值"排序不能满足排序要求，例如，针对一组固定的序列值，用户自己有一套既不是升序也不是降序的自定义顺序，那么可以按照"自定义序列"中某个序列的顺序对数据清单进行排序，如图 6.2.2 所示。
- 如果只给出一个排序关键字，当出现不同记录的该字段值相同时，或给出多个关键字段，但仍无法排出记录的先后顺序时，则按照排序之前记录在数据清单中的顺序排列。

## 6.2.2　按行排序

由于按行排序改变了数据清单中字段排列的先后顺序，破坏了数据清单结构，严格来说是绝对禁止的，因此数据库管理软件对数据库表只有按列排序，没有按行排序命令。

但是，Excel 对数据清单中的数据缺乏保护手段，允许按行排序，这说明 Excel 的限制不严格，但使用起来更加灵活，可以解决一些特殊问题。同时，这也是数据清单的缺点，允许用户完成此类操作不能保证数据清单结构的完整性，破坏了数据之间的关系。

按行排序的一个主要应用是快速改变表格中各个字段的先后顺序，即改变表格结构。一般的方法是，借用清单所在工作表中未用的"空白"单元格区域作为临时区域，分别将每个字段按照新的排列顺序复制、粘贴到该区域中，然后将此区域中的数据覆盖数据清单中的原有数据区。

快捷简便的方法是使用按行排序命令，首先在最后一条记录下方的空白行对应单元格中依次输入与上方各个字段对应的在排序后用阿拉伯数字表示的顺序号，然后按照此行对所有列排序，最后删除此行。

按行排序的排序过程与按列排序基本相同，但排序之前应在"排序"对话框中单击"选项"按钮，如图 6.2.3 所示。弹出"排序选项"对话框，如图 6.2.4 所示，在"方向"区中选择"按行排序"并确定。返回"排序"对话框后，中间列表框中的第一个列标题由"列"变为"行"，如图 6.2.3 所示，然后在其下的"主关键字"中选择对应的行及排序依据、次序等来完成排序设置。

下面针对如图 6.2.5 所示的数据清单"计算机竞赛结果"进行排序。

具体要求如下：

① 按系别升序排序，当系别相同时，再按学号升序排序。

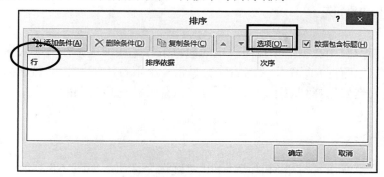

图 6.2.3 "排序"对话框

② 改变列的顺序，要求顺序为学号、姓名、系别、笔试、上机测试、总分、名次等。

③ 按系别排序，要求顺序为电子系、信息系、数学系、生物系、材料系。

| | A | B | C | D | E | F | G |
|---|---|---|---|---|---|---|---|
| 1 | | | 计算机竞赛结果 | | | | |
| 2 | 系别 | 学 号 | 姓 名 | 笔 试 | 上机测试 | 总 分 | 名 次 |
| 3 | 数学系 | 9601019 | 辰岳 | 98 | 95 | 193 | |
| 4 | 生物系 | 9610169 | 陈明军 | 94 | 97 | 191 | |
| 5 | 数学系 | 9501013 | 江君陶 | 90 | 100 | 190 | |
| 6 | 材料系 | 9609021 | 林致然 | 94 | 96 | 190 | |
| 7 | 电子系 | 9607073 | 黄宗英 | 91 | 90 | 181 | |
| 8 | 信息系 | 9715050 | 孙玉莺 | 92 | 90 | 182 | |
| 9 | 电子系 | 9606067 | 成小春 | 88 | 83 | 171 | |
| 10 | 数学系 | 9601042 | 张涛生 | 94 | 90 | 184 | |

图 6.2.4 "排序选项"对话框（局部）　　　图 6.2.5 示例数据清单（局部）

操作步骤如下。

① 排序时，主关键字为"系别"，次要关键字为"学号"。

② 撤销上一步操作，选择数据清单最后一条记录的下一行（第 11 行）最左侧单元格（A11），依次输入排序之后的列序号 3、1、2、4、5、6、7、8，在"排序"对话框的"选项"中选择排序方向为"按行排序"，选择列序号所在行"行 11"为主要关键字，完成排序，然后删除该行（第 11 行）。

③ 撤销上一步操作，创建自定义序列，序列项为电子系、信息系、数学系、生物系、材料系，在"排序"对话框的"选项"中选择排序方向为"按列排序"，主关键字为"系别"，"次序"为"自定义序列"，在"自定义序列"对话框中选择所创建的自定义序列。

# 6.3 筛选

筛选是指根据用户给定的针对字段所设置的筛选条件，在数据清单中查找出满足条件记录，并显示这些记录，同时将不满足条件记录隐藏起来的数据查询方式。

筛选条件是指用户给出的限定条件，限定条件给出了针对某个字段应满足的条件。例如，大于某个特定值或等于某个特定值等。只有那些对应字段值满足限定条件的记录才显示出来。一般来说，筛选结果是原数据清单的子集（否则筛选就没有意义），可以直接对其完成诸如复制、查找、编辑、设置格式、制作图表和打印等操作。筛选命令在处理大型工作表或者当用户只想关注特定的数据区域时，是非常有帮助的。

## 6.3.1 自动筛选

自动筛选是指对整个数据清单按照设定的简单条件完成筛选。在筛选状态下，数据清单表头（字段名行、标题行）每个字段名右侧会显示一个下拉按钮 ，即筛选按钮。单击筛选按钮，在弹出的筛选器选择列表中设置相应筛选条件，筛选后得到的筛选结果仍在原有数据清单区域显示。

### 1. 进入筛选状态

单击"数据"选项卡｜"排序和筛选"组｜"筛选"按钮，如图 6.3.1 所示。单击某个字段名右侧的下拉按钮，将弹出筛选器选择列表，可以在其中设置筛选条件，如图 6.3.2 所示。

图 6.3.1　"排序和筛选"组　　　图 6.3.2　筛选器选择列表（局部）

### 2. 关闭筛选

自动筛选的结果是一张"虚拟"数据清单，筛选结果会自动替换掉原始数据清单，这表示当前处于筛选状态，同时筛选结果中每条记录对应的行号一般是不连续的，并且行号以蓝色数字标记。对筛选结果完成处理之后，再次单击"数据"选项卡｜"排序和筛选"组｜"筛选"按钮，将退出筛选，显示全部数据，以便进行下一步操作。

需要说明的是：

- "筛选"按钮为开关命令，即在筛选状态和关闭筛选之间切换。
- 当工作表处于自动筛选状态时，不能使用自动填充功能来填充序列。
- 自动求和功能只针对可见的单元格求和。
- 一些编辑命令，如清除、复制、删除等，只针对可见单元格。
- 格式化、打印、排序等操作，只针对可见单元格。

### 3. 快速进行筛选

例如，单击"姓名"字段名右侧的下拉按钮，在筛选器选择列表中取消选中"全选"复选框，然后勾选需要显示的项目所对应的复选框即可，如图 6.3.3 所示。

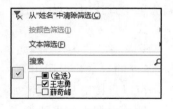

图 6.3.3　取消全选

需要说明的是：

- 每个复选框后面的"值"（如王志勇）是所有记录的筛选字段对应值的枚举。
- 设置筛选条件后，表头中对应字段名右侧的按钮变为按钮，表明该字段应用了"筛选器"。

- 用户可以针对多个不同字段进行筛选，筛选的结果是累加的，即多个筛选条件之间是"与"的关系，即筛选条件越多，筛选后数据清单的子集就越小。

### 4. 按特定文本或数字进行筛选

进入筛选状态后，如果筛选字段的数据类型为数字，则在筛选器选择列表中选择"数字筛选"，其子菜单中将显示相应的筛选限定条件，如图 6.3.4（a）所示；如果为字符型（文本）数据，则选择"文本筛选"，其子菜单如图 6.3.4（b）所示。选择所需的筛选选项，然后在弹出的对话框中，输入筛选条件。对于筛选字段的数据类型为日期型的，请读者自己试一试。

（a）数字筛选 　　（b）文本筛选

图 6.3.4　数字筛选和文本筛选限定条件

### 5. 按颜色筛选

如果数据清单中某列应用了不同的单元格颜色、字体颜色或条件格式（图标集），则可以按数据清单中显示的颜色或图标进行筛选。按颜色对数据进行筛选可以简化数据分析，帮助用户直观地查看重要数据和观察数据趋势。

下面以如图 6.3.5 所示计算机竞赛结果表为操作对象，单击"数据"选项卡|"排序和筛选"组|"筛选"按钮，进入筛选状态，单击"系别"字段右侧的下拉按钮，在筛选器选择列表中选择"按颜色筛选"，然后在子菜单中选择筛选所要依据的单元格颜色，如图 6.3.6 所示。

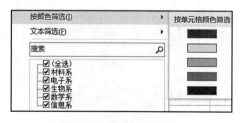

图 6.3.5　计算机竞赛结果表 　　　　　图 6.3.6　按颜色筛选

需要注意的是：

- 可用颜色选项的多少取决于已经应用的格式的数量。
- 对于同一个字段来说，按值筛选与按格式筛选这两种筛选类型是互斥的，也就是说，不能既按照单元格颜色筛选又按照单元格值筛选，只能选择其中一个。
- 同时只能选择一种颜色或一种图标作为筛选条件。

下面以如图 6.3.7 所示的学生成绩表为操作对象进行筛选，具体要求如下。

| | A | B | C | D | E | F | G | H | I |
|---|---|---|---|---|---|---|---|---|---|
| 1 | | | | 学生成绩表 | | | | | |
| 2 | 学号 | 系别 | 姓名 | 出生年月日 | 性别 | 数学 | 计算机 | 英语 | 平均分 |
| 3 | 980101 | 外语 | 金哲 | 1978/2/2 | 男 | 94 | 87 | 84 | 88.333 |
| 4 | 980102 | 法律 | 黎明 | 1978/1/1 | 女 | 65 | 56 | 82 | 67.667 |
| 5 | 980103 | 历史 | 张合 | 1979/3/2 | 男 | 45 | 66 | 78 | 63 |
| 6 | 980104 | 历史 | 周瑜 | 1977/12/20 | 女 | 74 | 84 | 56 | 71.333 |
| 7 | 980109 | 历史 | 清雅 | 1977/4/3 | 女 | 56 | 55 | 95 | 68.667 |
| 8 | 980111 | 戏文 | 青青 | 1978/5/6 | 男 | 86 | 78 | 98 | 87.333 |
| 9 | 980112 | 影视 | 天天 | 1978/1/1 | 男 | 75 | 87 | 55 | 72.333 |
| 10 | 980112 | 影视 | 赵伯 | 1977/4/5 | 男 | 76 | 56 | 54 | 62 |
| 11 | 980120 | 戏文 | 青青 | 1977/9/12 | 女 | 94 | 93 | 85 | 90.667 |
| 12 | 980121 | 外语 | 星星 | 1978/4/1 | 女 | 76 | 46 | 65 | 62.333 |
| 13 | 980122 | 戏文 | 高寒 | 1978/1/1 | 男 | 67 | 76 | 83 | 75.333 |
| 14 | 980123 | 影视 | 样样 | 1977/4/3 | 男 | 65 | 64 | 93 | 74 |
| 15 | 980124 | 历史 | 信心 | 1977/5/8 | 男 | 65 | 55 | 77 | 65.667 |
| 16 | 980125 | 戏文 | 孙膑 | 1978/6/13 | 女 | 85 | 65 | 82 | 77.333 |
| 17 | 980126 | 法律 | 青竹 | 1965/6/7 | 女 | 74 | 77 | 54 | 68.333 |

图 6.3.7　学生成绩表

① 筛选出数学成绩为 60 分或 60 分以上的记录。

② 筛选出数学成绩前 3 名的记录。

③ 进行文字筛选，筛选出姓"张"的学生的记录。

操作步骤如下。

① 进入筛选状态，单击"数学"字段名右侧的下拉按钮，在筛选器选择列表中选择"数字筛选"，然后在子菜单中选择"大于或等于"，弹出"自定义自动筛选方式"对话框，在第 1 组右侧框中输入 60，如图 6.3.8 所示。

如果要针对同一个字段设定两个筛选条件，例如，要筛选出数学成绩在 60～70 分之间的记录，则在两组框中均输入筛选条件，选择它们中间的"与"单选按钮可筛选出那些必须两个条件均满足的记录，选择"或"单选按钮则筛选出只需要满足其中一个条件的记录。

② 清除前面的筛选条件，在筛选器选择列表中选择"数字筛选"，在子菜单中选择"前 10 项"，弹出"自动筛选前 10 个"对话框。在左侧框中选择"最大"，在中间框中输入表示项目个数的数字 3，在右侧框中选择"项"，表明显示"值最大"的前 3 项记录，如图 6.3.9 所示。

图 6.3.8　数字筛选（大于等于）

图 6.3.9　数字筛选（前 10 项）

③ 清除前面的筛选条件，然后对"姓名"字段进行"文本筛选"，在子菜单中选择"开头是"，弹出"自定义自动筛选方式"对话框。在第 1 组右侧框中输入"张"，如图 6.3.10 所示。

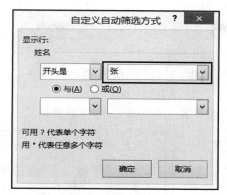

图 6.3.10　文本筛选（开头是）

### 6．创建切片器筛选

作为数据透视表中筛选数据的一种新方法，Excel 2010 新增了切片器工具。在 Excel 2013 中切片器又增加了新功能，可以创建切片器来筛选 Excel 表格（简称表格或表）中的数据。创建切片器来筛选 Excel 表格和筛选数据透视表的操作方法大同小异，数据透视表的切片器筛选可参考下述内容。

相对于数据清单的自动筛选功能，采用切片器筛选能够"显式"地列出表格中满足筛选条件的记录和与之对应的筛选条件，这一点是自动筛选不能提供的。

切片器筛选必须针对于 Excel 表格，可以通过使用"套用表格格式"按钮或"插入"选项卡中的"表格"按钮，将数据清单转换为 Excel 表格。

在 Excel 表格创建完成后，即可独立于该表格外部数据，对该表格中的数据单独进行管理和分析，换句话说，Excel 表格作为一个独立单元格区域，与同一工作表中的其他单元格无关。从排序和筛选角度来说，Excel 表格与数据清单没有什么不同。Excel 表格其他内容将在 6.8 节中具体介绍。下面介绍中假定已经将数据清单转换为 Excel 表格。

（1）建立步骤

单击 Excel 表格中的任意一个单元格，以在功能区中显示"表格工具"，单击"设计"选项卡｜"工具"组｜"插入切片器"按钮，在"插入切片器"对话框中，选中作为切片器筛选字段前面的复选框，然后单击"确定"按钮，在弹出的切片器中选择该字段的"项目值"。如果需要创建多个切片器，则重复前面步骤。

（2）创建切片器

例如，在如图 6.3.11 所示的"业主入住收费明细表"中要求使用切片器筛选出"房屋类型"字段值为"门面"和"商用"的记录。

| | A | B | C | D | E | F | G | H | I | J | K |
|---|---|---|---|---|---|---|---|---|---|---|---|
| 1 | | | | | 业主入住收费明细表 | | | | | | |
| 2 | 房间号 | 业主姓名 | 联系电话 | 房屋面积 | 房屋类型 | 物业管理费 | 公摊电费 | 装修保证金 | 装修出渣费 | 墙地面恢复费 | 合计 |
| 3 | A-0101 | 李因x | 1324567xxxx | 200.5 | 门面 | 1,203.00 | 21.00 | 2,000.00 | 601.50 | 50.00 | 3,875.50 |
| 4 | A-0104 | 刘鑫x | 1324878xxxx | 126.7 | 门面 | 760.20 | 21.00 | 2,000.00 | 380.10 | 50.00 | 3,211.30 |
| 5 | A-0105 | 沙x爱 | 1367534xxxx | 123.2 | 门面 | 739.20 | 21.00 | 2,000.00 | 369.60 | 50.00 | 3,179.80 |
| 6 | A-0103 | 万小x | 1354567xxxx | 118.3 | 门面 | 709.80 | 21.00 | 2,000.00 | 354.90 | 50.00 | 3,135.70 |
| 7 | A-0102 | 张x新 | 1334576xxxx | 132.5 | 门面 | 795.00 | 21.00 | 2,000.00 | 397.50 | 50.00 | 3,263.50 |
| 8 | A-0205 | 林知x | 1594357xxxx | 97.4 | 商用 | 467.52 | 21.00 | 2,000.00 | 292.20 | 50.00 | 2,830.72 |
| 9 | A-0204 | 贾玉x | 1584357xxxx | 102.5 | 住宅 | 307.50 | 21.00 | 2,000.00 | 307.50 | 50.00 | 2,686.00 |
| 10 | A-0301 | 马x | 1331542xxxx | 132.5 | 住宅 | 397.50 | 21.00 | 2,000.00 | 397.50 | 50.00 | 2,866.00 |
| 11 | A-0203 | 尚家x | 1394725xxxx | 89.5 | 住宅 | 268.50 | 21.00 | 2,000.00 | 268.50 | 50.00 | 2,608.00 |
| 12 | A-0201 | 邵x | 1381254xxxx | 132.5 | 住宅 | 397.50 | 21.00 | 2,000.00 | 397.50 | 50.00 | 2,866.00 |
| 13 | A-0202 | 孙x姣 | 1344231xxxx | 124.5 | 住宅 | 373.50 | 21.00 | 2,000.00 | 373.50 | 50.00 | 2,818.00 |

图 6.3.11　业主入住收费明细表（局部）

操作步骤如下。

① 选中任意一个单元格。

② 单击"插入切片器"按钮，弹出"插入切片器"对话框。

③ 选中"房屋类型"复选框，然后单击"确定"按钮，将此字段作为筛选字段，如图 6.3.12 所示。

④ 在切片器中选择"门面"和"商用"，筛选结果和所创建的切片器如图 6.3.13 所示。

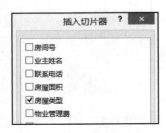

图 6.3.12　"插入切片器"对话框（局部）　　　图 6.3.13　在切片器中选择筛选值（局部）

需要说明的是：

- 在"插入切片器"对话框选中的每个字段，均会显示一个对应的切片器。
- 在每个切片器中，单击选中需要筛选字段的项目值。要选择多个项目值，在按住 Ctrl 键的同时单击要显示的项目值。
- 如果对同一张表创建了多个切片器并选择了多个项目值，则不同切片器所包含的筛选项目之间是"与"的关系，切片器内部项目是"或"的关系。
- 要更改切片器的外观，在"切片器工具"｜"选项"选项卡｜"切片器样式"组中选择所需样式。

## 6.3.2　高级筛选

高级筛选适合于创建复杂筛选条件。高级筛选可以完成多个筛选条件之间关系为"条件或"或者"条件与"和"条件或"相结合的数据筛选，这是自动筛选做不到的。使用高级筛选时，除了要正确建立作为数据源的数据清单之外，还应建立"条件区域"，然后才能进行筛选。作为筛选条件的条件区域一般满足以下几个条件。

- 条件区域至少包含两行，第 1 行为字段名行，是所设定条件限定的字段名，第 2 行为条件参数，是对该字段的限定条件。在某些情况下，字段名行可以为空，条件参数也可以为空，用来表示任意条件。
- 为避免系统自动选择时出错，条件区域应与数据清单应分隔开放置，一般将条件区域放在数据清单的下方或右侧，且它们之间至少隔开一个空白行或空白列。
- 条件区域也可以放置在数据清单以外的其他工作表中。

### 1. 建立条件区域

将数据清单中筛选条件所限定字段的字段名复制到条件区域中指定单元格中，或在该单元格中直接输入字段名，然后在该字段名下方输入该字段需要匹配的条件。在同一行的下一列输入下一个字段名和条件。如果需要，可以重复上述过程。

（1）单列包含多个条件

在条件区域中只包含有一个字段，但所满足的条件（限制条件）有两个或两个以上，条件之间是"或"的关系，即满足其中任意一个限制条件的记录均被筛选出来。对于这种情况，可以直接在该字段下依次输入各个条件。

如图 6.3.14 所示是一张包含了多家超市多名销售员所销售的某种饮料销售数量的数据清单，建立如图 6.3.15（a）所示的条件区域，这表示筛选出销售员字段值为"高升"、"林默森"或"许秋英"的记录。

| 超市饮料销售统计表 | | | | | | |
|---|---|---|---|---|---|---|
| 饮料名称 | 单位 | 单价 | 数量 | 销售额 | 销售员 | 超市 |
| 鲜橙多 | 瓶 | ¥5.80 | 4000 | | 林默森 | 沃尔玛 |
| 鲜橙多 | 瓶 | ¥6.20 | 6800 | | 许秋英 | 百佳 |
| 鲜橙多 | 瓶 | ¥7.00 | 9200 | | 高升 | 京客隆 |
| 鲜橙多 | 瓶 | ¥6.00 | 1600 | | 颐而康 | 天客隆 |
| 鲜橙多 | 瓶 | ¥5.80 | 3200 | | 叶荣顺 | 欧尚 |

图 6.3.14　示例数据

（2）多列中包含单个条件

如果作为筛选条件的字段有多个，针对不同字段的筛选条件之间是"与"的关系（即同时满足），每个条件涉及不同字段，则在条件区域的同一行中输入所有条件。如图 6.3.15（b）所示条件区域，表示筛选出满足销售员字段值为"高升"同时超市字段值为"京客隆"的记录。

（3）某列或另一列包含单个条件

如果作为筛选条件的字段有多个，针对不同字段的筛选条件之间是"或"的关系（满足一个即可），并且每个条件涉及不同的字段，则在条件区域的不同行中输入相应条件。如图 6.3.15（c）所示的条件区域表示筛选出满足销售员字段值为"高升"或者超市字段值为"沃尔玛"的记录。

（4）两列以上包含多个条件

如果筛选条件有两个（或多个），并且针对多个字段，其中某些字段的限制条件有两个或两个以上，则参照上面两条规则，进行组合，在条件区域中依次输入条件。如图 6.3.15（d）所示的条件区域表示筛选出满足"京客隆"超市的销售员为"高升"或"沃尔玛"超市任意销售员的销售记录。

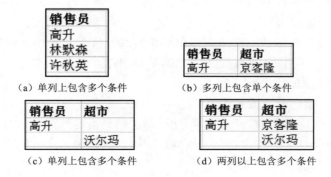

（a）单列上包含多个条件　　（b）多列上包含单个条件

（c）单列上包含多个条件　　（d）两列以上包含多个条件

图 6.3.15　高级筛选示例

需要说明的是：

● 对于文本字段，限定条件中可以使用通配符，通配符包括"*"、"?"。如图 6.3.16 所示的条件区域表示筛选出满足销售员姓高但名字任意的记录。

- 在条件区域中，除了可以使用文本和数值常量（这表示被限制字段的值为某个固定值）之外，还可以使用比较运算符直接与文本或数值相连，组成"关系表达式"，用来表示比较的条件，给出限制字段值的范围（数值型数据）。如图 6.3.17 所示的条件区域表示筛选出销售员姓名不等于"高升"（即除"高升"以外的其他销售员）且销售商品的数量大于 4000 的记录。

- 在高级筛选中，可以指定数据清单之外的单元格区域，并将筛选结果复制到该区域中，从而保留原数据清单作为对比，这也是"自动筛选"不具有的功能。

| 销售员 |
|--------|
| 高* |

图 6.3.16  在条件区域中使用通配符

| 销售员 | 数量 |
|--------|------|
| <>高升 | >4000 |

图 6.3.17  在条件区域中使用比较运算符

### 2. 使用高级筛选

单击"数据"选项卡|"排序和筛选"组|"高级"按钮，弹出"高级筛选"对话框，如图 6.3.18 所示。在对话框中需要设置列表区域（数据清单所在单元格区域）、条件区域以及结果区域存放的位置。

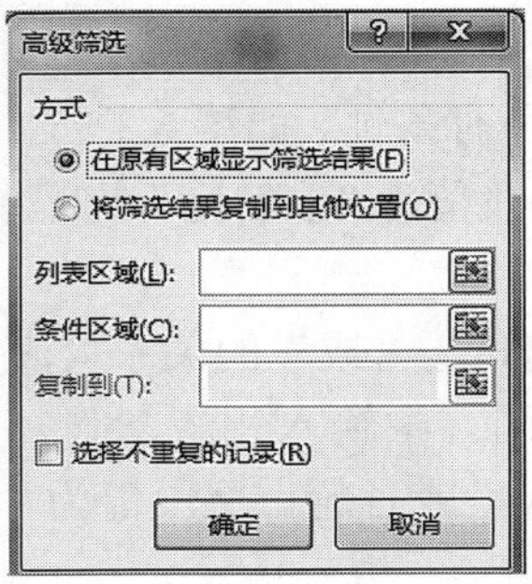

在默认情况下，高级筛选结果将显示在原数据清单所在的位置。如果需要将筛选结果复制到其他位置，则需要在"方式"区中选中"将筛选结果复制到其他位置"单选按钮，还应给出"筛选结果"所在区域，即在"复制到"框中给出筛选结果所在单元格区域。

如果"列表区域"框中包含有重复的记录，则可以在"高级筛选"对话框中选中"选择不重复的记录"复选框，这样就可以保证筛选结果不会重复。

图 6.3.18  "高级筛选"对话框

下面以如图 6.3.7 所示的学生成绩表为数据源，使用高级筛选筛选出三门课中任何一门功课成绩为不及格的记录。

操作步骤如下。

① 首先在数据清单下方 D20:F23 单元格分别创建 3 个条件区域，如图 6.3.19 所示。

② 单击"数据"选项卡|"排序和筛选"组|"高级"按钮，打开"高级筛选"对话框。

③ 在"列表区域"（即数据清单对应单元格区域）框和"条件区域"框中分别输入相应的单元格区域，或者单击"压缩对话框"按钮在工作表中选择，选择完成之后单击"展开对话框"按钮返回对话框，如图 6.3.20 所示。

④ 单击"确定"按钮，完成筛选。

一般来说，在筛选完成之前，用户并不知道筛选结果需要占用多大的单元格区域，所以只需给出结果所在单元格区域左上角单元格地址即可。这样可以同时保留作为数据源的数据清单，用来与筛选结果进行对照分析。

筛选后结果如图 6.3.21 所示。

| | | | | |
|---|---|---|---|---|
| 指名 | 1977/5/8 | 男 | 66 | |
| 孙膑 | 1978/6/13 | 女 | 85 | |
| 青竹 | 1965/6/7 | 女 | 74 | |
| | | | | |
| | 数学 | 计算机 | 英语 | |
| | <60 | | | |
| | | <60 | | |
| | | | <60 | |

图 6.3.19　条件区域

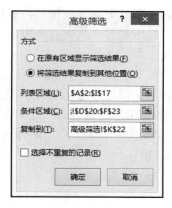

图 6.3.20　"高级筛选"对话框

| 学号 | 系别 | 姓名 | 出生年月日 | 性别 | 数学 | 计算机 | 英语 | 平均分 |
|---|---|---|---|---|---|---|---|---|
| 980102 | 法律 | 黎明 | 1978/1/1 | 女 | 65 | 56 | 82 | 67.66666667 |
| 980103 | 历史 | 张含 | 1979/3/2 | 男 | 45 | 66 | 78 | 63 |
| 980104 | 历史 | 周瑜 | 1977/12/20 | 女 | 74 | 84 | 56 | 71.33333333 |
| 980109 | 历史 | 清雅 | 1977/4/3 | 女 | 56 | 55 | 95 | 68.66666667 |
| 980112 | 影视 | 天天 | 1978/1/1 | 男 | 75 | 87 | 55 | 72.33333333 |
| 980112 | 影视 | 赵伯 | 1977/4/5 | 男 | 76 | 56 | 54 | 62 |
| 980121 | 外语 | 星星 | 1978/4/1 | 女 | 76 | 46 | 65 | 62.33333333 |
| 980124 | 历史 | 信心 | 1977/5/8 | 男 | 65 | 55 | 77 | 65.66666667 |
| 980126 | 法律 | 青竹 | 1965/6/7 | 女 | 74 | 77 | 54 | 68.33333333 |

图 6.3.21　"高级筛选"结果

# 6.4　分类汇总

分类汇总是在对数据清单排序基础上，按照所给定的类别字段对记录进行分类，然后汇总指定字段数据的一种数据分析方法。

所谓分类，是指按照指定的分类字段的值，将值相同的记录分为一组（排列在一起）。所谓汇总，是指对给定某个字段或多个字段按照指定汇总方式统计计算出体现该分组数据某种规律的结果。只有一个分类字段的汇总方式称为"简单分类汇总"，包含有多个分类字段的称为"多级分类汇总"。

一般来说，分类字段数据类型为字符型，汇总字段数据类型为数值型。

常用的汇总方式如下。

- 计数（针对字符型字段）：如汇总总人数。
- 求和（针对数值型字段）：如汇总工资总额。
- 求平均值、最大值、最小值。
- 数值计数：统计本类数值型字段值的个数。
- 标准偏差：本类数值数据偏离均值的情况。
- 总体标准偏差：本类数值数据偏离清单均值的情况。

## 6.4.1　简单分类汇总

### 1. 分类汇总建立

在进行分类汇总之前，首先要对分类字段进行排序，以保证分类字段值相同的记录排列在一起，使同一类的记录连续排列，然后再进行分类汇总。

如图 6.4.1 所示的“光明商场电器销售表”中，要求统计不同品牌电视机销售数量总和及销售额总和。

操作步骤如下。

①“品牌”字段作为分类字段，根据用户需要完成升序排序或降序排序。

② 选定数据清单中的任意一个单元格。

③ 单击“数据”选项卡|“分级显示”组|“分类汇总”按钮，弹出“分类汇总”对话框，如图 6.4.2 所示。

| | A | B | C | D | E |
|---|---|---|---|---|---|
| 1 | 光明商场电器销售表 | | | | |
| 2 | 品牌 | 型号 | 销售数量 | 销售额 | 销售月份 |
| 3 | TCL | 33寸 | 15 | 37800 | 4月 |
| 4 | 康佳 | 25寸 | 40 | 40000 | 4月 |
| 5 | TCL | 25寸 | 40 | 44000 | 5月 |
| 6 | 长虹 | 33寸 | 20 | 49800 | 4月 |
| 7 | 长虹 | 25寸 | 50 | 50000 | 5月 |
| 8 | 康佳 | 33寸 | 20 | 50000 | 6月 |
| 9 | 康佳 | 29寸 | 50 | 90000 | 5月 |
| 10 | TCL | 29寸 | 50 | 90500 | 6月 |
| 11 | 长虹 | 29寸 | 60 | 106800 | 6月 |

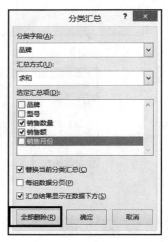

图 6.4.1　示例数据

图 6.4.2　“分类汇总”对话框

④ 设置分类字段为“品牌”，汇总方式为“求和”，选定汇总项为“销售数量”和“销售额”，汇总值将显示在该字段所在列中，汇总结果如图 6.4.3 所示，采用二级显示。

| 1 2 3 | | A | B | C | D | E |
|---|---|---|---|---|---|---|
| | 1 | 光明商场电器销售表 | | | | |
| | 2 | 品牌 | 型号 | 销售数量 | 销售额 | 销售月份 |
| + | 6 | **TCL 汇总** | | 105 | 172300 | |
| + | 10 | **康佳 汇总** | | 110 | 180000 | |
| + | 14 | **长虹 汇总** | | 130 | 206600 | |
| − | 15 | **总计** | | 345 | 558900 | |
| | 16 | | | | | |

图 6.4.3　“分类汇总”结果分 3 级显示

分类汇总特点如下：

- 简单分类汇总结果分 3 级显示。
- 第 1 级只显示所有记录汇总字段的“总计”结果，即清单中所有记录的统计值。
- 第 2 级显示各个“分类”的汇总结果和总计。
- 第 3 级在显示汇总结果和总计的同时，显示数据清单中的明细数据。
- 可以分别单击“分级显示符号”查看各个分级数据，或展开折叠明细数据，如图 6.4.3 所示。

### 2．清除分类汇总

分类汇总的汇总结果默认显示在原始数据下方，如果需要显示在原始数据上方，则在“分类汇总”对话框中取消选中“汇总结果显示在数据下方”复选框。与“自动筛选”类似，汇总结果替换掉了原始的数据清单，如果用户需要删除汇总结果，并将数据清单恢复到汇总之前的状态，可以在“分类汇总”对话框中单击“全部删除”按钮，即可恢复原数据清单。

## 6.4.2 多级分类汇总

多级分类汇总也称为分类汇总嵌套。在一般情况下，用户只需要按照工作表中的一个字段进行分类，即 1 级分类。如果想要按照两个或两个以上字段进行分类，则需要创建多级分类汇总。多级分类汇总类中多个分类字段之间的关系为：下级分类字段从属于上级分类字段。

### 1. 分类字段排序

首先应使用自定义排序命令对分类字段排序。第 1 级分类字段作为主要关键字，第 2 级分类字段作为第一次要关键字，第 3 级分类字段为第二次要关键字，其余类推。

各级分类字段为从属关系，即第 1 级为第 1 个层次分组（外部分组），第 2 级分类字段为第 2 个层次（内部分组）。如图 6.4.4 所示的“**学院教工工资表”数据清单要进行 2 级分类汇总，首先按照“学院”分类，然后按照“学院”下面各个“系别”进行分类。

如果分类汇总命令呈灰色（禁用），表示此时分类汇总命令执行条件不满足，一般是因为分类汇总的数据区域为 Excel 表格，而 Excel 禁止对其添加分类汇总。最简便的解决方法是将表格转换为数据区域，然后就可以对其添加分类汇总。

### 2. 创建多级分类汇总

下面以如图 6.4.4 所示的“**学院教工工资表”为例，通过统计各个二级学院教工的工资总和以及每个二级学院下属各个系教工的平均工资，来说明多级分类汇总的创建过程。

① 首先分别对多个分类字段进行排序，以“二级学院”为主关键字、“系别”为次要关键字进行排序。

② 选定数据清单中任意一个单元格。

③ 完成 1 级分类汇总。单击“分类汇总”按钮，在“分类汇总”对话框中，设置分类字段为“二级学院”、汇总方式为“求和”、选定汇总项为“工资”，汇总值将显示在该字段所在列中，然后单击“确定”按钮。

④ 完成 2 级分类汇总。再次单击“分类汇总”按钮，在“分类汇总”对话框中，设置分类字段为“系别”，汇总方式为“平均值”，选定汇总项为“工资”，然后取消选中“替换当前分类汇总”复选框，最后单击“确定”按钮，分类汇总结果如图 6.4.5 所示。

| | A | B | C | D | E |
|---|---|---|---|---|---|
| 1 | **学院教工工资表 | | | | |
| 2 | 序号 | 二级学院 | 系别 | 姓名 | 工资 |
| 3 | 7 | 播音学院 | 播音 | 林利枚 | 900 |
| 4 | 25 | 播音学院 | 播音 | 孙海涛 | 3250 |
| 5 | 2 | 电视学院 | 电视 | 古力 | 780 |
| 6 | 15 | 电视学院 | 电视 | 吴谨玉 | 4200 |
| 7 | 16 | 电视学院 | 电视 | 许燕力 | 2850 |
| 8 | 20 | 电视学院 | 电视 | 朱谨 | 2158 |
| 9 | 6 | 电视学院 | 文编 | 李宏图 | 745 |
| 10 | 11 | 电视学院 | 文编 | 任宏 | 3380 |
| 11 | 24 | 电视学院 | 文编 | 钱力 | 2950 |
| 12 | 8 | 工学院 | 电视工程 | 刘几亮 | 1550 |

图 6.4.4 **学院教工工资表

| 1 2 3 4 | A | B | C | D | E |
|---|---|---|---|---|---|
| 1 | **学院教工工资表 | | | | |
| 2 | 序号 | 二级学院 | 系别 | 姓名 | 工资 |
| 3 | 7 | 播音学院 | 播音 | 林利枚 | 900 |
| 4 | 25 | 播音学院 | 播音 | 孙海涛 | 3250 |
| 5 | | | **播音 平均值** | | 2075 |
| 6 | | **播音学院 汇总** | | | 4150 |
| 7 | 2 | 电视学院 | 电视 | 古力 | 780 |
| 8 | 15 | 电视学院 | 电视 | 吴谨玉 | 4200 |
| 9 | 16 | 电视学院 | 电视 | 许燕力 | 2850 |
| 10 | 20 | 电视学院 | 电视 | 朱谨 | 2158 |
| 11 | | | **电视 平均值** | | 2497 |
| 12 | 6 | 电视学院 | 文编 | 李宏图 | 745 |
| 13 | 11 | 电视学院 | 文编 | 任宏 | 3380 |
| 14 | 24 | 电视学院 | 文编 | 钱力 | 2950 |
| 15 | | | **文编 平均值** | | 2358.333 |
| 16 | | **电视学院 汇总** | | | 17063 |

图 6.4.5 多级“分类汇总”结果（局部）

⑤ 如果还有 3 级甚至更多级分类汇总，重复步骤④。

# 6.5 组及分级显示

如果有一张需要进行数据组合的数据清单，则可以创建分级显示来完成数据组合。所谓组合，是指将同类的记录（或列）连续排列，并对分组中特定字段（或行）完成数据统计和计算的数据处理方式。

分级显示与分类汇总非常相似，都可以将相关数据分组，但在分级显示中需要人工计算汇总数据，分类汇总为自动完成。并且，分类汇总只能创建类似于分级显示中的"行的分级显示"，不能创建"列的分级显示"，更不能创建同时包含行、列的"行和列的分级显示"，因为这样的分组破坏了数据清单中所描述的关系，这是数据库表的管理操作所不允许的。

分级最多可分为 8 个级别，每组一级。高级别（第 1 级）用较小的数字表示，而每个较低级别（第 2 级及其他更低的级别）在分级显示符号中用较大的数字表示。

使用分级显示功能可以对数据完成分组并快速显示汇总行或汇总列，或者显示每组的明细数据。使用分级显示功能还可以创建"行的分级显示"、"列的分级显示"或者"行和列的分级显示"，分类汇总实际上是一种自动创建的"行的分级显示"。

## 6.5.1 自动创建分组

### 1．名词术语

① 分级显示符号。用于更改分级显示工作表视图。通过单击代表分级显示级别的数字 ⊡⊡⊡ 和 ⊞、⊟ 等符号，可以显示或隐藏明细数据或低级别分组。

② 明细数据。在分类汇总和工作表分级显示中，是指产生汇总数据的记录。明细数据通常与汇总数据相邻，并位于汇总数据的上方或左侧。

③ 外部分组。指在创建的多级分级显示中级别较高的一级分组，由于较低的级别直接或间接从属于该级别，高级别分组处于低级别的上层（外部），因此得名。

④ 内部分组。也称内部嵌套组，是指较低级别的分组，从属于外部分组，由于嵌套于外部分组内，因此得名。

### 2．分级显示准备工作

类似于创建多级分类汇总，在创建分级显示之前，如果分组数据没有排列在一起，应首先使用自定义排序命令按照分级字段对数据清单中所有记录进行排序，排序步骤及原则与创建多级分类汇总相同。

其次，在每组（每一级）明细数据下方（默认）或上方插入空行作为汇总行。

然后在空行中对应字段中（被汇总的字段），使用 SUBTOTAL 函数或相应公式、函数（如 SUM 函数）计算对应列的汇总值，并在相应字段（可以是插入空行中的未计算汇总结果的任意字段）中输入相应标签数据，以确保每组明细数据具备汇总行。

单击"数据"选项卡│"分级显示"组右下角的对话框启动器按钮，弹出"设置"对话框如图 6.5.1 所示。要指定汇总行位于明细数据行上方，应取消选中"明细数据的下方"复选框；否则，创建汇总行时默认将汇总行置于明细数据的下方。

### 3. 自动分级显示数据

以如图 6.4.4 所示的"**学院教工工资表"作为操作对象创建分组。各个学院工资总计为第 1 级，明细数据为第 2 级，标签所在单元格文本设置加粗格式。

图 6.5.1　"设置"对话框

操作步骤如下。

① 执行自定义排序命令对表中数据排序，二级学院为主要关键字。

② 在每组记录下方插入空白行，在姓名字段下方输入各个分组标签，设置加粗格式，参见图 6.5.2 中的"播音学院工资总计"和"电视学院工资总计"。

③ 在各个分组标签所在行和工资字段所在列中，分别计算各个分组的汇总值，本例中为对工资求和，如图 6.5.2 中 SUM 函数所在单元格所示。

| | A | B | C | D | E |
|---|---|---|---|---|---|
| 1 | | | **学院教工工资表 | | |
| 2 | 序号 | 二级学院 | 系别 | 姓名 | 工资 |
| 3 | 7 | 播音学院 | 播音 | 林利枚 | 900 |
| 4 | 25 | 播音学院 | 播音 | 孙海涛 | 3250 |
| 5 | | | | **播音学院工资总计** | =SUM(E3:E4) |
| 6 | 2 | 电视学院 | 电视 | 古力 | 780 |
| 7 | 15 | 电视学院 | 电视 | 吴谨玉 | 4200 |
| 8 | 16 | 电视学院 | 电视 | 许燕力 | 2850 |
| 9 | 20 | 电视学院 | 电视 | 朱谨 | 2158 |
| 10 | 6 | 电视学院 | 文编 | 李宏图 | 745 |
| 11 | 11 | 电视学院 | 文编 | 任宏 | 3380 |
| 12 | 24 | 电视学院 | 文编 | 钱力 | 2950 |
| 13 | | | | **电视学院工资总计** | =SUM(E6:E12) |

图 6.5.2　2 级分级显示示例（局部）

④ 选择要分级显示单元格区域 A2:E33，单击"数据"｜"分级显示"｜"创建组"按钮，在下拉菜单中选择"自动建立分级显示"，如图 6.5.3 所示。分级显示结果处于 2 级显示状态，如图 6.5.4 所示。

图 6.5.3　"自动建立分级显示"命令

图 6.5.4　分级结果（2 级显示）

需要注意的是，如果各个分组指定单元格中的汇总数据为手工输入，而不是由公式或函数经过计算产生的，则无法使用自动建立分级显示命令，只能使用手动方式建立分级显示。

## 6.5.2　手动创建分组

### 1. 手动分级显示数据

自动建立分级显示命令一般用来创建 1 级和 2 级分组，如果需要创建更多级的分组，则需要使用手动分级显示命令创建分级显示。

（1）分级显示外部分组（1级分组）

首先选择所有内部分组的汇总数据行及其相关明细数据行。

在如图6.5.5（a）所示的数据清单中，第1行为标题行，第6行包含第2～5行的汇总数据，第10行包含第7～9行的汇总数据，第11行包含总计。

要将第11行东部总计的所有明细数据分在一组，选择第2～10行，选定区域不包括汇总行（第11行）和标题行（第1行），单击"数据"选项卡│"分级显示"组│"创建组"按钮，在弹出的对话框中选择"行"，单击"确定"按钮。

| | A | B | C |
|---|---|---|---|
| 1 | 地区 | 月份 | 销售额 |
| 2 | 东部 | 三月 | ￥9,647 |
| 3 | 东部 | 三月 | ￥4,101 |
| 4 | 东部 | 三月 | ￥7,115 |
| 5 | 东部 | 三月 | ￥2,957 |
| 6 | | 三月总计 | ￥23,820 |
| 7 | 东部 | 四月 | ￥4,257 |
| 8 | 东部 | 四月 | ￥1,829 |
| 9 | 东部 | 四月 | ￥6,550 |
| 10 | | 四月总计 | ￥12,636 |
| 11 | 东部总计 | | ￥36,456 |

（a）　　　　　　　　　　　　　（b）

图6.5.5　示例数据和"手动分级"结果

（2）分级显示内部分组（2级分组）

对于每个内部嵌套组，选择2级分组的明细数据行，不要选定汇总数据行。

在上面示例中，将第2～5行（汇总行为第6行）分在一组，因此选择第2～5行，然后执行"创建组"命令；将第7～9行（汇总行为第10行）分在一组，因此选择第7～9行，再执行一次"创建组"命令，步骤同创建外部组。

（3）如果有更多级别的分组，则继续选择并组合内部行，直到创建完分级显示中需要的所有级别，步骤同前，结果如图6.5.5（b）所示。

需要说明的是，如果错误地进行了分组操作，需要取消某一分组，应选中该组明细数据对应的行，单击"数据"选项卡│"分级显示"组│"取消组合"按钮，注意不要选中汇总行。

## 2．创建列的分级显示

创建列的分级显示与创建行的分级显示的过程非常相似，但需要注意以下几点。

● 确保分级显示的每行数据在第一列中都有列标签，如图6.5.5（a）中的A列即为列标签。

● 每行的数据类型必须相同，并且明细数据所在单元格区域中不包含空白行或列。

● 在每组明细列的右侧（默认）或左侧插入包含公式的汇总列。

● 可以指定汇总列的位置位于明细数据列的右侧还是左侧，默认为右侧。要指定汇总行位于明细数据行左侧，应在"设置"对话框中取消选中"明细数据的右侧"复选框。

（1）分级显示外部分组

在如图6.5.6所示的示例中，E列包含B～D列的汇总数据，I列包含F～H列的汇总数据，J列包含总计。若要将J列的所有明细数据分在一组，则选择B～I列对应单元格区域。注意：不要在选定区域中包括汇总列J列和标签列A列，其他操作与创建行的分级显示基本相同，这里不再赘述。

| | A | B | C | D | E | F | G | H | I | J |
|---|---|---|---|---|---|---|---|---|---|---|
| 1 | 区域 | 一月 | 二月 | 三月 | 一季度 | 四月 | 五月 | 六月 | 二季度 | 上半年 |
| 2 | 东部 | 371 | 504 | 880 | 1755 | 186 | 653 | 229 | 1068 | 2823 |
| 3 | 西部 | 192 | 185 | 143 | 520 | 773 | 419 | 365 | 1557 | 2077 |
| 4 | 北部 | 447 | 469 | 429 | 1345 | 579 | 180 | 367 | 1126 | 2471 |
| 5 | 南部 | 281 | 511 | 410 | 1202 | 124 | 750 | 200 | 1074 | 2276 |
| 6 | | | | | | | | | | |

图 6.5.6　创建列的分级显示

（2）分级显示内部分组

对于每个内部分组，选择与汇总列相邻的明细数据列。在上面示例中，要将 B～D 列（汇总列为 E 列）分在一组，选择 B～D 列。要将 F～H 列（汇总列为 I 列）分在一组，选择 F～H 列。其他操作参考创建行的分级显示中的介绍，不再赘述。

## 6.5.3　设置分级显示

### 1．显示或隐藏分级显示数据

如果要显示分组中明细数据，则单击该组的 + 符号。如果要隐藏组中明细数据，则单击该组的 − 符号。在 1 2 3 分级显示符号中，单击所需的级别编号，则处于较低级别的明细数据将变为隐藏状态。例如，一个分级显示包含 4 个级别，单击 3 符号可隐藏第 4 个级别，同时显示其他级别。如果要显示所有明细数据，单击 1 2 3 分级显示符号中的最低级别。例如，如果存在 3 个级别，则单击 3 符号显示所有数据；如果要隐藏所有明细数据，则单击 1 符号。

### 2．使用样式自定义分级显示

对于行的分级显示，可以套用 RowLevel_1 和 RowLevel_2 等系列单元格样式。对于列的分级显示，可以套用 ColLevel_1 和 ColLevel_2 等单元格样式。通过设置这些样式，可以使用加粗、倾斜及其他文本格式来区分数据中的汇总行或汇总列。

（1）自动对汇总行或自动汇总列应用样式

单击"数据"选项卡 | "分级显示"组右下角的对话框启动器按钮，弹出"设置"对话框，选中"自动设置样式"复选框，如图 6.5.7 所示，然后完成对数据的分组。之后，"总计"所在行（列）自动套用上述分级显示专用的单元格样式，在"单元格样式"列表中也会出现该样式，如图 6.5.8 所示。

图 6.5.7　分级显示设置对话框

图 6.5.8　"单元格样式"列表（局部）

（2）对已有汇总行或汇总列套用样式

选中要对其应用分级显示样式的单元格区域，单击"数据"选项卡| "分级显示"组右下角的对话框启动器按钮，弹出"设置"对话框，选中"自动设置样式"复选框，单击"应用

样式"按钮。

### 3. 复制分级显示汇总数据

① 单击相应的分级显示符号 1 2 3 、 + 和 − 来隐藏不需要复制的明细数据。

② 选择需要复制的单元格区域，单击"开始"选项卡|"编辑"组|"查找和选择"按钮，在下拉菜单中单击"定位条件"。

图 6.5.9 "定位条件"
对话框（局部）

③ 在弹出的"定位条件"对话框中选中"可见单元格"单选按钮，如图 6.5.9 所示。

④ 执行复制和粘贴命令，完成数据复制。

需要说明的是：

- 此操作原则同样适用于复制分类汇总的汇总数据。
- 如果直接复制、粘贴汇总数据行和总计行，那么，被隐藏且不需要的明细数据也会同时被复制过来。

### 4. 隐藏或清除分级显示

（1）隐藏分级显示

打开"Excel 选项"对话框，在"高级"类别的"此工作表的显示选项"区中，选择包含要隐藏的分级显示的工作表，取消勾选"如果应用了分级显示，则显示分级显示符号"复选框。

（2）清除分级显示

选中数据区域中任意一个单元格，单击"数据"选项卡|"分级显示"组|"取消组合"按钮，在下拉菜单中单击"清除分级显示"。

需要注意的是：

- 隐藏或清除分级显示时，不会删除任何原始明细数据。
- 在分级显示过程中所套用的单元格样式也不会随着清除分级显示而清除。

## 6.6 合并计算

在数据统计过程中，如果源数据分布在不同的工作表或者工作簿中，并且被统计数据排列方式和排列顺序完全相同，或者虽然排列顺序不一致，但具有相同行列标签，就可以利用合并计算命令来完成数据汇总。

合并计算可以将各个单独工作表（或称子工作表）中的数据合并到一张工作表（或称主工作表）中，这样可定期或临时对数据进行更新和聚合。例如，某部门不同月份工资表数据保存在不同工作表中，但每张工资表的结构和数据排列顺序完全相同，这样在主工作表中可以使用合并计算功能非常方便地计算出本年度工资总额、本部门平均工资、工资最高值和最低值等汇总数据。

一般来说，合并计算方式主要有两种：按位置进行合并计算和按分类合并计算。

### 6.6.1 按位置合并计算

当多个子工作表中数据源区域的数据是按照相同顺序排列的，并使用相同的行和列标签时，即在不同子工作表中被合并数据所在的单元格完全相同，可使用按位置方式合并。例如，包含某单位一系列各项开支数据的多个工作表都是根据同一模板创建的。

### 1. 名词术语

① 主工作表。简称主表，是指合并计算结果数据所在工作表，在合并计算之前主表数据区为空，只包含行列标签。注意，主表只能有一个。

② 子工作表。简称子表，也称报表，是收集报送上来的原始数据。子表是指参与合并计算的数据源所在工作表，包含合乎排列方式的数值型数据，也包含相应的行列标签。子表一般有多张。

③ 目标工作表。同主工作表，由于合并计算结果是用户期望的"目标"，因此得名。

④ 源工作表。同子工作表，包含参与计算的已有源数据，作为合并计算的数据来源（数据源）。

### 2. 按位置对数据进行合并计算

如图 6.6.1 至图 6.6.3 所示为总公司和两家分公司的收支表，要求计算总公司上半年各项收入和支出总和。

本示例是求总公司汇总一公司和二公司所获毛利的情况，从图 6.6.1 至图 6.6.3 可以看出，子工作表和主工作表结构完全相同，存放数据的单元格区域也完全相同。

| | A | B | C | D |
|---|---|---|---|---|
| 1 | 一公司收支表 | | | |
| 2 | | 收入 | 支出 | 毛利 |
| 3 | 一月 | 5000 | 3000 | 2000 |
| 4 | 二月 | 4000 | 3500 | 500 |
| 5 | 三月 | 4500 | 4000 | 500 |
| 6 | 四月 | 6000 | 5000 | 1000 |
| 7 | 五月 | 8000 | 6000 | 2000 |
| 8 | 六月 | 7000 | 5000 | 2000 |

图 6.6.1　子工作表 1（局部）

| | A | B | C | D |
|---|---|---|---|---|
| 1 | 二公司收支表 | | | |
| 2 | | 收入 | 支出 | 毛利 |
| 3 | 一月 | 2000 | 1200 | 800 |
| 4 | 二月 | 3500 | 3500 | 0 |
| 5 | 三月 | 4500 | 4000 | 500 |
| 6 | 四月 | 5000 | 5000 | 0 |
| 7 | 五月 | 6500 | 6000 | 500 |
| 8 | 六月 | 5600 | 5000 | 600 |

图 6.6.2　子工作表 2（局部）

操作步骤如下。

① 选中主工作表，在要显示合并数据的单元格区域中，单击左上角的空白单元格，即图 6.6.3 中总公司收支表的收入下方的 B3 单元格。

② 单击"数据"选项卡|"数据工具"组|"合并计算"按钮，弹出"合并计算"对话框。

③ 在"函数"下拉列表中选择对数据进行合并计算的汇

| | A | B | C | D |
|---|---|---|---|---|
| 1 | 总公司收支表 | | | |
| 2 | | 收入 | 支出 | 毛利 |
| 3 | 一月 | | | |
| 4 | 二月 | | | |
| 5 | 三月 | | | |
| 6 | 四月 | | | |
| 7 | 五月 | | | |
| 8 | 六月 | | | |

图 6.6.3　主工作表（局部）

总函数，本示例中为"求和"，即计算各个分公司各个月份"毛利"总和。在"引用位置"框中直接输入或选择各个"子工作表"的数据区域地址。注意：不要选择行列标签。每选中一张子表后，单击一次"添加"按钮，直至所有需要被合并的报表添加完成，如图 6.6.4 所示。

④ 单击"确定"按钮，完成合并计算。

需要说明的是：

● 要在"合并计算"对话框中删除一张子表，只需在"所有引用位置"框中选中对应项目，然后单击"删除"按钮。

● 为避免目标工作表中所合并的结果覆盖已有数据，应确保在所选中的单元格右侧和下方为合并数据留出足够大小的空白单元格区域。

- 如果子表位于另一个工作簿文件中，则单击"浏览"按钮找到该工作簿，打开包含有"子表"的工作簿，然后输入相应的单元格地址。

图 6.6.4　"合并计算"对话框

### 3．更新合并计算

（1）手动更新

用户创建合并计算时，在"合并计算"对话框中取消勾选"创建指向源数据的链接"复选框后，当子表数据发生变化时，主表中相应合并后的数据不更新。当需要更新汇总数据时，只需重新执行一遍合并计算命令，即可完成刷新合并计算的操作，并不需要再次设置相关参数。

（2）自动更新

如果需要当子表的源数据发生变化时合并计算结果自动更新，则在创建"合并计算"时选中"创建指向源数据的链接"复选框，此选项为"合并计算"命令的默认选项。

## 6.6.2　按类别合并计算

如果多个子工作表的数据源区域中的数据以不同顺序排列，却使用相同行和列标签，即具有不同的数据布局，或者一张子表是另外一张子表的子集，合并时，会将包含相同标签的数据进行合并。例如，一组包含每月库存的工作表都使用相同布局，但每个工作表包含不同项目或不同数量项目。

按类别合并计算的要求和计算过程与按位置合并计算的基本相同，但由于源数据布局不同，因此有以下 4 点不同。

① 各个子表中所包含源数据的结构不同，或者多张子表位于同一张工作表中，子表的单元格地址不同，这样就不能按固定位置合并数据。

② 子表结构或标签列顺序与主表不完全一致，或者主表合并计算子表中部分数据。

③ 在"合并计算"对话框中需要选择标签位置是处于"首行"还是"最左列"，如图 6.6.4 所示。

④ 在"设置引用位置"中设置"源数据"时要同时选中标签，在操作方面与按位置合并计算相比，这是重要的不同之处。

如图 6.6.5（c）所示，在主表中合并计算"1月实发工资"，合并的两张子表如图 6.6.5（a）和 6.6.5（b）所示，合并方式为求和。

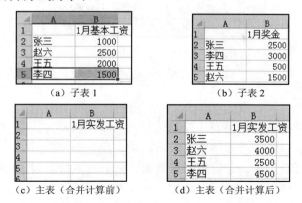

（a）子表1　　　　　　　（b）子表2

（c）主表（合并计算前）　　　（d）主表（合并计算后）

图 6.6.5　按类别合并计算

操作步骤如下。

① 如图 6.6.5（c）所示，选中主工作表单元格区域的左上方空白单元格 A2，由于行或列标签会一并从源工作表复制过来，因此目标工作表中不需要输入标签。

② 在"合并计算"对话框中选择标签位置为"最左列"。引用位置分别为两张子表的 A2:B5 单元格区域，其他设置同"按位置合并计算"，如图 6.6.6 所示。结果如图 6.6.5（d）所示。

### 6.6.3　使用公式进行合并计算

可以不使用合并计算命令，而是使用公式来构造数据之间关系并对数据进行合并计算。此方式使用起来复杂，因为要构造公式，但更加灵活，适合构造复杂的数据聚合方式。该方式实质上是

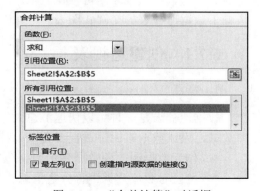

图 6.6.6　"合并计算"对话框

在公式中的单元格地址的三维引用问题，具体请参考相关章节。

按位置合并计算，是按照位置构造数据之间关系，即主表与子表采用完全相同数据结构布局的计算方式。按类别合并计算，是按照标签构造数据之间关系，即标签相同的行或列中对应单元格依次进行合并。使用公式对数据进行合并计算，是通过函数和运算符等构造数据之间关系，前提是各个子表中数据结构和布局完全不同，无法采用上述两种方式完成数据汇集。

下面举例说明。

① 在主工作表的相应单元格中输入要用于合并数据的列标签或行标签，或直接从子表中复制、粘贴过来。

② 单击用来存放合并计算数据的单元格。

③ 输入公式，其中包括对其他子表的单元格地址引用。示例数据如图 6.6.7 所示，要对"销售表"中的单元格 B4、"人力资源表"中的单元格 F5 和"广告表"中的单元格 B9 进行合并，方式为求和，在作为主表的"合并表"的单元格 A2 中输入公式，如图 6.6.7 所示。

④ 重复步骤③，在下一个单元格中输入公式来完成其他数据合并。

图 6.6.7 "使用公式合并计算"示例

# 6.7 数据透视表

数据透视表也称数据透视表报表，简称透视表，是一种动态、交互式报表，可以完成筛选、排序和分类汇总等功能，一般用来完成数据的多角度分析。

使用数据透视表可以浏览、分析和汇总数据，用于对多种来源（包括 Excel 外部数据源）的数据（如数据库、数据列表）进行汇总和分析，特别适合对规模较大、字段较多的数据表完成数据分析。透视表在处理包含大量流水账式记录的数据清单时特别简便有效。

透视表的透视功能体现在从大量看似无关或无序的数据中找出数据的内在联系，从而从纷繁复杂的数据中挖掘出有价值的信息，以供研究和决策。

数据透视图也称数据透视图报表，以数据透视表为数据源，采用直观的图形方式显示汇总数据，是数据透视表的可视化表示。通过透视图可以方便地查看比较模式和趋势，是一种依赖于数据透视表的交互式图表。

## 6.7.1 创建透视表

### 1. 特点

数据透视表是一种可以快速汇总大量数据的交互式方法。使用透视表可以深入分析数值型数据，完成数据对比。透视表有以下特点：

- 作为数据源的源数据基于数据清单形式。
- 可以对数值数据进行分类汇总和聚合，按分类和子分类对数据进行汇总。
- 可以展开或折叠所关注结果的数据级别，查看所关心单元格区域汇总的明细数据。
- 可将行转变为列或将列转变为行，改变原清单的结构，或称透视功能，以查看源数据的不同汇总方式。
- 可以抽取出关心的部分数据（记录）来构造一张透视表，所抽取出的数据是原数据清单的子集，可以对透视表进行筛选、排序、分组和有条件地设置格式。

在如图 6.7.1 所示的透视表示例中，可以很容易地观察到透视表单元格 F4 中第 3 季度羽毛球销售额与乒乓球销售额之间的差别，或第 3 季度羽毛球与第 4 季度羽毛球销售额或总销售额之间的差别。

| ① | A | B | C | |
|---|---|---|---|---|
| 1 | 商品 | 季度 | 销售额 | |
| 2 | 羽毛球 | 第3季度 | ¥15,000 | ② |
| 3 | 羽毛球 | 第4季度 | ¥20,000 | |
| 4 | 乒乓球 | 第3季度 | ¥6,000 | |
| 5 | 乒乓球 | 第4季度 | ¥15,000 | |
| 6 | 乒乓球 | 第3季度 | ¥40,000 | |
| 7 | 乒乓球 | 第4季度 | ¥50,000 | |
| 8 | 羽毛球 | 第3季度 | ¥64,000 | ② |

| E ③ | F | G |
|---|---|---|
| 销售小计 | 季度 ▼ | |
| 商品 ▼ | 第3季度 | 第4季度 |
| 乒乓球 | 46000 | 65000 |
| 羽毛球 ④ | 79000 | 20000 |
| 总计 | 125000 | 85000 |

图 6.7.1 "透视表"示例

说明：

① 为源数据表；

② 为数据透视表中第 3 季度羽毛球销售额的源值；

③ 为数据透视表；

④ 为源数据中单元格 C2 和 C8 的汇总结果所在单元格 F4。

**2．创建透视表**

在创建数据透视表之前首先必须指定源数据所在单元格区域，一般是整张数据清单；然后指定透视表在本工作簿中的位置，是保存在一张新建工作表中，还是保存在作为数据源的数据清单所在的当前工作表中；最后是设置透视表中字段布局，包括行标签字段、列标签字段、值字段和报表筛选字段。

（1）名词术语

① 源数据。一般是指用于创建数据透视表或数据透视图的数据清单或 Excel 表，作为数据的来源（数据源）。源数据可以来自 Excel 数据清单或单元格区域、外部数据库或多维数据集，或者另一张数据透视表。

② 行标签字段。行标签字段作为数据透视表左侧的行标签，旧版本中称为"行字段"。该字段给出了每行要汇总的数据类别。例如，如图 6.7.2 所示示例结果中行标签字段代表多个不同的施工队，其数据区给出各施工队所领取的建筑材料价值总额。

③ 列标签字段。列标签字段作为数据透视表顶部的列标签。列标签字段最多只能有 256 个，旧版本中称"列字段"。该字段决定了每列要汇总的数据类别。如图 6.7.2 所示示例结果中列标签字段代表不同楼号的多幢楼宇，其数据区给出该幢楼所使用的建筑材料价值总额。

| 供应厂 | （全部） | | |
| --- | --- | --- | --- |
| 求和项:总价 | 列标签 | | |
| 行标签 | 1号楼 | 2号楼 | 总计 |
| 第1队 | 4324.8 | | 4324.8 |
| 第2队 | 147820 | 30033.96 | 177853.96 |
| 第3队 | 358542.74 | 2001 | 360543.74 |
| 第4队 | | 849.52 | 849.52 |
| 总计 | 510687.54 | 32884.48 | 543572.02 |

图 6.7.2　示例结果

④ 值字段。值字段的值作为数据透视表中汇总数据，用于比较或计算。该字段只能为数值型字段，旧版本中称为"数据字段"。

⑤ 报表筛选字段。报表筛选字段作为数据透视表顶部的报表筛选器，用来根据特定的项目完成对透视表的筛选，旧版本中称为"页字段"。

（2）创建步骤

① 单击"插入"选项卡|"表格"组|"数据透视表"按钮，弹出"创建数据透视表"对话框，如图 6.7.3 所示。

或者单击"推荐的数据透视表"按钮，弹出"推荐的数据透视表"对话框，如图 6.7.4 所示，Excel 会列出几种推荐的透视表布局供用户选择，这样可以简化用户操作步骤，降低操作难度。

下面按第一种方式介绍创建透视表的步骤。

② 在"创建数据透视表"对话框中，选中"选择一个表或区域"项，然后在下方的"表/

区域"框中输入或选择数据清单对应的单元格区域，以指定源数据位置。一般 Excel 会自动选定。

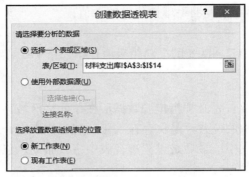

图 6.7.3　"创建数据透视表"对话框（局部）

③ 指定放置透视表的位置，可以选择将透视表存放在新工作表中或当前数据清单所在工作表（现有工作表）中，然后单击"确定"按钮。

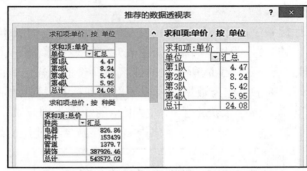

图 6.7.4　"推荐的数据透视表"对话框（局部）

④ 在工作表中出现如图 6.7.5 所示的透视表占位符，窗口右侧出现如图 6.7.6 所示的"数据透视表字段"列表。在该列表中分别使用鼠标拖动上方的"字段名"到下方的行、列和值字段中，作为数据透视表的行、列标题和数据区，其中筛选器字段为可选，见图 6.7.6 中箭头指示方向。

图 6.7.5　透视表"占位符"　　　图 6.7.6　"数据透视表字段"列表

### 3. 使用数据透视表分析数据

针对如图 6.7.7 所示的某工地"工地材料支出库"表，按照下列步骤创建数据透视表。

① 将"单位"拖动到行字段。

② 将"施工楼号"拖动到列字段。

③ 将"总价"拖动到值字段。

④ 将"供应厂"拖动到筛选器字段。

结果如图 6.7.2 所示。

| | A | B | C | D | E | F | G | H | I |
|---|---|---|---|---|---|---|---|---|---|
| 1 | | | | | | 工地材料支出库 | | | |
| 2 | 单位 | 数量 | 施工楼号 | 单价 | 种类 | 总价 | 领料人 | 日期 | 供应厂 |
| 3 | 第1队 | 5400 | 1号楼 | 0.67 | 构件 | 3618 | 王凯 | 3月15日 | 2118厂 |
| 4 | 第2队 | 38000 | 1号楼 | 3.89 | 构件 | 147820 | 林晶莹 | 3月18日 | 2118厂 |
| 5 | 第3队 | 512 | 1号楼 | 1.27 | 管道 | 650.24 | 孙茹梅 | 3月18日 | 432厂 |
| 6 | 第3队 | 3450 | 2号楼 | 0.58 | 构件 | 2001 | 孙茹梅 | 3月19日 | 432厂 |
| 7 | 第1队 | 418 | 1号楼 | 0.9 | 电器 | 376.2 | 王凯 | 3月20日 | 532厂 |
| 8 | 第3队 | 100250 | 1号楼 | 3.57 | 装饰 | 357892.5 | 孙茹梅 | 3月26日 | 2118厂 |
| 9 | 第2队 | 7580 | 2号楼 | 3.57 | 装饰 | 27060.6 | 李强 | 3月28日 | 2118厂 |
| 10 | 第4队 | 518 | 2号楼 | 0.77 | 管道 | 398.86 | 赵玉英 | 4月1日 | 432厂 |
| 11 | 第4队 | 87 | 2号楼 | 5.18 | 电器 | 450.66 | 吴畏 | 4月5日 | 532厂 |
| 12 | 第2队 | 3812 | 2号楼 | 0.78 | 装饰 | 2973.36 | 李强 | 4月6日 | 615厂 |
| 13 | 第1队 | 114 | 1号楼 | 2.9 | 管道 | 330.6 | 王凯 | 4月6日 | 432厂 |

图 6.7.7　示例数据

本例中作为创建透视表数据源的数据清单中有 9 个字段，记录的是某工地建筑施工材料领取的流水账。用户无法直接从原数据清单中观察并得出所关心数据之间的关系及汇总数据。虽然可以使用之前的分类汇总完成数据汇总，但只能按某字段对记录分类，汇总每个分类（分组）的若干字段的数据。这是一种"一维"数据的分析方法，即只能按照记录统计、分析数据。

而上述数据透视表从数据清单中抽取出所关心的 4 个字段创建一张"虚拟表"，"单位"字段作为行，"施工楼号"作为列，材料"总价"作为数据区，这样就构造了一张二维表。材料"供应厂"字段作为筛选字段，是第三维数据，上述 4 个字段组成的"数据透视表"作为一张"三维"表，可以对数据进行多角度、多维度分析。

该数据透视表明确给出了数据之间的关系和汇总数据（总计），即各个施工队所负责施工的每幢楼宇所使用的材料总价，并且可按照"筛选"字段对材料"总价"进行筛选，例如可以查看某个材料供应厂家所提供材料的使用情况。

用户可以进一步选取与上述示例中不同的字段创建另外一张透视表，如将行标签字段更改为材料的"种类"，这样表中所体现的数据关系与示例完全不同，这也同时说明透视表是一张在需要多角度、多维度分析数据时所创建的"虚拟"表格。

透视表的 4 个字段区："筛选器"、"列"、"值"和"行"均可添加多个字段，这样就构成多级分类，并且同一个字段可以添加到多个区域。图 6.7.8 以图 6.7.2 的透视表为基础，将"领料人"字段添加到行标签上，这样可以直观得到从属于不同施工队的不同领料人针对不同楼宇所领取的材料总额。

| 求和项:总价 | 列标签 | | |
|---|---|---|---|
| 行标签 | 1号楼 | 2号楼 | 总计 |
| ⊟第1队 | 4324.8 | | 4324.8 |
| 　王凯 | 4324.8 | | 4324.8 |
| ⊟第2队 | 147820 | 30033.96 | 177853.96 |
| 　李强 | | 30033.96 | 30033.96 |
| 　林晶莹 | 147820 | | 147820 |
| ⊟第3队 | 358542.74 | 2001 | 360543.74 |
| 　孙茹梅 | 358542.74 | 2001 | 360543.74 |
| ⊞第4队 | | 849.52 | 849.52 |
| 总计 | 510687.54 | 32884.48 | 543572.02 |

图 6.7.8　"数据透视表"多级分类

## 6.7.2　编辑数据透视表

通过选择数据源、确定透视表字段列表中字段排列以及选择初始布局来创建初始数据透视表后，可以执行下列操作来进一步定制数据透视表。

**1. 浏览数据**

（1）选择数据

选择数据操作包括选择某列、某行、标签区域、值区域和整个透视表。既可以使用一般的单元格区域选择方式来完成，也可以使用下述透视表的专用方式完成数据选择。

① 选择某列和某行

将鼠标指针置于行标签所在单元格的左侧或列标签的上方，鼠标指针变成向右箭头或向下箭头形状后，单击即可选择相应数据区域，如图 6.7.9 所示。

图 6.7.9　选择数据区域

② 选择标签区域和值区域

单击"数据透视表工具"的"分析"选项卡｜"操作"组｜"选择"按钮，在下拉菜单中单击相应的选择命令，如图 6.7.10 所示。

- 标签与值：等价于"整个数据透视表"命令，选择行/列标签区域和值区域。
- 值：选择值区域，如图 6.7.11 所示。
- 标签：选择标签区域，包括行/列标签和筛选标签，如图 6.7.11 所示，被选中的区域背景变为灰色。
- 整个数据透视表：选择整个数据透视表。
- 启用选定内容：这是"标签与值"中选择方式的开关命令，如果不选中则无法使用上述选择方式。

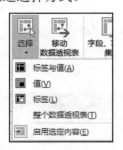

图 6.7.10　"选择"下拉列表

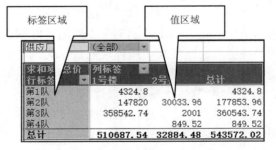

图 6.7.11　选择标签区域和值区域

（2）显示明细数据

透视表的 4 个字段区："筛选器"、"列"、"值"和"行"，均可添加多个字段，这样就构成多级分类。单击标签前的"+"或"−"号，或者双击标签所在单元格，可以展开或折叠数据，并显示与值有关的基本明细，如图 6.7.8 所示。

如果某标签字段没有包含下级从属字段，那么在透视表中双击该字段标签所在单元格，可以为其添加附属字段。例如，在如图 6.7.9 所示透视表中双击"1 号楼"标签（对应字段是"施工楼号"），弹出"显示明细数据"对话框，如图 6.7.12 所示。选中"种类"字段，即可为"施工楼号"添加附属字段施工材料"种类"，结果如图 6.7.13 所示。

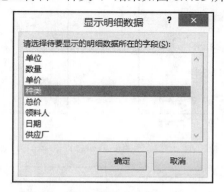

图 6.7.12 "显示明细数据"对话框

| 求和项:总价 | 列标签 | | | | 1号楼 汇总 | 2号楼 | 总计 |
|---|---|---|---|---|---|---|---|
| 行标签 | 1号楼 | | | | | | |
| | 电器 | 构件 | 管道 | 装饰 | | | |
| 第1队 | 376.2 | 3618 | 330.6 | | 4324.8 | | 4324.8 |
| 王凯 | 376.2 | 3618 | 330.6 | | 4324.8 | | 4324.8 |
| 第2队 | | 147820 | | | 147820 | 30033.96 | 177853.96 |
| 李强 | | | | | | 30033.96 | 30033.96 |
| 林晶莹 | | 147820 | | | 147820 | | 147820 |
| 第3队 | | | 650.24 | 357892.5 | 358542.74 | 2001 | 360543.74 |
| 孙茹梅 | | | 650.24 | 357892.5 | 358542.74 | 2001 | 360543.74 |
| 第4队 | | | | | | 849.52 | 849.52 |
| 总计 | 376.2 | 151438 | 980.84 | 357892.5 | 510687.54 | 32884.48 | 543572.02 |

图 6.7.13 数据透视表结果

### 2. 排序和筛选

数据透视表的排序和筛选功能与前面介绍的自动筛选功能非常相似，单击行/列标签右侧的"筛选控件"下拉按钮 ，在弹出的下拉列表中完成排序和筛选操作，如图 6.7.14 所示。具体内容参见 6.3 节。注意，"报表筛选字段"的"筛选控件"下拉按钮对应的下拉列表中并不包含排序功能。

图 6.7.14 排序和筛选下拉列表

### 3. 分类汇总和总计

在默认情况下，在创建透视表后 Excel 会自动添加总计行和总计列。如果需要添加汇总行或汇总列，或取消总计行/列，那么可以在"数据透视表工具"的"设计"选项卡 | "布局"组中的"分类汇总"下拉列表和"总计"下拉列表中执行相应命令，来完成上述功能，如图 6.7.15（a）和 6.7.15（b）所示。注意，只有具有 2 级以上行/列标签的字段才可以进行分类汇总。

在窗口右侧"数据透视表字段"列表下方，单击行/列字段或筛选字段，在弹出的下拉列表中执行"字段设置"命令，打开"字段设置"对话框，可以自定义该标签字段的汇总方式，如平均值、最大值、最小值和计数等，如图 6.7.16 所示。

单击"值字段"，在弹出的下拉列表中执行"值字段设置"命令，打开"值字段设置"对话框可以自定义该"值字段"的汇总方式，如平均值、最大值、最小值和计数等，该操作影响"总计行/列"的汇总方式，如图6.7.17所示。

（a）"分类汇总"下拉列表

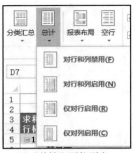

（b）"总计"下拉列表

图6.7.15　选择分类汇总和总计的显示方式

（a）透视表字段下拉列表

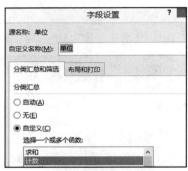

（b）"字段设置"对话框

图6.7.16　打开"字段设置"对话框

（a）值字段下拉列表

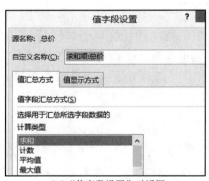

（b）"值字段设置"对话框

图6.7.17　打开"值字段设置"对话框

### 4．数据透视表布局

（1）字段布局

更改字段布局包括添加、重新排列和删除字段，以及更改字段顺序等操作。最简单的操作方式是，在"数据透视表字段"列表中，将上方的字段拖放到下方区域中（添加字段），或者是从某个字段区域中将某字段"拖出"该区域（删除字段）。调整字段的顺序（在区域内拖动字段名），对于行列标签字段来说，该操作是改变字段的从属关系（级别），上方的字段显示为外部高级别的字段。

在"数据透视表"列表下方的区域中单击某个字段，在弹出的下拉列表中可以选择将该字段移动到其他区域、调整字段次序、删除字段等，如图 6.7.18 所示。

（2）透视表显示方式

① 更改透视表布局

在创建数据透视表并添加需要分析的字段后，可以更改数据的布局以使数据透视表中的数据更易于浏览识别，只需要修改默认布局为其他报表布局即可。

单击数据"透视表工具"的"设计"选项卡│"布局"组│"报表布局"按钮，在下拉菜单中选择透视表的布局方式：压缩形式、大纲形式和表格形式显示，如图 6.7.19 所示。默认显示方式为"以压缩形式显示"。

图 6.7.18　区域字段下拉列表　　　图 6.7.19　"报表布局"下拉菜单

"以压缩形式显示"布局方式隐藏了行/列标签对应的字段名，使相关数据在屏幕上水平折叠，以最大限度显示有效数据。该显示布局的优点是显示简洁，可读性好。

如图 6.7.20 所示，来自不同行区域字段的项目位于一列中，并且来自不同字段的项目采用缩进形式（如"电器"和"王凯"）。行标签采用压缩形式占用的空间更少，可为数值数据留出更多空间。单击"展开"（+）和"折叠"（-）符号，可以显示或隐藏详细信息。

| 求和项:总价 | 列标签 ▼ | | |
|---|---|---|---|
| 行标签 ▼ | 2号楼 | 1号楼 | 总计 |
| ⊟第1队 | | 4324.8 | 4324.8 |
| ⊟电器 | | 376.2 | 376.2 |
| ⊟王凯 | | 376.2 | 376.2 |
| 418 | | 376.2 | 376.2 |
| ⊟构件 | | 3618 | 3618 |
| ⊟王凯 | | 3618 | 3618 |
| 5400 | | 3618 | 3618 |
| ⊟管道 | | 330.6 | 330.6 |
| ⊟王凯 | | 330.6 | 330.6 |

图 6.7.20　"以压缩形式显示"布局方式

"以大纲形式显示"布局方式以分级方式显示透视表中数据，项目"跨列"分级显示列在层次结构中，并且显示行/列标签的字段名，数据来源一目了然，如图 6.7.21 所示。

"以表格形式显示"布局方式以表格格式显示所有内容，这样可以非常方便地将单元格复制到另外一张工作表中，并且可以显示"汇总"标签字段，数据含义丰富。大纲形式和表格形式两种布局方式均显示行/列标签对应的字段名，代替了"行/列标签"，使用户可以直观地得到行/列标签对应字段，如图 6.7.22 所示。

图 6.7.21　"以大纲形式显示"布局

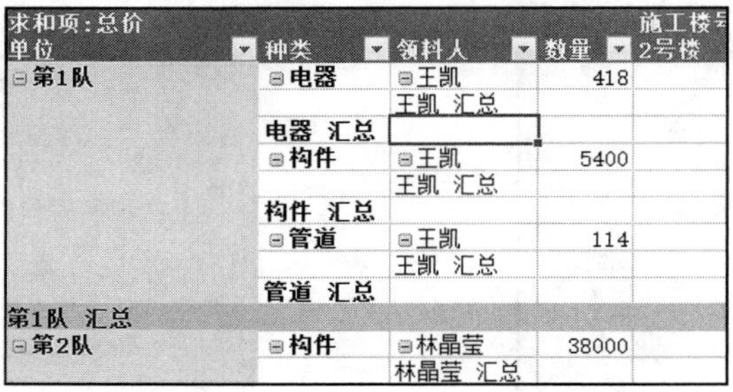

图 6.7.22　"以表格形式显示"布局

② 插入空行

单击"数据透视表工具"的"设计"选项卡|"布局"组|"空行"按钮，在下拉菜单中选择"在每个项目后插入空行"或"删除每个项目后的空行"，如图 6.7.23 所示，可以在行标签对应的每个分组数据的下方插入一行空行，或删除之。此操作的目的在于区分分组数据，提高可读性。这些空行可以设置单元格格式，但不能输入数据。

③ 调整分组排列顺序

在行/列标签对应的每个标签项上右击，在快捷菜单中单击"移动"，然后在子菜单中执行相应的命令，可以调整此"标签项"的排列顺序。也可以先选中行/列标签项，然后将鼠标指针指向单元格边框，当指针变成黑色四向箭头形状✚时，将该项目拖动到新位置。

（3）分组

在使用透视表汇总数据时经常会遇到这种情况，即所考察的数据是透视表中原始数据的一种组合。如图 6.7.24 所示的示例中，将"行标签字段"由"单位"更改为"日期"，透视表反映的是按天记录的材料使用的流水账。但用户关心的是每个月材料的使用情况，这样可以单击"组合"命令来完成。

图 6.7.23　"空行"下拉列表

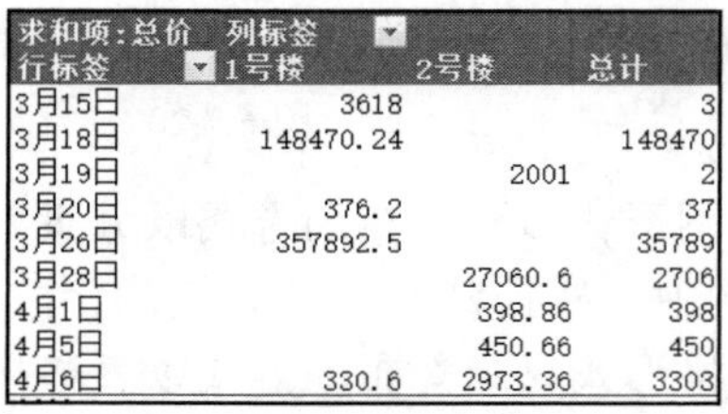

| 求和项:总价 | 列标签 | | |
| 行标签 | 1号楼 | 2号楼 | 总计 |
| 3月15日 | 3618 | | 3 |
| 3月18日 | 148470.24 | | 148470 |
| 3月19日 | | 2001 | 2 |
| 3月20日 | 376.2 | | 37 |
| 3月26日 | 357892.5 | | 35789 |
| 3月28日 | | 27060.6 | 2706 |
| 4月1日 | | 398.86 | 398 |
| 4月5日 | | 450.66 | 450 |
| 4月6日 | 330.6 | 2973.36 | 3303 |

图 6.7.24　透视表示例

操作步骤如下。

① 单击要组合的行/列标签字段中的任意一个单元格，在本例中为行标签中的任意字段。

② 单击“数据透视表工具”的“分析”选项卡|“分组”组|“组选择”按钮，弹出“组合”对话框。

③ 输入分组的起止日期以及分组步长，然后单击“确定”按钮，一般系统会根据字段中值自动给出，如图 6.7.25 所示。分组结果如图 6.7.26 所示。

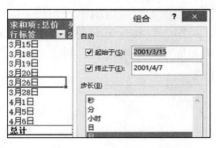

图 6.7.25 “组合”对话框

| 求和项:总价 | 列标签 | | |
|---|---|---|---|
| 行标签 | 1号楼 | 2号楼 | 总计 |
| 3月 | 510356.94 | 29061.6 | 539418 |
| 4月 | 330.6 | 3822.88 | 4153 |
| 总计 | 510687.54 | 32884.48 | 543572 |

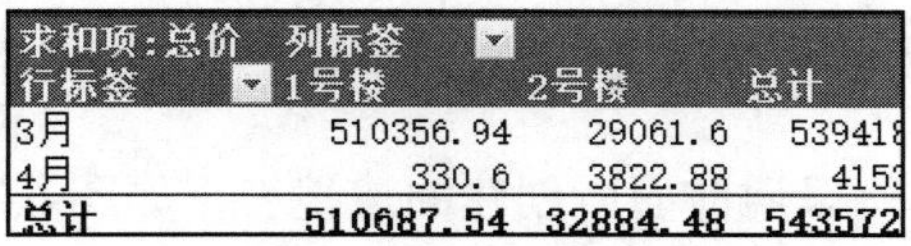

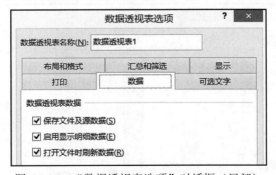

图 6.7.26 分组结果

除了按照日期和时间进行分组（最为常用）外，还可以按数值和选定项进行分组。如果要取消分组，只需单击选中分组中的任意单元格，然后单击“取消组合”按钮即可。

### 5. 刷新数据

刷新数据是指重新计算透视表，更新数据透视表（透视图）中的数据以反映源数据的变化。透视表是一张虚拟表，表中的数据来源于数据清单。当作为数据源的数据清单的数据发生改变后，而透视表中的数据不会自动更新，数据并没有同步，这样透视表就出现了错误。如果需要使透视表和数据源中的数据保持一致，必须手动进行刷新。

（1）手动刷新

单击“数据透视表工具”的“分析”选项卡|“数据”组|“刷新”按钮，在下拉菜单中选择透视表的刷新方式：刷新或全部刷新。

（2）打开文件时自动刷新

执行透视表区域的快捷菜单中“数据透视表选项”命令，在“数据透视表选项”对话框的“数据”选项卡中勾选“打开文件时刷新数据”复选框，如图 6.7.27 所示。

图 6.7.27 “数据透视表选项”对话框（局部）

## 6.7.3 数据透视图

数据透视图是以图形方式完成交互式数据分析时所创建的图表，它将数据透视表中抽象的数值数据以直观图形方式来表示。作为数据透视图数据源的数据透视表称为“关联”数据透视表（关联，为数据透视图提供"源数据"的数据透视表）。

数据透视图和数据透视表一样，也是一张交互式的图形化表格，可以对数据透视图中图形所代表的数据进行排序和筛选。对与数据透视图相关联的数据透视表布局和数据所做的更改会立即在数据透视图中直接反映出来。用户可以更改透视图中的数据视图，查看不同级别的明细数据，或通过拖动字段及显示或隐藏字段中的某些项来重新组织图表布局。

与标准图表一样，数据透视图也包含数据系列、类别、数据标记和坐标轴等图表元素。此外，用户还可以更改图表类型和其他图表选项，例如标题、图例位置、数据标签、图表位置等。有关图表的具体介绍请参考本书第 7 章相关内容。

### 1．创建数据透视图

本例采用前面所创建的透视表，如图 6.7.28 所示。

① 选中数据透视表中任意一个单元格。

② 单击"数据透视表工具"的"分析"选项卡｜"工具"组｜"数据透视图"按钮，弹出"插入图表"对话框。

③ 选择所需的图表类型，本示例中选择"三维簇状柱形图"，如图 6.7.29 所示。

图 6.7.28　数据透视表（透视图的数据源）

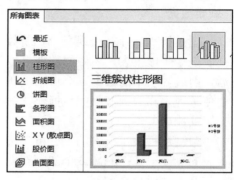

图 6.7.29　"插入图表"对话框（局部）

④ 单击"确定"按钮，插入默认布局透视图，所创建透视图如图 6.7.30 所示。

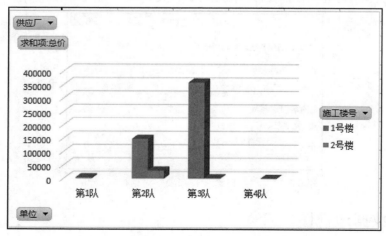

图 6.7.30　三维簇状柱形图

使用透视表中的"行标签"作为横轴，"值字段"的数据产生"数据系列"，"列标签"

作为"图例"，如图 6.7.30 所示。

选中所创建数据透视图，使用"数据透视图工具"的"设计"选项卡中的命令可以完成上述各种图表元素的添加和设置操作，例如，添加"图表标题"。

在"数据透视图"中还可以对相应字段进行排序和筛选，如图 6.7.30 中单击"单位"和"施工楼号"的"筛选控件"按钮（黑色三角符号），在弹出的下拉列表中选择相应命令，具体操作与数据透视表基本相同。

### 2. 数据透视表与数据透视图关系

在基于数据透视表创建数据透视图时，数据透视图的布局，即数据透视图中字段的位置，最初由数据透视表布局决定。如果未事先创建透视表，则需要直接创建透视图，将字段从"数据透视图字段"列表上方区域拖动到下方区域中，即可确定透视表布局，同时创建透视表，如图 6.7.31 所示。注意，关联的数据透视表中的汇总和分类汇总不包含在数据透视图中。

（a）上半部分 　　　　　　　　　　　　（b）下半部分

图 6.7.31　"数据透视图字段"列表

### 3. 数据透视图与标准图表的差异

数据透视图中大多数操作和标准图表中是一样的，但是二者之间也存在一些差别。

① 行/列方向。与标准图表不同，当使用"切换行/列"按钮切换数据透视图的产生方式是"行产生"还是"列产生"时，同时切换关联的数据透视表的"行"和"列"字段，即透视表的行、列互换，而标准图表对应的数据源区域不会发生变化。

② 图表类型。可以根据需要将数据透视图类型更改为除"XY（散点图）"和"股价图"之外的任何其他图表类型，即"数据透视图"不能使用上述两种图表类型。

③ 源数据。标准图表直接链接到对应单元格区域，数据透视图基于关联的数据透视表。在新建数据透视图时，将自动创建数据透视表。如果更改其中一个报表的布局，则另外一个报表也随之更改。与标准图表不同的是，无法在数据透视图的"选择数据源"对话框中更改图表数据范围，即"图表数据区域"项是灰色的。

④ 格式。刷新数据透视图时，会保留大多数图表元素格式，包括用户添加的图表元素以及布局和样式。但是，不会保留趋势线、数据标签、误差线以及对数据集进行的其他更改。标准图表不会丢失任何格式。

### 4. 使用内部源数据

在创建数据透视表或数据透视图时，可使用多种不同类型的源数据。

（1）工作表数据

可以将 Excel 工作表中数据作为报表数据来源，该数据应采用列表格式，即数据清单。

（2）命名区域

如果要更加轻松地更新报表，可以为作为数据源的单元格区域指定一个名称，并在创建报表时使用该名称。如果命名区域在扩展后包含了更多数据，可以刷新报表来包含新的数据。

（3）Excel 表格

Excel 表格已经采用列表格式，因而可以作为数据透视表候选源数据。当刷新数据透视表时，Excel 表格中新增和更新的数据会自动包含在刷新结果中。

（4）清单包含汇总数据

Excel 会自动在数据透视表或数据透视图中创建分类汇总和总计。如果源数据中包含用分类汇总命令创建的自动分类汇总和总计，则应在创建报表前删除分类汇总和总计。

### 5. 使用外部数据源

Excel 可以从数据库、OLAP 多维数据集或文本文件等存储在 Excel 之外的数据源中检索数据，如使用 Access、dBase、SQL Server 或在 Web 服务器上创建的数据库，例如，要汇总和分析的销售记录存放在数据库表中。

（1）Office 数据连接文件

如果使用 Office 数据连接 ODC 文件（.odc）为报表检索外部数据，则可以直接将该数据输入到数据透视表中。

（2）OLAP 源数据

在从 OLAP 数据库或多维数据集文件中检索源数据时，数据只能以转换为工作表函数的数据透视表或数据透视图的形式返回 Excel。

OLAP 是为查询和报表而进行了优化的数据库技术。OLAP 数据是按分级结构组织的，它存储在多维数据集中而不是表中。

多维数据集是一种 OLAP 数据结构，包含多个维度，如"国家/地区/省（或市/自治区）/市（或县）"，还包含数据字段，如"销售额"。维度将各种类型的数据组织到带有明细数据级别的分层结构中。

（3）非 OLAP 源数据

这是数据透视表或数据透视图使用的基础数据，该数据来自 OLAP 数据库之外的源。例如，来自关系数据库或文本文件中的数据。

## 6.8  Excel 表格

Excel 表格简称 Excel 表或表，在 Excel 2003 中称为列表，这与 Excel 2007 及之后版本中列表的含义完全不同，新版本中的列表代表的是早期版本中所称的数据清单。

在创建 Excel 表格后，即可独立于该表外部数据对表格中的数据进行管理和分析，例如，可以完成筛选表格列、添加汇总行、套用表格格式等操作，并增加了计算列和结构化引用功能。

从组成结构等方面来看，Excel 表等同于数据清单，但用户可以在同一张工作表中创建多个 Excel 表并同时进行分析，如完成自动筛选等数据管理功能，从而可以更加灵活地根据需要在同一张工作表中将数据划分为多个易于管理的"数据集"。如果不再需要处理表格中的数据，则可以将表格转换为常规单元格区域（数据清单），同时保留所套用的表格样式以及所设定的单元格格式。

## 6.8.1 创建表

如果被转换成 Excel 表格的单元格区域是一个完整的数据清单，则 Excel 会自动选中该区域。如果被转换的区域为空，则需要先选中该单元格区域，然后再创建表。可以使用以下两种方法之一来创建表格。

### 1. 使用默认表格样式插入表格

下面针对如图 6.8.1 所示的数据清单"华联连锁超市业绩表"，将对应单元格区域转换为 Excel 表格。

① 在指定工作表中选择包括在 Excel 表格中的单元格区域。单元格区域可以为空，也可以包含数据，本例中为 A1:E24。

② 单击"插入"选项卡|"表格"组|"表格"按钮，或者按 Ctrl+L 组合键或 Ctrl+T 组合键，打开"创建表"对话框。

③ 如果所选择区域包含要显示为表格标题的数据行，即该区域为数据清单，则选中"表包含标题"复选框，如图 6.8.2 所示。如果未选中"表包含标题"复选框，则将显示默认名称的表格标题（字段名行）将添加到表格中，形式如"列 1"、"列 2"等。然后可以选择要替换的默认字段名，输入该字段的文本。

如图 6.8.1 所示将业绩表的数据清单转换为一张 Excel 表，同时进入自动筛选状态。

图 6.8.1  Excel 表          图 6.8.2  "创建表"对话框

### 2. 使用所选样式插入表格

在工作表中，选择要创建表的空单元格区域或已包含数据的数据清单。单击"开始"选项卡|"样式"组|"套用表格格式"按钮，弹出选项板，在"浅色"、"中等深浅"或"深色"样式区中，单击要套用的表格样式，如图 6.8.3 所示。当套用表格格式后，Excel 会自动将选中的数据清单转换成一个 Excel 表格。

与数据清单相同的是，选中整个表之后会在表的右下角显示"快速分析"按钮🔳，单击此按钮可查找能够分析表格数据的工具，例如，条件格式、迷你图、图表或公式。

如果需要添加行，可以选择表格的最后一行中的最后一个单元格，然后按 Tab 键。

如果需要扩展表的范围，只需拖动 Excel 表右下角单元格的"扩展标记"即可，如图 6.8.4 所示。

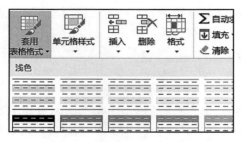
图 6.8.3 套用表格格式（局部）

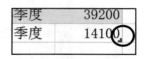
图 6.8.4 Excel 表扩展标记

### 3．删除表格而不丢失数据或表格格式

用户在创建 Excel 表格后，如果不希望继续使用 Excel 表格功能，或者只需要套用某种表格样式，但无须 Excel 表格功能，则可以在不丢失任何数据的前提下，将表格转换为工作表上常规数据区域。

选中表格中的任意单元格，单击"表格工具"的"设计"选项卡|"工具"组|"转换为区域"按钮，在弹出的对话框中单击"是"按钮。也可右键单击表格，从快捷菜单中选择"表格"命令，在子菜单中选择"转换为区域"命令。

需要注意的是，将 Excel 表格转换为单元格区域后，表格功能将不再可用。例如，行标题不再包括排序和筛选箭头按钮，而在公式中使用的结构化引用（使用表格名称的引用）将变成常规单元格引用。

### 4．清除 Excel 表格样式。

选择要去除其当前表样式的 Excel 表格，单击"表格工具"的"设计"选项卡|"表格样式"组|"其他"按钮 ，在选项板中单击"清除"，如图 6.8.5 所示，则表格将以默认的表格格式显示。注意，清除表格样式不会删除表格本身。

### 5．设置表元素格式

选中表，在"设计"选项卡的"表格样式选项"组中，如图 6.8.6 所示，可以执行下列操作。

图 6.8.5 清除表格样式

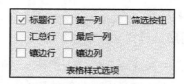
图 6.8.6 表格样式选项

- 选中或取消选中"标题行"复选框，显示或隐藏标题行。
- 选中或取消选中"汇总行"复选框，显示或隐藏汇总行。
- 选中"第一列"复选框，显示表中第一列的特殊格式。
- 选中"最后一列"复选框，显示表中最后一列的特殊格式。
- 选中"镶边行（列）"复选框，以不同方式显示奇数行（列）和偶数行（列）以便于阅读，系统会添加颜色交错的单元格底纹。
- 取消选中"筛选按钮"复选框，要清除"筛选"按钮退出筛选状态。

### 6. 筛选 Excel 表格

筛选过程和方法同筛选数据清单中的数据，具体内容请参考 6.3 节中的相关介绍。创建切片器筛选请参考 6.3.1 节中的相关内容。

## 6.8.2 表计算

### 1. 标题行和汇总行

标题行是 Excel 表的第一行，该行可以隐藏或显示，方法如前所述。当将数据清单转换为 Excel 表后，Excel 会自动在标题行中各个字段名右侧显示下拉按钮，用于进行自动筛选，筛选方法同数据清单的自动筛选。如果退出筛选状态，可以单击"数据"选项卡 |"排序和筛选"组 |"筛选"按钮，也可以使用前面设置表元素格式中介绍的方法。

汇总行是 Excel 表的最下面一行，选中汇总行中的某个单元格，在其右侧都会显示一个下拉箭头按钮，单击该按钮可以选择汇总函数，用来完成设置汇总的计算方式，如图 6.8.7 所示。

当然，汇总方法不仅限于该列表中的汇总函数，用户可以在汇总行的单元格中输入自己设计的计算公式，甚至直接输入结果数据。

在没有汇总行的 Excel 表的下方第一个空白行中，如果用户输入用于计算的公式，Excel 会自动将该行转换为汇总行。单击该单元格右下方的"Σ"按钮，在弹出的下拉列表中可以选择将公式转换为汇总行，还是作为表格数据放在表内，或者不作为表中数据放置在表格外部（下方），如图 6.8.8 所示。

图 6.8.7　选择汇总函数图　　　　图 6.8.8　将公式所在行转换为汇总行

### 2. 计算列

从 2007 版开始，Excel 增加了计算列功能。在默认设置下，在 Excel 表的某个空白列中输入公式后，Excel 表会自动创建计算列。计算列会复制用户所输入的单个公式到本列其他单元格中，并调整公式中包含的相对引用单元格地址，就好像用户输入一个公式，然后填充到本列其他单元格中那样。

与一般公式相比，计算列只需输入一个公式，而无须执行填充或复制命令，即可让 Excel 自动填充以创建计算列。当不再需要计算列时，还可以将其删除。

（1）创建计算列

单击要转换为计算列的空表格列中任意一个单元格，在该单元格中输入要使用的公式。

Excel 自动将输入的公式自动填充至该列所有单元格中，即活动单元格上方和下方所有空白单元格。

需要说明的是：

● 将其他区域的某单元格中包含的公式复制或填充至一个空表格列的所有单元格中也会创建计算列，但计算结果是否正确取决于公式中单元格的引用方式。

● 引用其他表格的公式将显示"结构化引用"，而不是常规单元格引用。

● 如果在已包含数据的表格列中输入公式，将不会自动创建计算列。但将显示"自动更正选项"按钮，单击该按钮，在下拉列表中选择"使用此公式覆盖当前列中的所有单元格"，从而创建计算列，如图 6.8.9 所示。如果将公式复制到已包含数据的表格列中，则无此选项。

（2）编辑计算列

在计算列中单击任意单元格，然后编辑该单元格中的公式，或者将另一个公式复制到计算列中的任意单元格中，都可以改变该列的计算方式。如果编辑或复制一个以上的公式，将不更新该列，但是 Excel 在检测到公式不一致将显示"自动更正选项"按钮通知用户，以便解决此问题。

（3）停止创建计算列

在默认情况下，Excel 将启用 Excel 表中的自动填充公式功能，以创建计算列。当在表格列中输入公式时，如果不希望 Excel 创建计算列，那么可以关闭填充公式的选项。如果不想关闭该选项，但又不希望使用表格时总是创建计算列，则可以停止自动创建计算列。

单击输入公式后在该列右侧显示"自动更正选项"按钮，单击该按钮，从下拉列表中选择"控制自动更正选项"，如图 6.8.10 所示，弹出"自动更正"对话框，然后取消选中"将公式填充到表以创建计算列"复选框，以关闭此选项，那么下次再输入公式时就会停止创建计算列。当在表格列中输入第一个公式后，单击"自动更正选项"按钮，然后从下拉列表中选择"停止自动创建计算列"，会停止使用计算列，如图 6.8.10 所示。试一试，关闭创建计算列的自动完成功能后，如何再次启用该功能，应该到哪里去设置？

图 6.8.9 "自动更正"选项

图 6.8.10 "自动更正选项"下拉列表

（4）删除计算列

如果要删除一个计算列，则选中该计算列，单击"开始"选项卡｜"单元格"组｜"删除"按钮，或者按 Delete 键。

### 3. 结构化引用

相对于在公式中使用常规单元格地址引用方式，结构化引用是针对于表元素的一种单元格区域的"整体"引用方式。结构化引用使用一种易于理解的方式引用表中元素，当表数据区域发生改变后，结构化引用会自动调整更新。

在创建 Excel 表格后，Excel 为表格以及表格中的每列均指定了名称，当将公式添加到 Excel 表格中时，这些名称会在输入公式时自动显示，且不必"显式"地输入单元格引用地址。所使用名称给出了参与计算数据来源和所包含数据性质，这样使用户更容易理解公式的计算特性。

（1）名词术语

示例如图 6.8.11 所示，"总分"列的结果是由以下包含结构化引用的公式完成的：

**=SUM（表 1[@[英语]:[体育]]）**                    （6-8-1）

| | A | B | C | D | E | F | G | H | I |
|---|---|---|---|---|---|---|---|---|---|
| 1 | 学号 | 姓名 | 性别 | 英语 | 计算机 | 高等数 | 体育 | 总分 | 平均分 |
| 2 | 060004 | 张五 | 男 | 99 | 85 | 65 | 70 | 319 | 79.75 |
| 3 | 060002 | 李平 | 女 | 95 | 76 | 80 | 95 | 346 | 86.5 |
| 4 | 060001 | 姚七 | 男 | 93 | 90 | 90 | 65 | 338 | 84.5 |
| 5 | 060005 | 石迁 | 男 | 90 | 88 | 80 | 73 | 331 | 82.75 |
| 6 | 060003 | 胡军 | 男 | 86 | 95 | 79 | 60 | 320 | 80 |
| 7 | 060006 | 范三 | 男 | 73 | 70 | 85 | 60 | 288 | 72 |
| 8 | 汇总 | | | 89.33 | 84 | 79.83 | 70.5 | 323.7 | 80.917 |

图 6.8.11　Excel 表格示例

说明如下。

① 表名称

式（6-8-1）中的"表 1"称为"表名称"，用来表示表中的数据区域。当完成创建 Excel 表格后，Excel 会创建默认的表名称，如表 1、表 2 等。用户可以更改表名称使其反映表格所包含数据的特征、性质等信息，例如将表名称改为"工资表"和"成绩表"等。注意，表的标题行和汇总行并不包含在表名称中。

如图 6.8.11 所示的学生成绩表，选择 Excel 表格中任意单元格，在"设计"选项卡｜"属性"组｜"表名称"框中输入"成绩表"，如图 6.8.12 所示，然后按回车键，那么包含结构化引用的公式中表名称会自动更新。

图 6.8.12　输入表名称

② 列说明符

列说明符由数据清单中的"列标题"转换而来，在公式中用"方括号"括起，代表引用的列数据。例如，式（6-8-1）中的"[英语]:[体育]"代表单元格区域 D2:G7 中的英语列、计算机列、高等数学列和体育列共 4 个字段的数据。

③ 特殊项目说明符

特殊项目说明符是引用表中特定数据的一种方法，一共有 5 个，一般与列说明符组合使用。式（6-8-1）中的"@"就是特殊项目说明符，代表"此行"，其含义是"仅限当前行的列部分"，它不能与其他 4 个特殊项目说明符组合使用。式（6-8-1）中的"@[英语]:[体育]"的含义是 D2:G7 单元格区域中计算公式所在行的 4 个单元格，如"张五"为 D2:G2。

（2）结构化引用语法

结构化引用的语法为：

**表名称[[特殊项目说明符], [列说明符]]**

式中，"特殊项目说明符"和"列说明符"可以组合使用。其中，"特殊项目说明符"使用"逗号"连接，"列说明符"使用"引用运算符"连接。

① 结构化引用使用的引用运算符

在 Excel 表格中使用结构化引用时，可以使用的引用运算符的含义及示例见表 6.8.1。

表 6.8.1　引用运算符

| 运　算　符 | 引用单元格 | 示　　例 | 示例中对应的单元格区域 |
|---|---|---|---|
| 冒号（区域运算符） | 两列之间所有单元格 | 表 1[[英语]:[体育]] | D2:G7 |
| 逗号（联合运算符） | 列出的两列或多列中所有单元格 | 表 1[[#全部], [英语]], 表 1[[全部], [计算机]] | D2:E7 |
| 空格（交叉运算符） | 两个单元格区域的交叉部分 | 表 1[[英语]:[计算机]] 空格 表 1[[计算机][高等数学]] | E2:E7 |

② 特殊项目说明运算符

特殊项目说明运算符的含义及示例见表 6.8.2。

表 6.8.2　特殊项目说明符

| 特殊项目说明符 | 引用单元格 | 示例中对应的单元格区域 |
|---|---|---|
| [#全部] | 整个表格，包括列标题、数据和汇总（如果有） | A1:I8 |
| [#数据] | 仅数据 | A2:I7 |
| [#标题] | 仅标题行 | A1:I1 |
| [#汇总] | 仅汇总行，如果不存在，返回 null 值 | A8:I8 |
| @ | 仅当前行数据 | A2:I2（假设当前行为第 2 行） |

（3）结构化引用示例

以图 6.8.11 中的示例数据为基础，表 6.8.3 中列举出了常用的结构化引用的示例。

表 6.8.3　结构化引用示例

| 结构化引用 | 引用单元格 | 示例中对应的单元格区域 |
|---|---|---|
| 表 1[[#全部], [英语]] | "英语" 列中的所有单元格 | D1:D8 |
| 表 1[[#标题], [英语]] | "英语" 列的标题所在单元格 | D1 |
| 表 1[[#汇总], [英语]] | "英语" 列的汇总单元格，如果不存在汇总行数据，则返回 NULL 值 | D8 |
| 表 1[[#全部], [英语]:[高等数学]] | "英语"、"计算机" 和 "高等数学" 列中所有单元格 | D1:F8 |
| 表 1[[#数据], [英语]:[高等数学]] | 仅 "英语"、"计算机" 和 "高等数学" 列的数据 | D2:F7 |
| 表 1[[#标题], [英语]:[高等数学]] | 仅 "英语"、"计算机" 和 "高等数学" 列的标题 | D2:F2 |
| 表 1[[#汇总], [英语]:[高等数学]] | "英语"、"计算机" 和 "高等数学" 列的汇总单元格，如果不存在汇总行数据，则返回 NULL 值 | D8:F8 |
| 表 1[[#标题], [#数据], [英语]] | 仅 "英语" 列的标题和数据单元格 | D1:D7 |
| 表 1[@[英语]] | 位于当前行与 "英语" 相交叉部分的单元格 | D3（当前行为第 3 行） |

（4）取消结构化引用

在默认情况下，在 Excel 表中创建公式时，当用户采用单击或拖动方式指定公式中所引用的单元格区域时，Excel 会自动采用 "结构化引用"，而不是像一般公式那样直接给出单元格区域地址。如果用户不希望采用结构化引用，可以采用下列方法取消自动结构化引用。

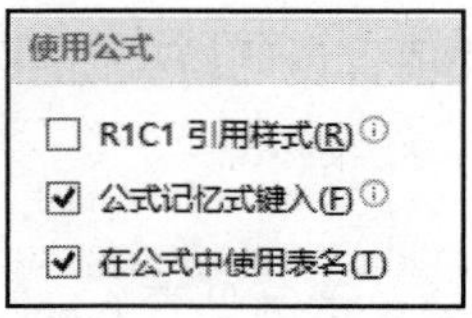

打开 "Excel 选项" 对话框，选择 "公式" 类别，在右侧 "使用公式" 区中，取消选中 "在公式中使用表名" 复选框，如图 6.8.13 所示。

图 6.8.13　取消自动结构化引用

# 6.9 综合案例：业务报表和业务图表

业务报表和业务图表是会计业务的重要组成部分，二者可明确地显示一个月内的业务状况，可作为企业下月运营的参考数据。本章案例介绍使用数据透视表和数据透视图创建业务报表和业务图表的方法。

**【案例】** 采用如图 6.9.1 所示的"应收账款记录表"作为数据源，创建"业绩统计表"和"应收账款汇总表"，具体要求如下。

（1）业绩统计：统计每个业务员每个月的合计金额的总计并创建业绩统计图。

（2）以"应收账款记录表"为数据源，利用"数据透视表"功能建立"应收账款汇总表"。按逾期付款天数（步长为30）统计出合计金额的踪迹以及累积欠款数。

（3）将如图 6.9.2 所示的"业绩统计表"作为透视图的数据源创建数据透视图，图表标题为"业绩统计图"，图表类型为"三维簇状条形图"，主要刻度单位为4000，采用背景墙格式以及数据系列填充颜色。如果不采用自动格式，用户可以自选其他格式。

**分析：** 业务报表和业务图表是会计业务的重要组成部分，二者可明确地显示一个月内的业务状况，并可作为企业下月运营的参考数据。数据透视表是非常方便的数据汇总工具，数据透视图是数据透视表的可视化表示。

| | A | B | C | D | E | F |
|---|---|---|---|---|---|---|
| 1 | | | 应收账款记录表 | | | |
| 2 | 制表日期： | 20014/10/7 | | | | |
| 3 | | | | | | |
| 4 | 客户代码 | 客户名称 | 销售日期 | 合计金额 | 逾期付款天数 | 业务员 |
| 5 | A01 | 饰品专业加工公司 | 2014年9月20日 | ¥4,500.00 | 21 | 陈丽玉 |
| 6 | A02 | 安平县线材筛网厂 | 2014年7月5日 | ¥9,800.00 | 98 | 丁忠英 |
| 7 | A03 | 防静电科技有限公司 | 2014年7月23日 | ¥1,234.00 | 80 | 何字长 |
| 8 | A04 | 肉鸡冷藏厂 | 2014年9月23日 | ¥2,356.00 | 18 | 黄国强 |
| 9 | A05 | 天恒实业科贸公司 | 2014年6月5日 | ¥6,785.00 | 128 | 李忠邦 |
| 10 | A06 | 毅钧商贸有限公司 | 2014年9月14日 | ¥3,452.00 | 27 | 丁忠英 |
| 11 | A07 | 磐恩商贸有限公司 | 2014年6月10日 | ¥9,357.00 | 123 | 黄国强 |
| 12 | A08 | 佛达工贸有限公司 | 2014年10月8日 | ¥1,707.00 | 3 | 丁忠英 |
| 13 | A09 | 巨元实业 | 2014年7月15日 | ¥4,239.00 | 88 | 何字长 |
| 14 | A10 | 五金商行 | 2014年10月3日 | ¥1,098.00 | 8 | 丁忠英 |
| 15 | A11 | 达士龙科技公司 | 2014年8月30日 | ¥2,659.00 | 42 | 黄国强 |
| 16 | A12 | 速达电子有限公司 | 2014年4月4日 | ¥1,238.00 | 190 | 陈丽玉 |
| 17 | A13 | 民族公司 | 2014年9月12日 | ¥2,521.00 | 29 | 李忠邦 |
| 18 | A14 | 西安民生发展有限公司 | 2014年5月24日 | ¥3,187.00 | 140 | 何字长 |
| 19 | A15 | 彩虹文具用品公司 | 2014年8月23日 | ¥2,111.00 | 113 | 何字长 |
| 20 | A16 | 博锦贸易有限公司 | 2014年8月23日 | ¥2,000.00 | 49 | 李忠邦 |
| 21 | A17 | 彩虹文具用品公司 | 2014年5月4日 | ¥2,659.00 | 160 | 何字长 |

图 6.9.1 "应收账款记录表"（数据源）

（1）业绩统计

操作步骤如下。

① 单击"应收账款记录表"中的"数据源"区域中的任意一个单元格。

② 创建"业绩统计表"。单击"插入"选项卡｜"表格"组｜"数据透视表"按钮，添加数据透视表字段，在右侧"数据透视表字段"列表中，设置行标签字段为"业务员"，列标签字段为"销售日期"，值字段为"销售额"。选择"销售日期"字段，创建组，按月组合。

③ 单击"数据透视表工具"的"选项"选项卡｜"计算"组｜"字段、项目的集"按钮，如图 6.9.3 所示，在弹出的"插入计算字段"对话框中，将名称设置为"总销售额"，公式设置为"=合计金额"，然后单击"确定"按钮，如图 6.9.4 所示。

| 行标签 ▼ | 求和项:总销售额 |
|---|---|
| 陈丽玉 | ¥5,738.00 |
| 丁忠英 | ¥16,057.00 |
| 何字长 | ¥13,430.00 |
| 黄国强 | ¥14,372.00 |
| 李忠邦 | ¥11,306.00 |
| 总计 | ¥60,903.00 |

图 6.9.2　业绩统计表（透视表）　　　　图 6.9.3　"计算字段"命令

创建公式的简单方法是，在字段框中选择相应字段，如"合计金额"，然后单击"插入字段"按钮，如图 6.9.4 所示。

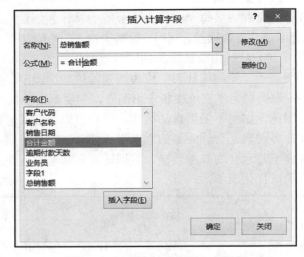

图 6.9.4　"插入计算字段"对话框

如果有更多的计算字段，重复上述过程即可。

④ 套用数据透视表样式"数据透视表样式中等深浅 9"（默认）或其他合适的透视表样式来美化图表。

（2）建立"应收账款汇总表"

操作步骤如下。

① 在"数据透视表字段"列表中，将"逾期付款天数"拖动到"行"字段，将"合计金额"和"客户名称"两个字段拖动到"值"字段。

② 为了能更明确地显示逾期付款天数、总合计金额以及涉及的累计欠款客户个数，将各个字段名更名，行标签字段"逾期付款天数"改为"应收账款逾期天数"，"计数项：客户名称"改为"累计笔数"，"求和项：合计金额"改为"总合计金额"。

③ 组合"应收账款逾期天数"，初始值为 1，步长为 30 天，将"合计金额"列设置为数字格式，货币、小数点后保留 0 位，货币符号为人民币符号。

④ 设置报表布局为"以大纲形式显示"，结果如图 6.9.5 所示。

（3）创建数据透视图

操作步骤参见 6.7.3 节，效果如图 6.9.6 所示。

| 应收账款逾期天数 | 总合计金额 | 累计笔数 |
|---|---|---|
| 1-30 | ¥15,634 | 6 |
| 31-60 | ¥4,659 | 2 |
| 61-90 | ¥5,473 | 2 |
| 91-120 | ¥11,911 | 2 |
| 121-150 | ¥19,329 | 3 |
| 151-180 | ¥2,659 | 1 |
| 181-210 | ¥1,238 | 1 |
| **总计** | **¥60,903** | **17** |

图 6.9.5　数据透视表-组合

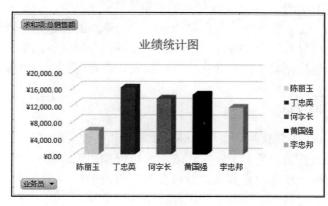

图 6.9.6　业绩统计图

# 6.10　思考与练习

1．Excel 的数据清单与关系型数据库管理软件相比有哪些优点。

2．与自动筛选相比，高级筛选有何优势？

3．数据清单如图 6.3.7 所示，使用高级筛选命令筛选出外语系和法律系学生的记录，并创建条件区域。

4．Excel 的分类汇总和分级显示功能有何不同？

5．如何创建"行和列的分级显示"？在操作过程中需要注意什么问题？

6．按类别进行合并计算有何要求？与按位置合并计算有何不同？

7．数据透视表为何称为透视表？它有哪些特点？

# 第7章 数据图表

图表是数据的一种可视化表现形式，图表可以将抽象的数据形象化，使数据更清晰、更直观，不仅可以看清数据间彼此的关联及差异，也有助于进行分析、预测和决策。特别是 Excel 2013 提供了更加简便的功能区和交互性更好的编辑方式，帮助用户快速地创建出各种专业化的图表。Excel 图表一般可分为静态图表和动态图表，静态图表是无法与用户进行交互的图表，而动态图表则是可以与用户进行互动的图表，是图表分析的较高级形式。通过本章的学习，用户不仅可以快速地创建各种专业化的静态图表，也可以创建难度较高的动态图表。

## 7.1 创建图表

在工作簿中，Excel 图表有两种类型：嵌入式图表和图表工作表。

嵌入式图表指图表作为对象存放在工作表中，可以像图形对象一样删除、移动或复制、调整大小，嵌入式图表一般存放在其数据源所在的工作表中。

图表工作表指图表存放在一个独立的工作表中，而工作表专用于显示图表，没有其他内容。图表工作表默认名称依次为 Chart1、Chart2…，可通过调整缩放比例来调整图表大小。

### 7.1.1 创建图表

创建图表，一般首先选择数据区域，然后选择合适的图表类型和位置。

#### 1. 使用推荐图表创建

选择数据源，单击"插入"选项卡 | "图表"组 | "推荐的图表"按钮，打开"插入图表"对话框。或者单击"插入"选项卡 | "图表"组右下角的对话框启动器按钮，也可以打开"插入图表"对话框。

在"插入图表"对话框中，单击"推荐的图表"选项卡，如图 7.1.1 所示，根据预览效果选择合适的图表类型，单击"确定"按钮。

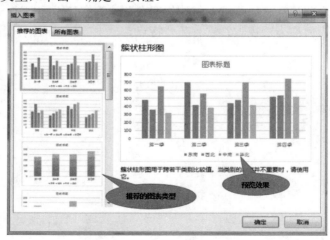

图 7.1.1 "插入图表"对话框

### 2．自定义图表类型创建图表

选择数据源，打开"插入图表"对话框，单击"所有图表"选项卡，在左侧选择图表类型，然后在右侧选择子类型，最后单击"确定"按钮创建图表，如图 7.1.2 所示。

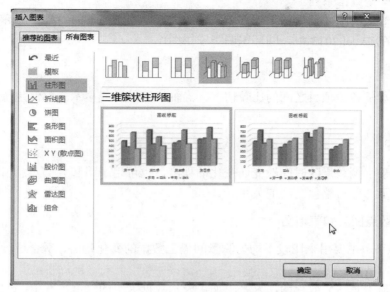

图 7.1.2　自定义图表类型创建图表

### 3．使用快捷键创建图表

在创建图表时，使用快捷键可以快速地创建图表。

常用的方法有两种：

- 选择数据源，按 F11 键将生成图表工作表，默认图表类型为柱形图。
- 选择数据源，按 Alt+F1 键将生成嵌入式图表，默认图表类型为柱形图。

## 7.1.2　常用图表类型

选择合适的图表类型表示数据，可使数据更清晰、更便于理解和分析，因此选择什么样的图表类型是使信息更加突出的一个关键因素。Excel 2013 提供了丰富的标准类型和组合类型图表。

### 1．柱形图

柱形图是最常用的图表类型之一，是 Excel 的默认图表类型，用于显示一段时间内的数据变化或显示各项目之间的比较情况。

### 2．折线图

折线图强调数据的发展趋势，表示随时间改变而变化的连续数据，因此非常适合于显示在同等均匀时间间隔情况下的数据变化趋势。

**3．饼图和圆环图**

饼图强调总体与个体的关系，显示数据系列中的项目和该项目数值总和的比例关系，特点是通常只有一个数据系列。

圆环图类似于饼图，也显示了部分与整体的关系，和饼图不同的是，圆环图可以含有多个数据系列。在 Excel 2013 中，圆环图归类于饼图。

**4．条形图**

条形图显示了各个项目之间的比较情况，当轴标签过长或显示的数值是持续型时，建议使用条形图。

**5．面积图**

面积图用于强调数量随时间改变而变化的程度，也可用于引起人们对总值趋势的注意。堆积面积图显示部分与整体之间的关系。

**6．XY（散点图）和气泡图**

XY（散点图）主要用来比较不均匀测量间隔上数据的变化趋势，适合进行实验数据分析和函数图形。

气泡图实质上是 XY 散点图，只是附加了表示数据大小的气泡。在 Excel 2013 中，气泡图归类于 XY 散点图。

**7．雷达图**

雷达图主要用于显示数据相对于中心点的分布情况，广泛应用于数据之间的对比。

**8．曲面图**

曲面图可以用来表达一个变量对另外两个变量的关系。如果用户想要找到两组数据之间的最佳组合，可以使用曲面图。

**9．股价图**

股价图是一种通常用于显示股价波动的图表。在实际应用中，股价图也被用于科学数据的分析。

**10．组合**

组合图表由多种不同的图表类型组合而来，是 Excel 2013 新增的一个图表类型。在 Excel 2013 中新增的组合图表类型，使得创建组合图表和双轴图表的工作变得非常简单。

## 7.1.3　图表的组成

图表主要由图表区域和区域中的一系列图表元素组成的，如图表区、绘图区、标题、数据系列、数据标签、坐标轴、图例、网格线等，如图 7.1.3 所示。

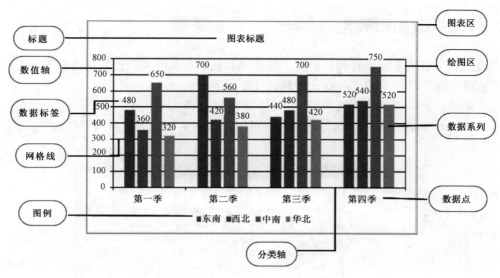

图 7.1.3　主要的图表元素

## 7.2　编辑图表

　　创建图表后，用户还可以根据需要对图表进行编辑以及美化。由于 Excel 2013 对"图表工具"所包含的命令进行了重新组合，"图表工具"功能区变得更加简洁，只有"设计"和"格式"两个选项卡，用户可以更轻松地找到所需要的功能。当然，用户也可以在图表的快捷菜单中找到所需要的命令。

　　选中图表后，图表右上角还会出现 3 个新增图表按钮："图表元素"、"图表样式"和"图表筛选器"按钮，如图 7.2.1 所示。

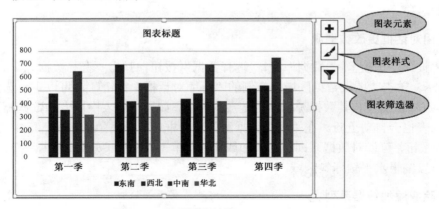

图 7.2.1　新增图表按钮

新增按钮的功能说明如下。

- "图表元素"按钮：选择、预览和调整图表元素。
- "图表样式"按钮：选择、预览和调整图表样式以及配色方案。
- "图表筛选器"按钮：筛选显示数据、编辑数据系列以及选择数据源。

### 7.2.1　更改图表类型

更改图表类型就是将现有的图表类型更换成其他类型的图表。例如，将柱形图更改成饼图，或者将二维簇状柱形图更改成三维簇状柱形图。

选中图表，单击"设计"选项卡｜"类型"组｜"更改图表类型"按钮，弹出"更改图表类型"对话框，单击"所有图表"选项卡，可以选择新的图表类型以及子类型，如图 7.2.2 所示。

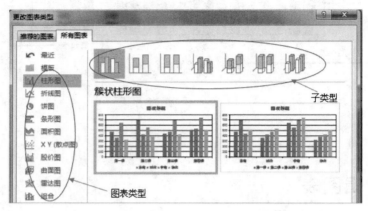

图 7.2.2　"更改图表类型"对话框（局部）

### 7.2.2　更改图表数据源

图表的数据源可以是连续的单元格区域，也可以是不连续的单元格区域，而且一般包含标题行或标题列。创建图表后，数据源的标题行或标题列将作为分类轴（水平轴）的标签或数据系列的名称。

#### 1．使用对话框更改数据源

单击"设计"选项卡｜"数据"组｜"选择数据"按钮，弹出"选择数据源"对话框，如图 7.2.3 所示。单击"图表数据区域"右侧的"压缩对话框"按钮，可以重新选择数据源。

在 Excel 中，图表与其数据源之间是链接的关系，如果工作表中图表的数据源被修改了，则对应的图表也会自动更新。在"选择数据源"对话框中，单击"图例项"区中的"添加"或"删除"按钮，可以对数据系列进行添加或删除；单击"水平（分类）轴标签"区中的"编辑"按钮可以编辑水平轴标签区域。

#### 2．删除或添加数据系列

（1）删除数据系列

最简单的操作方法就是：在图表中选择要删除的数据系列，按 Delete 键即可。

在如图 7.2.4 所示的图表中，选中"华北"数据系列，按 Delete 键就可以从图表中删除"华北"系列，效果如图 7.2.5 所示。

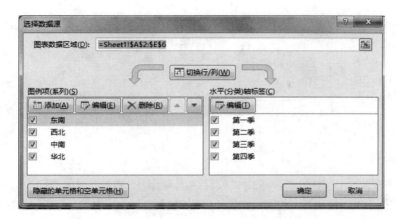

图 7.2.3　"选择数据源"对话框

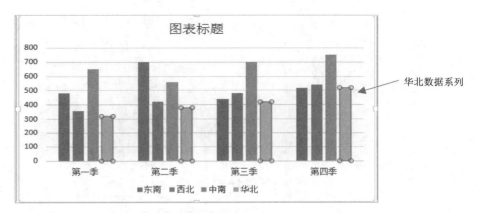

图 7.2.4　选中数据系列

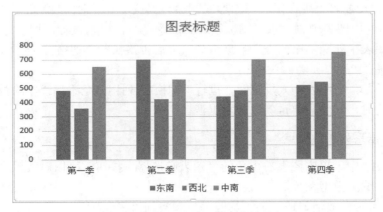

图 7.2.5　删除数据系列的效果

（2）添加数据系列

继续前面的例子，在图表中重新添加"华北"数据系列，操作步骤如下。

① 在工作表中选择要追加的"华北"数据区域（包含标签），如图 7.2.6 所示，执行"复制"命令（或按 Ctrl+C 组合键）。

② 选中图表，执行"粘贴"命令（或者按 Ctrl+V 组合键），在图表中将添加"华北"数据系列。

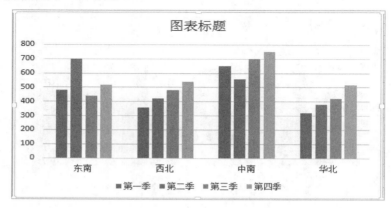

| | A | B | C | D | E |
|---|---|---|---|---|---|
| 1 | | 销售额统计表 | | | |
| 2 | | 第一季 | 第二季 | 第三季 | 第四季 |
| 3 | 东南 | 480 | 700 | 440 | 520 |
| 4 | 西北 | 360 | 420 | 480 | 540 |
| 5 | 中南 | 650 | 560 | 700 | 750 |
| 6 | 华北 | 320 | 380 | 420 | 520 |

图 7.2.6　选择"华北"数据区域

### 3．切换行/列

继续前面的例子，选中图表，单击"设计"选项卡｜"数据"组｜"切换行/列"按钮，将切换水平轴和数值轴，使得原来的数据点（水平轴标签）变成数据系列，而原来的数据系列变成数据点，效果如图 7.2.7 所示。

图 7.2.7　切换行/列的效果

切换行/列的功能可以用在图表中添加或删除数据点（水平轴标签）的操作中。例如，在如图 7.2.4 所示的原图表中删除水平轴标签"第四季"时，可以执行"切换行/列"命令，然后在切换后的图表中删除"第四季"数据系列，最后再次执行"切换行/列"命令，重新切换水平轴和数值轴。

需要注意的是，当图表不太规范时，执行"切换行/列"命令添加或删除数据点的操作有可能不成功。这时，一般需要重新选择数据源。

### 4．筛选数据系列和数据点

在 Excel 2013 中，单击图表右上角的"图表筛选器"按钮，可以对数据系列和数据点进行筛选，也可以编辑数据系列。

如图 7.2.8 所示，取消勾选系列"第四季"和类别"华北"，单击"应用"按钮，图表效果如图 7.2.9 所示。

如果要在图表中重新显示"第四季"系列和"华北"数据点，在图表筛选器中重新选中要显示的系列和类别即可。

## 7.2.3　更改图表位置

在默认情况下，创建的图表一般是嵌入式图表，位于数据源所在工作表中，可以用"移动图表"命令将图表移动至其他的工作表。

图 7.2.8 图表筛选器

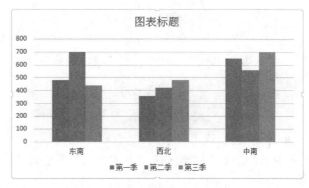

图 7.2.9 图表筛选的效果

例如，将 Sheet1 中创建的嵌入式图表移动至图表工作表，单击"设计"选项卡 | "位置"组 | "移动图表"按钮，弹出"移动图表"对话框，选中"新工作表"单选按钮，在后面的文本框中输入工作表名称，单击"确定"按钮，如图 7.2.10 所示。

图 7.2.10 "移动图表"对话框

## 7.2.4 将图表保存为模板

如果需要重复使用特定的图表格式，可将创建好的图表格式保存为模板。创建模板之后，可以像内置的图表类型一样，使用模板创建新图表。

### 1. 创建模板

双轴图表是一种特殊图表，当反映在图表的不同数据系列的值属于不同数量级别时，无法用一个数值轴清晰地表示数据，因为值小的数据很有可能被值大的数据"吞掉"。这时，用户可以使用双轴图表，也就是使用两个数值轴分别反映不同的数据系列。而双轴图表中不同的数据系列可以用不同的图表类型表示，因此双轴图表一般也是组合图表。

下面以如图 7.2.11 所示的"销售数据表"为数据源，创建一个双轴图表并保存为模板。销售数据表中销售量和销售额不仅数据单位不同，而且数值相差很大。

| | A | B | C |
|---|---|---|---|
| 1 | | 销售数据表 | |
| 2 | 月份 | 销售量(台) | 销售额(万元) |
| 3 | 1月 | 45 | 620 |
| 4 | 2月 | 48 | 650 |
| 5 | 3月 | 50 | 680 |
| 6 | 4月 | 70 | 730 |
| 7 | 5月 | 65 | 780 |
| 8 | 6月 | 72 | 870 |
| 9 | 7月 | 55 | 810 |
| 10 | 8月 | 80 | 830 |
| 11 | 9月 | 76 | 900 |
| 12 | 10月 | 68 | 860 |
| 13 | 11月 | 78 | 910 |
| 14 | 12月 | 76 | 890 |

图 7.2.11　示例数据

操作步骤如下。

① 选中 A2:C14 单元格区域，单击"插入"选项卡 |"图表"组 |"推荐的图表"按钮，打开"插入图表"对话框。

② 单击"所有图表"选项卡，在左侧选择"组合"图表类型，在右侧自定义组合图表类型并选择主、次坐标轴，如图 7.2.12 所示。

图 7.2.12　自定义图表类型和选择坐标轴

③ 单击"确定"按钮，单击图表右上角的"图表元素"按钮，在"坐标轴标题"子菜单中选中"纵坐标轴"复选框和"次要坐标轴标题"复选框，设置标题文字方向为竖排文字（单击"开始"选项卡 |"对齐方式"组 |"方向"下拉按钮设置）并输入标题，图表效果如图 7.2.13 所示。

④ 右击图表，在快捷菜单中单击"另存为模板"命令，打开"保存图表模板"对话框，输入文件名为"双轴图表"，扩展名为.crtx。

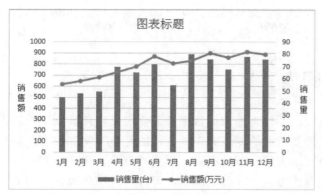

图 7.2.13　示例效果

## 2．应用模板

要使用模板创建图表，选择数据源，打开"插入图表"对话框，单击"所有图表"选项卡，选择"模板"图表类型。如图 7.2.14 所示，所有自定义模板出现在"我的模板"列表中。单击"确定"按钮，应用模板，效果如图 7.2.15 所示。

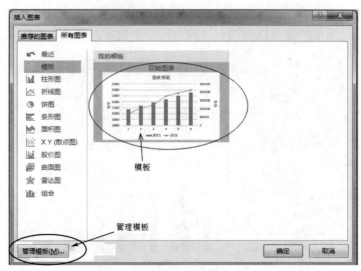

图 7.2.14　选择模板

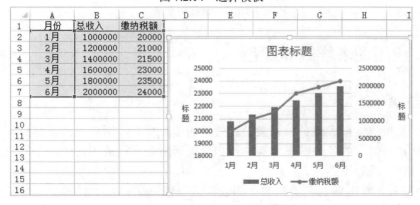

图 7.2.15　应用模板效果

如果需要删除、复制或重命名模板，在"插入图表"对话框中单击"管理模板"按钮，将打开文件管理器窗口，列出全部的自定义模板，在文件管理器窗口中进行相应的文件操作。

# 7.3　美化图表

一个专业化的图表，不仅将抽象的数据形象化，还能使数据更有表现力。要创建更加精美和专业化的图表，需要专业的图表布局、合适的配色方案和细节的美化。

Excel 2013 中内置了大量专业的布局、样式和颜色，用户只需合理利用这些工具，也可以轻松制作出非常美观的图表。在此基础上，可以通过字体设置、图表元素的格式设置等对细节进行进一步处理。

## 7.3.1　应用图表布局

应用图表布局时，会有一组特定的图表元素，如标题、图例、数据标签和数据表等，按特定的排列顺序在图表中显示。

选中图表，单击"图表工具"的"设计"选项卡 | "图表布局"组 | "快速布局"按钮，在选项板中选择布局选项，就可以为图表快速应用选中的布局样式，如图 7.3.1 所示。

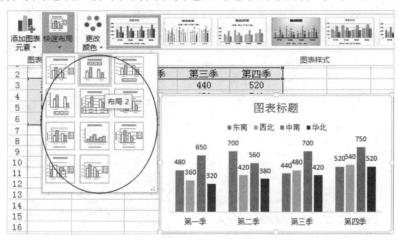

图 7.3.1　快速应用布局

## 7.3.2　应用图表样式和颜色

### 1．应用图表样式

图表样式是指包含图表中各种元素设置效果的参数集合，用户只需要选择某个图表样式就可将图表样式中包含的各种图表元素参数和效果套用到自己的图表中。

常用的两种方法如下。

① 选中图表，单击图表右上角的"图表样式"按钮 ，在"样式"选项卡中根据预览效果选择喜欢的图表样式即可，如图 7.3.2 所示。

② 选中图表，单击"图表工具"的"设计"选项卡|"图表样式"组|"其他"按钮 ，在选项板中选择喜欢的图表样式。

### 2．更改颜色

虽然在 Excel 2013 中提供的图表样式数量少于 Excel 2010 中提供的图表样式，但增加了"更改颜色"功能，使用户能够为数据系列搭配适合图表风格的颜色。

常用的两种方法如下。

① 选中图表，单击图表右角的"图表样式"按钮，在展开的列表中单击"颜色"选项卡，其中显示了 17 组彩色和单色色彩选项，如图 7.3.3 所示。单击某个颜色选项，则图表的数据系列将套用所选颜色。

② 选中图表，单击"图表工具"的"设计"选项卡|"图表样式"组|"更改颜色"按钮，在选项板中选择颜色选项。

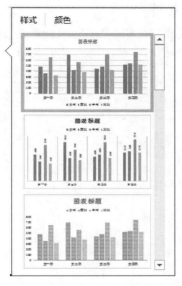

图 7.3.2　"样式"选项卡

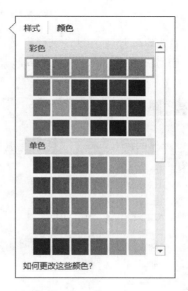

图 7.3.3　颜色列表

## 7.3.3　设置图表元素格式

图表是由一系列图表元素组合而成的，不同的图表元素有不同的格式。

### 1．选择图表元素

设置图表元素格式，首选需要选中图表元素。

选中图表元素最直接的方法就是用鼠标单击图表元素，但是如果不方便用鼠标选取，也可以单击"图表工具"的"格式"选项卡|"当前所选内容"组|"图表元素"下拉按钮，在下拉菜单中选择图表元素名称。

### 2．添加或删除图表元素

在图表中添加图表元素，常用的两种操作方法如下。

① 选中图表，单击图表右上角的"图表元素"按钮 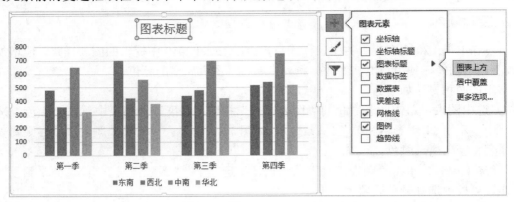，在展开的列表中选中要添加的图表元素前的复选框或在子菜单中单击图表元素选项，如图 7.3.4 所示。

图 7.3.4　单击"图表元素"按钮

② 单击"图表工具"的"设计"选项卡｜"图表布局"组｜"添加图表元素"下拉按钮，在下拉菜单中选择要添加的图表元素，并在展开的子菜单中单击图表元素选项，如图 7.3.5 所示。

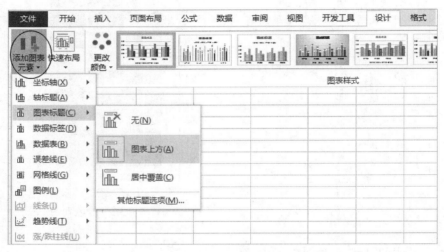

图 7.3.5　使用选项卡命令按钮

如果要删除图表元素，单击图表右上角的"图表元素"按钮，取消勾选该图表元素前的复选框。

### 3．设置图表元素字体

字体在图表中是一个非常重要的要素，它影响图表的专业水准和个性风格。一般来说，图表的默认字体是宋体。

要改变某图表元素的字体为黑体，先选择图表元素，单击"开始"选项卡｜"字体"组｜"字体"下拉按钮，从下拉列表中选择"黑体"。同样通过"字体"组的命令按钮可以设置字号、粗体、斜体等。

**4．设置图表元素格式**

（1）常用的图表元素及属性

坐标轴：最大值、最小值、单位（间隔）、显示单位、刻度线、标签位置。

系列：填充、边框、分类间距（柱形图/条形图）、数据标记（折线图/XY 散点图）、柱体形状（三维柱形图）、趋势线（二维柱形图/二维条形图/折线图等）。

图例：位置、填充、边框。

数据标签：位置、显示内容、数字格式。

标题：文字方向、填充。

网格线：线条、颜色。

（2）设置图表元素格式

要设置图表元素的格式，双击图表元素，弹出所选图表元素格式窗格。或者在图表上右击图表元素，在快捷菜单中选择相关的格式设置命令，也将弹出设置图表元素格式窗格。

图 7.3.6　"设置坐标轴格式"窗格

双击数值轴或者在快捷菜单中单击"设置坐标轴格式"命令，弹出"设置坐标轴格式"窗格，如图 7.3.6 所示。在"设置坐标轴格式"窗格中可设置显示单位、主要刻度单位、次要刻度单位等。

需要注意的是，即使不通过格式窗格，也可以使用鼠标拖动图表标题、坐标轴标题、数据标签和图例来移动它们的位置。特别是数据标签，可以调整单个数据标签而不需要移动整个标签序列。

# 7.4　迷你图

迷你图是一种可直接在 Excel 工作表单元格中插入的微型图表，它可对单元格中的数据提供最直观的表示。迷你图通常用于显示一系列值的变化趋势或突出显示最大值和最小值。

迷你图是 Microsoft 公司在 Office 2010 中推出的微型图表，这种微型图表在 Office 2013 中得到了很好的继承和改进。

迷你图具有如下优势：

● 可以直接清晰地看出数据的分布形态；

● 可减小工作表的空间占用大小；

● 可快速查看迷你图及其数据间的关系；

● 当数据变化时，可快速看到迷你图的相应变化；

● 可使用填充功能快速创建迷你图。

## 7.4.1　创建迷你图

在 Excel 2013 中，迷你图提供了折线图、柱形图和盈亏 3 种图表类型。其中，盈亏迷你图表示数据盈亏情况，它只强调数据的盈利（正值）或亏损（负值），不强调数值的大小。例如，需要反映股市中盈亏情况时，可以使用盈亏迷你图。

例如，以图 7.4.1 所示的"各地区未来 5 天天气预报"为数据源，创建迷你图显示气候的变化趋势。

| | A | B | C | D | E | F | G |
|---|---|---|---|---|---|---|---|
| 1 | 各地区未来5天天气预报 | | | | | | |
| 2 | 地区 | 第1天 | 第2天 | 第3天 | 第4天 | 第5天 | 趋势 |
| 3 | 北京 | 22 | 24 | 19 | 21 | 16 | |
| 4 | 长春 | 13 | 14 | 14 | 15 | 14 | |
| 5 | 上海 | 12 | 19 | 15 | 18 | 16 | |
| 6 | 三亚 | 26 | 32 | 31 | 32 | 32 | |

图 7.4.1　示例数据

操作步骤如下：

① 选择要创建迷你图的单元格 G3，单击"插入"选项卡│"迷你图"组中的迷你图图表类型按钮，如折线图，弹出"创建迷你图"对话框。

② 如图 7.4.2 所示，设置"数据范围"为"B3:F3"，"位置范围"自动显示为"$G$3"。

图 7.4.2　"创建迷你图"对话框

③ 单击"确定"按钮，此时在单元格 G3 中显示迷你图，结果如图 7.4.3 所示。

| | A | B | C | D | E | F | G |
|---|---|---|---|---|---|---|---|
| 1 | 各地区未来5天天气预报 | | | | | | |
| 2 | 地区 | 第1天 | 第2天 | 第3天 | 第4天 | 第5天 | 趋势 |
| 3 | 北京 | 22 | 24 | 19 | 21 | 16 | |
| 4 | 长春 | 13 | 14 | 14 | 15 | 14 | |
| 5 | 上海 | 12 | 19 | 15 | 18 | 16 | |
| 6 | 三亚 | 26 | 32 | 31 | 32 | 32 | |

图 7.4.3　迷你图

④ 拖动单元格 G3 的填充柄一直到单元格 G6 处，创建迷你图组，结果如图 7.4.4 所示。

| | A | B | C | D | E | F | G |
|---|---|---|---|---|---|---|---|
| 1 | 各地区未来5天天气预报 | | | | | | |
| 2 | 地区 | 第1天 | 第2天 | 第3天 | 第4天 | 第5天 | 趋势 |
| 3 | 北京 | 22 | 24 | 19 | 21 | 16 | |
| 4 | 长春 | 13 | 14 | 14 | 15 | 14 | |
| 5 | 上海 | 12 | 19 | 15 | 18 | 16 | |
| 6 | 三亚 | 26 | 32 | 31 | 32 | 32 | |

图 7.4.4　迷你图组

需要注意的是，迷你图不能像单元格一样直接引用，也不影响单元格中输入内容，但迷你图可以是单元格的背景，如图 7.4.5 所示。如果要像图形一样引用迷你图，可以先复制迷你图，然后进行选择性粘贴，在粘贴选项中选择"图片"，可将迷你图转化为图片引用。

| | A | B | C | D | E | F |
|---|---|---|---|---|---|---|
| 1 | | | 各地区销售量（台） | | | |
| 2 | 地区 | 1季度 | 2季度 | 3季度 | 4季度 | 总销售量 |
| 3 | 北京 | 1000 | 1200 | 1100 | 1500 | 4800 |
| 4 | 天津 | 600 | 800 | 900 | 750 | 3050 |
| 5 | 上海 | 1500 | 2000 | 1300 | 1600 | 6400 |

图 7.4.5　作为背景的迷你图

## 7.4.2　迷你图的组合和取消组合

迷你图组的实质是多个迷你图的组合，可以同时对迷你图组的多个迷你图进行编辑和格式设置。用户可以根据需要组合多个独立的迷你图，也可以取消迷你图组的组合。

例如，图 7.4.4 中创建了迷你图组，组合中包含了单元格 G3、G4、G5、G6 中的共 4 个迷你图。要取消整个迷你图组的组合，选中 G3:G6 单元格区域，单击"迷你图工具"的"设计"选项卡｜"分组"组｜"取消组合"按钮。如果只选中单元格 G3，单击"取消组合"按钮，那么单元格 G3 的迷你图不再属于迷你图组，而是变成了独立的迷你图，而迷你图组中只包含另外 3 个迷你图。

假设单元格 G3 和 G4 中各自建立了独立的迷你图，选中单元格 G3 和 G4，单击"迷你图工具"的"设计"选项卡｜"分组"组｜"组合"按钮，可以创建迷你图组。

如果已经创建了迷你图组，只要单击其中的任何一个迷你图，就可以选取整个迷你图组，然后可以同时对迷你图组中的多个迷你图进行编辑和格式设置。

## 7.4.3　编辑迷你图

创建迷你图后，功能区中将显示"迷你图工具"，其中包含"设计"选项卡。用户可通过"设计"选项卡或使用快捷菜单命令，对迷你图进行编辑。

### 1．更改数据源

如果已经创建了迷你图组，则选中迷你图组中的任何一个迷你图，单击"迷你图工具"的"设计"选项卡｜"迷你图"组｜"编辑数据"按钮，在下拉菜单中单击"编辑组位置和数据"，弹出如图 7.4.6 所示的"编辑迷你图"对话框，在对话框中可以重新设置迷你图组的数据范围和位置；如果更改迷你图组的单个迷你图的数据源，在下拉菜单中单击"编辑单个迷你图的数据"命令，弹出如图 7.4.7 所示的"编辑迷你图数据"对话框，在对话框中可以重新更改单个迷你图的数据源。

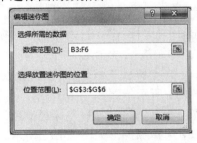

图 7.4.6　编辑迷你图组的数据源

图 7.4.7　编辑迷你图组的单个迷你图数据源

如果未建立迷你图组，则选中要更改数据源的迷你图，单击"迷你图工具"的"设计"选项卡｜"迷你图"｜"编辑数据"按钮，弹出"编辑迷你图"对话框，可重新设置迷你图的数据范围和位置，如图 7.4.8 所示。

图 7.4.8　编辑单个迷你图的数据源

### 2．更改类型

选中迷你图或迷你图组，单击"迷你图工具"的"设计"选项卡｜"类型"组中的迷你图图表类型按钮，可以更改迷你图类型。

### 3．清除迷你图

迷你图虽然插入在单元格中，但不是单元格的内容，因此，直接按 Delete 键无法清除迷你图。

选中要清除的迷你图，单击"迷你图工具"的"设计"选项卡｜"分组"组｜"清除"按钮，在下拉菜单中单击"清除所选的迷你图"，就可以清除迷你图；如果要清除迷你图组，在下拉菜单中单击"清除所选的迷你图组"命令。

### 4．显示迷你图数据点

选中迷你图，在"迷你图工具"的"设计"选项卡｜"显示"组中，选中"高点"、"首点"、"低点"、"尾点"、"负点"和"标记"等复选框，可以显示不同的数据点。

例如，在迷你图中显示"高点"和"低点"两个数据点，效果如图 7.4.9 所示。

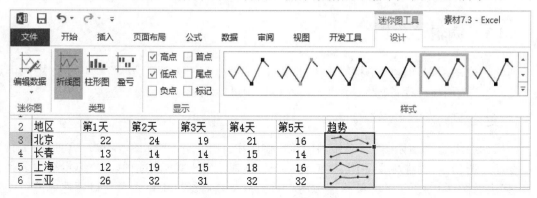

图 7.4.9　显示迷你图数据点

### 5．应用迷你图样式

迷你图作为一种特殊的图表，可以直接应用样式，改变迷你图和数据点的颜色。

选中迷你图，单击"迷你图工具"的"设计"选项卡｜"样式"组｜"其他"按钮，在选项板中单击喜欢的样式，如图 7.4.10 所示。

选中迷你图，单击"迷你图工具"的"设计"选项卡｜"样式"组｜"迷你图颜色"按钮，在选项板中选择迷你图的颜色和线型的粗细，如图 7.4.11 所示。

选中迷你图，单击"迷你图工具"的"设计"选项卡｜"样式"组｜"标记颜色"按钮，在下拉菜单中选择需要设置的数据点，然后在子菜单中选择颜色，如图 7.4.12 所示。

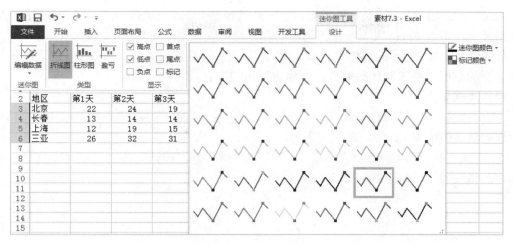

图 7.4.10　迷你图样式

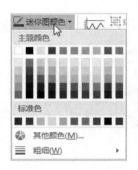

图 7.4.11　"迷你图颜色"选项板

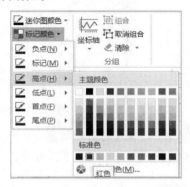

图 7.4.12　"标记颜色"下拉菜单

# 7.5　动态图表

Excel 的图表，一般可分为静态图表和动态图表。静态图表是指不能与用户进行数据互动与交互的图表，创建起来比较简单。而动态图表则是可以与用户进行互动的图表，是图表分析的较高级形式，可以更灵活地显示数据和分析数据，分析的效率和效果优于静态图表。以杂志为例，商业杂志上提供的图表都是静态图表，但其在线杂志提供的图表一般都是交互式动态图表。

创建动态图表的关键在于创建动态的数据区域，然后以此为数据源创建图表，用户可通过控件控制数据源的变化。在创建动态数据区域时，经常需要借助于函数，常用的函数有OFFSET、INDIRECT、INDEX、VLOOKUP、CHOOSE 等。

创建动态图表，常用的方法有利用 Excel 表功能创建动态图表法、定义名称法和辅助区域法等。

## 7.5.1　利用 Excel 表功能创建动态图表

在创建图表的过程中，数据源有可能是动态的，随时可能增加新的数据或删除数据。

Excel 表最大的特点就是自动扩展，能够自动调整 Excel 表的范围。利用 Excel 表创建动态数据区域，再以 Excel 表为数据源创建图表，可以创建简单的动态图表。

如图 7.5.1（a）所示的表格中记录了 2014 年北京 3 月初的最高气温数据，而表格中将继续追加新的数据，要求制作随着数据增加而变化的图表。

操作步骤如下。

① 选择单元格区域 A1:B8，单击"插入"选项卡│"表格"组│"表格"按钮，将 A1:B8 单元格区域转换成 Excel 表，默认表名称为"表 1"。

② 单击"插入"选项卡│"图表"组│"插入折线图"按钮，在下拉菜单中选择"带数据标记的折线图"，效果如图 7.5.1（b）所示。

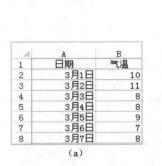
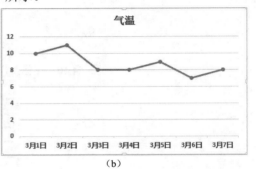

(a)　　　　　　　　　　　(b)

图 7.5.1　示例数据以及折线图

③ 如果在表 1 中追加新的数据，表 1 数据区域自动调整，将包含新的记录，则图表自动随之延伸和调整，效果如图 7.5.2 所示。若在表 1 中删除数据，图表也将随之调整。

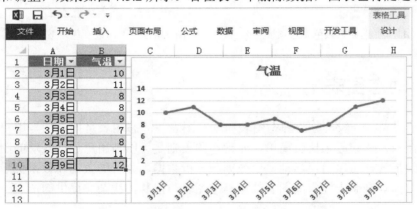

图 7.5.2　图表随着数据递增而自动延伸

需要说明的是，先选择 A1:B8 数据区域创建图表，再把 A1:B8 区域转换成 Excel 表，也可以达到相同的目的。

使用 Excel 表创建动态图表的方法，也适用于创建动态的数据透视表、下拉列表。基于 Excel 表创建的数据透视表、下拉列表，也将自动扩展包含追加的数据。

## 7.5.2　定义名称法

定义动态名称引用某一个数据区域，并以名称为数据源创建图表。名称引用的区域，将根据用户的操作选择而变化，图表也将随之更新。

在定义动态名称时，最常用的函数是 OFFSET 函数。OFFSET 函数以指定的引用为参照系，通过给定偏移量得到新的引用。返回的引用区域可以为一个单元格或单元格区域，并可以指定返回的行数或列数。

函数的语法格式如下：

OFFSET(reference,rows,cols,[height],[width])

其中，reference 为参照物，只能为单元格或相邻的单元格区域引用，而 OFFSET 函数的返回值可以作为自定义名称的引用区域。

例如，在如图 7.5.3 所示的表格中可以看到，随着时间的推移，记录的气温数据越来越多，因此图表包含的数据点也越来越多，造成图表非常拥挤。如果用户只关心最新的几个数据，那么可以创建能反映最新几个数据的图表，而需要显示的最新数据个数由用户使用窗体控件进行控制。

| | A | B | C | D | E |
|---|---|---|---|---|---|
| 1 | 日期 | 气温 | | 每次显示的最新记录个数 | 8 |
| 2 | 3月1日 | 10 | | | |
| 3 | 3月2日 | 11 | | | |
| 4 | 3月3日 | 8 | | | |
| 5 | 3月4日 | 8 | | | |
| 6 | 3月5日 | 9 | | | |
| 7 | 3月6日 | 7 | | | |
| 8 | 3月7日 | 8 | | | |
| 9 | 3月8日 | 11 | | | |
| 10 | 3月9日 | 12 | | | |
| 11 | 3月10日 | 10 | | | |
| 12 | 3月11日 | 13 | | | |
| 13 | 3月12日 | 16 | | | |
| 14 | 3月13日 | 19 | | | |
| 15 | 3月14日 | 17 | | | |

图 7.5.3　示例数据

假设单元格 E1 中存放了需要显示的最新数据的个数，操作步骤如下。

① 定义名称"日期"。如图 7.5.4 所示，打开"名称管理器"对话框，单击"新建"按钮，弹出"新建名称"对话框，在"名称"框中输入"日期"，在"引用位置"框中输入公式：

=OFFSET(Sheet1!$A$1,COUNTA(Sheet1!$A:$A)-Sheet1!$E$1,0,Sheet1!$E$1,1)

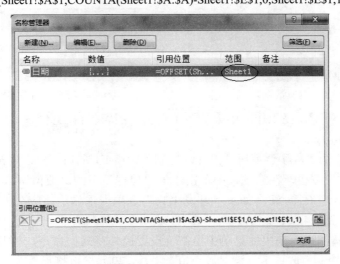

图 7.5.4　定义名称"日期"

注意：COUNTA 函数计算参数区域中非空白单元格的个数，名称应用范围应该选择当前工作表 Sheet1，以免与其他工作表的名称起冲突。

② 同样的方式，定义名称"气温"。在"新建名称"对话框的"名称"框中输入"气温"，在"引用位置"框中输入公式：

=OFFSET(Sheet1!$B$1,COUNTA(Sheet1!$B:$B)-Sheet1!$E$1,0,Sheet1!$E$1,1)

③ 选择 A1:B15 区域，先创建静态图表，图表类型为"带数据标记的折线图"，效果如图 7.5.5 所示。

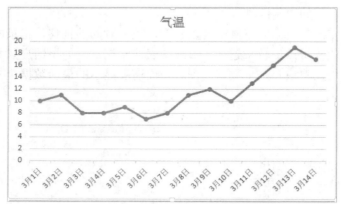

图 7.5.5　示例折线图

④ 重新设置图表数据源，将静态图表转化为动态图表。右击图表，在快捷菜单中单击"选择数据"命令，打开"选择数据源"对话框，单击"图例项（系列）"区中的"编辑"按钮，弹出"编辑数据系列"对话框。在"系列值"框中输入"=Sheet1!气温"，单击"确定"按钮，如图 7.5.6 所示。单击"水平（分类）轴标签"区中的"编辑"按钮，弹出"轴标签"对话框，在"轴标签区域"框中输入"=Sheet1!日期"，单击"确定"按钮，如图 7.5.7 所示。返回"选择数据源"对话框，再次单击"确定"按钮。

图 7.5.6　编辑数据系列　　　　　　　　图 7.5.7　编辑轴标签

⑤ 如图 7.5.8 所示，在工作表中追加两条记录，图表将自动更新，显示最新的 8 个数据点（单元格 E1 的值）。

⑥ 在图表中添加"数字调节钮"控件，控制单元格 E1 的值。单击"开发工具"选项卡 |"控件"组 |"插入"按钮，在选项板中单击"表单控件"下的"数值调节钮" ⏶⏷，并在图表中通过鼠标拖动绘制控件。注：如果"开发工具"选项卡未显示，应在"Excel 选项"对话框中进行设置，详见 1.4 节。

⑦ 右击数值调节钮，在快捷菜单中单击"设置控件格式"命令，打开"设置控件格式"对话框，切换至"控制"选项卡，设置最小值、步长，单元格链接设置为"$E$1"，如图 7.5.9 所示。

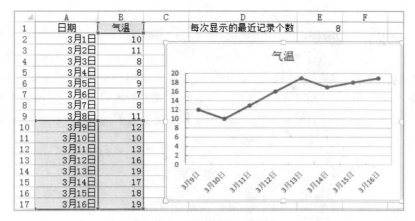

图 7.5.8　显示最新 8 个数据

图 7.5.9　设置控件格式

⑧ 单击数值调节钮控件，控制每次显示的记录个数，也就是单元格 E1 的值，效果如图 7.5.10 所示。

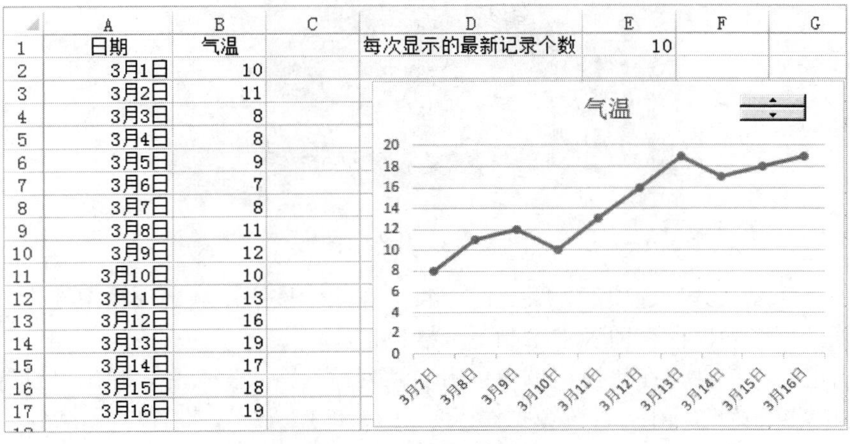

图 7.5.10　示例效果

### 7.5.3 辅助区域法

设置一个辅助数据区域，将目标数据从源数据区域引用到辅助数据区域，并以辅助区域的数据为数据源创建图表。当用户选择改变时，辅助区域的数据随之变化，而图表也随之更新。

如图 7.5.11 所示为"彩电销售额"数据，要求创建交互式饼图以反映不同品牌销售额在每个月销售额中所占比例，其中月份由组合框控制。

| | A | B | C | D | E | F |
|---|---|---|---|---|---|---|
| 1 | | | 彩电销售额(万元) | | | |
| 2 | | 康佳 | 松下 | TCL | 创维 | SONY |
| 3 | 一月 | 4345 | 2341 | 1345 | 2434 | 2434 |
| 4 | 二月 | 5662 | 2344 | 1234 | 563 | 1234 |
| 5 | 三月 | 3434 | 5676 | 2343 | 3435 | 6743 |
| 6 | 四月 | 7566 | 1233 | 6778 | 2435 | 3435 |
| 7 | 五月 | 3545 | 4556 | 4565 | 4566 | 5677 |

图 7.5.11　示例数据

操作步骤如下。

① 在"彩电销售额"表格区域外建立辅助数据区域，如图 7.5.12 所示。在 B9:F9 单元格区域中输入列标题，选择 A10:F10 单元格区域，输入公式"=INDEX(A3:F7,A9,0)"，按 Ctrl+Shift+Enter 组合键。其中，单元格 A9 的值作为 INDEX 函数的参数值，表示 A3:F7 单元格区域中的行序号。

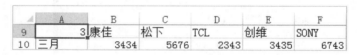

| | A | B | C | D | E | F |
|---|---|---|---|---|---|---|
| 9 | 3 | 康佳 | 松下 | TCL | 创维 | SONY |
| 10 | 三月 | 3434 | 5676 | 2343 | 3435 | 6743 |

图 7.5.12　辅助数据区域

② 选择 A9:F10 单元格区域，创建三维饼图，单击图表右上角的"图表元素"按钮，在"数据标签"子菜单中选择"更多选项"，然后在"设置标签格式"窗格中选中"类别名称"复选框和"百分比"复选框，图表效果如图 7.5.13 所示。

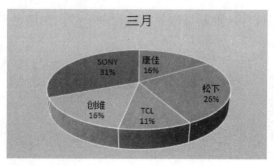

图 7.5.13　静态饼图

③ 单击"开发工具"选项卡 | "控件"组 | "插入"按钮，从选项板中选择"表单控件"下的"组合框"，拖动鼠标在图表中绘制组合框控件。

④ 右击组合框控件，在快捷菜单中单击"设置控件格式"命令，弹出"设置控件格式"对话框，单击"控制"选项卡，设置数据源区域为"$A$3:$A$7"，设置单元格链接为"$A$9"，单击"确定"按钮。组合框格式的设置，表示组合框的选项来自于 A3:A7 单元格区域，用户

从组合框中选择的选项序号的值将反馈到单元格 A9 中。

⑤ 效果如图 7.5.14 所示，当单击组合框下拉按钮选择不同的月份时，由于单元格 A9 中的值在不断变化，因此图表的数据源也随之变化，而图表也会随之更新。

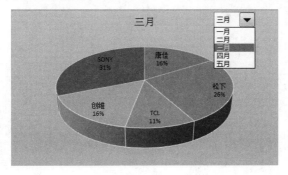

图 7.5.14　动态饼图

因为控件无法和嵌入图表一起移动，可将控件和图表进行组合，便于整体移动。

# 7.6　趋势线的应用

在图表中，趋势线常用来预测数据的走势以及分析数据。趋势线的工作原理是，通过对图表中各数据系列的数值进行分析，绘制一条大致符合数据发展趋势的函数，并将函数图像绘制在图表中，用户只需观察该函数图像的走向即可大致推测出下一个数据点的数值。需要注意的是，并不是所有的图表类型都可以添加趋势线。

例如，如图 7.6.1 所示为某公司前 12 个月的销售量数据以及根据销售量数据创建的柱形图，要求在图表中添加趋势线，并用预测公式计算第 13 个月的销售量。

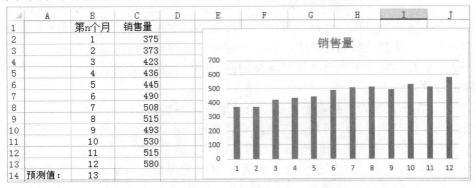

图 7.6.1　示例数据及图表

操作步骤如下。

① 选中图表，单击图表右上角的"图表元素"按钮，在"趋势线"子菜单中选择"更多选项"，弹出"设置趋势线格式"窗格。

② 单击"趋势线选项"下的▊▊图标，选中窗格下方的"显示公式"复选框和"显示 R 平方值"复选框，如图 7.6.2 所示。若 R 平方值为 1 或接近于 1，则表示趋势线最可靠。

③ 在"趋势线选项"中选择不同的预测函数，尽量找出 R 平方值最大的预测函数作为趋势线，本例中选择了"多项式"、顺序为 2，此时图表中显示出公式"$y=-0.7205x^2+26.133x+342.75$"，

显示 R 平方值为 0.9211。

④ 在单元格 C14 中输入公式"=-0.7205*B14^2+26.133*B14+342.75",得出第 13 个月的预测数据，结果如图 7.6.3 所示。

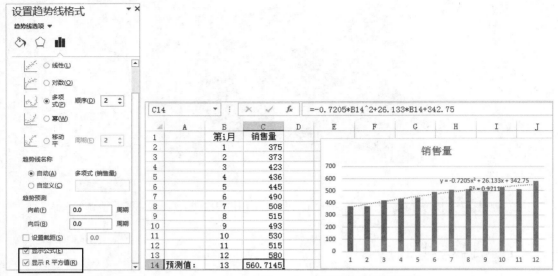

图 7.6.2　设置趋势线格式　　　　　　图 7.6.3　预测函数以及预测值

为了保证预测值的准确度，趋势线方程系数的位数可以显示更多的小数位。双击趋势线公式，打开"设置趋势线标签格式"窗格，单击"标签选项"图标，在"数字"类别中选择"数字"，在"小数位数"框中输入小于等于 30 的数字，显示值最多也只能准确到 15 位。

# 7.7　综合案例：绘制正弦、余弦函数

使用 Excel 图表可以描绘变量的规律，准确地绘制出各种函数图像，而用户可通过图像进行数学分析。在绘制曲线的过程中，如何确定自变量的初始值以及数据点之间的步长，这是要根据函数的具体特点来判断。通过本章案例，用户可以学会通过 Excel 绘制各种函数图像以及标记特殊点的方法。

【案例】　在一张图表中绘制出正弦、余弦函数，并在图表中标记相交点。

**分析**：为了使用图表画出函数，首先需要确定自变量，假设度数为自变量 $X$，度数 $X$ 的取值范围为[0，360]。为了准确地绘制出曲线，抽样点越多越好。本案例中设 $X$ 初始值为 0、步长值为 40。Excel 中正弦函数 SIN 和余弦函数 COS 的参数为弧度，因此使用 RADIANS 函数把度数转换为相应的弧度。其次，在图表中标记出相交点，需要在图表中添加一个数据系列，并设图表类型为散点图，设置数据标记以及显示数据标签。如果相交点无法确定，可在图表中显示刻度线的方式，大概确定相交点的范围，并用二分法，精确地找出相交点。本案例中，相交点是确定的，两个相交点为 $X=45$ 和 $X=225$。

## 1.　绘制正弦、余弦函数

操作步骤如下。

① 创建如图 7.7.1 所示的自变量抽样点表格。在 A 列中，初值为 0、步长为 40，产生等差序列，序列范围为[0，360]；在单元格 B2 中输入公式"=RADIANS(A2)"；在单元格 C2

输入公式"=SIN(B2)";在单元格 D2 中输入公式"=COS(B2)"。选择 B2:D2 单元格区域，向下拖动填充柄复制公式。

② 选择 A1:A11 区域，按住 Ctrl 键，接着选取 C1:D11 区域，创建如图 7.7.2 所示的带平滑线的 XY 散点图。

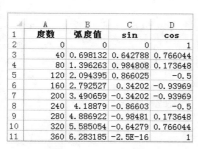

图 7.7.1　抽样点数据

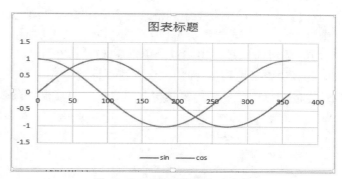

图 7.7.2　正弦函数和余弦函数

### 2．图表中标记相交点

众所周知，余弦函数和正弦函数的相交点有两个，分别产生在 $X=45$ 和 $X=225$ 点上。

操作步骤如下。

① 在抽样点表格中，在 40 和 80 之间插入抽样点 45，在 200 和 240 之间插入 225，并用公式得到相应的弧度值、正弦和余弦值。这时图表将自动更新，以便包括所有的抽样点。

② 为了标记正弦曲线和余弦曲线的相交点，添加 1 列，在单元格 E1 中输入标题"相交点"，在单元格 E2 中输入公式"=IF(ABS(D2-C2)<0.000001,D2,#N/A)"，并向下填充公式。

③ 选择 E1:E13 区域进行复制，在图表中执行"粘贴"命令，添加"相交点"数据系列，效果如图 7.7.3 所示。

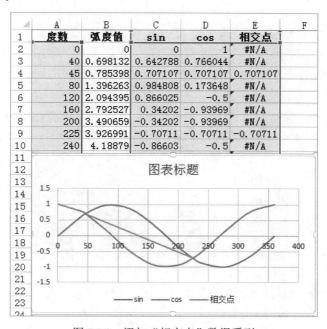

图 7.7.3　添加"相交点"数据系列

④ 单击"图表工具"的"格式"选项卡|"当前所选内容"组|"图表元素"按钮，在下拉列表中选择系列相交点。打开"更改图表类型"对话框，选择图表类型为"组合"，"相交点"系列图表类型为"散点图"。

⑤ 再次选择系列相交点，设置格式。首先在"开始"选项卡|"字体"组中设置填充颜色为红色，在"设置数据系列格式"窗格中单击"填充线条"图标，然后在"数据标记选项"区中选中"内置"，设置类型以及大小，如图 7.7.4 所示。

⑥ 重新选择系列相交点，单击图表右上角的"图表元素"按钮，在"数据标签"子菜单中选择"更多选项"，弹出"设置数据标签格式"窗格，单击"标签选项"图标，在"标签包括"区中选中"X 值"复选框和"Y 值"复选框，图表最终效果如图 7.7.5 所示。

图 7.7.4　数据标记选项

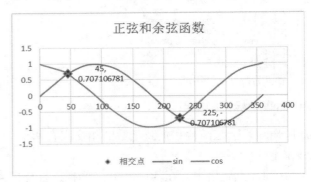

图 7.7.5　图表最终效果

需要说明的是，如果对图表的要求高，应增加采样点。

# 7.8　思考与练习

1．若删除了图表数据源中部分数据，数据图表会起什么变化？
2．三维的柱形图和折线图是否可以组成组合图表？
3．如何设置三维柱形图的柱形为圆柱形，效果如图 7.8.1 所示。

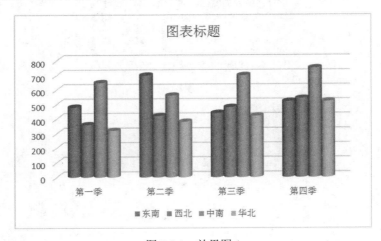

图 7.8.1　效果图 1

4. 如何在图表系列点中添加图片来美化图表，如添加迷你图，效果如图 7.8.2 所示。

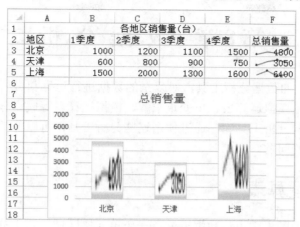

图 7.8.2　效果图 2

5. 在图表中添加控件时，控件与单元格之间如何建立链接？

# 第8章 数据分析

Excel 提供了强大的数据分析工具，对复杂的数据进行运算和分析，为预测和决策提供了依据。这些工具包括模拟运算表、单变量求解、模拟运算表等假设分析工具及以加载宏的形式提供的规划求解和分析工具库。通过使用这些分析工具，可以非常方便地解决经济、统计和工程分析等方面的问题。

## 8.1 模拟运算表

模拟运算表（在旧版本中也称数据表）是一个单元格区域，用于分析公式中一个或两个参数值的变化对公式结果的影响。模拟运算表分为单变量模拟运算表和双变量模拟运算表。单变量模拟运算表显示一个参数值的变化对一个或多个公式结果的影响，双变量模拟运算表显示两个参数值的变化对一个公式结果的影响。

### 8.1.1 单变量模拟运算表

"单变量模拟运算表"求解的过程可以归结为：首先，确定输入变量值的单元格区域，并输入变量的值；其次，确定输入公式的位置并输入公式；最后，选择模拟运算表区域，创建单变量模拟运算表。

"单变量模拟运算表"有两种结构：列引用和行引用，如果输入变量的值被排列在同一列，则称为"列引用"，如图 8.1.1 所示；如果输入变量的值被排列在同一行，则称为"行引用"，如图 8.1.2 所示。

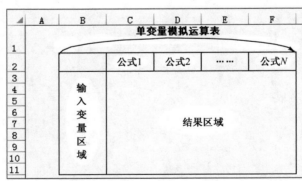

图 8.1.1　"列引用"结构

单变量模拟运算表的结构特点如下。

① 在模拟运算表中输入公式的位置和输入变量的位置有关。如果输入变量的值被排列在同一列中，则在第一个数值的上一行且处于数值列右侧的单元格中输入所需的公式。在同一行中，第一个公式的右边，分别输入其他公式。如果输入变量的值被排列在同一行中，在第一个数值的下一行且处于数值列左侧的单元格中输入所需的公式。在同一列中，在第一个公式的下方，分别输入其他公式。

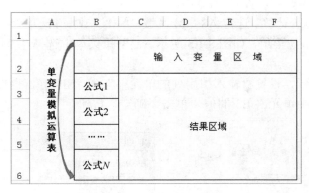

图 8.1.2 "行引用"结构

② 单变量模拟运算表区域是矩形区域，包括输入变量的单元格区域以及所有公式。

例如，用户准备申请贷款购买新房，贷款年利率为 6.55%，贷款额为 40 万元，按月还款，每月还款额相同，试分析贷款年限对月还款额以及到期总还款额的影响。

首先创建数学模型，设贷款年限为 $X$，月还款额为 $Y$，到期总还款额为 $Z$，计算每月还款额 $Y$ 的公式为：$Y$=PMT（月利率，以月为单位的贷款期限，贷款额），其中，月利率=年利率÷12，月利率和贷款额为常量，因此 $Y$ 为 $X$ 的一元函数；计算到期总还款额的 $Z$ 公式为：$Z$=$Y$×以月为单位的贷款期限，因此 $Z$ 同样也为 $X$ 的一元函数。单变量模拟运算表在本质上是分析一元方程中自变量 $X$ 在给定的取值范围内变化时方程值的变化。因此，可以用单变量模拟运算表解决此问题。而用单变量模拟运算表解决实际问题，关键是正确构造单变量模拟运算表模型。

操作步骤如下。

① 如图 8.1.3 所示，假设单元格 B3 中存放了数学模型中 X 的值，在工作表中输入模型的其他参数以及两个公式（公式中贷款额的值使用了负值以便进行数据分析，后面涉及 PMT 函数的例子也采用相同的方式）。

| | A | B |
|---|---|---|
| 1 | 年利率 | 0.0655 |
| 2 | 贷款额（¥） | 400000 |
| 3 | 贷款期限（年） | 10 |
| 4 | 月还款额（¥） | =PMT(B1/12,B3*12,-B2) |
| 5 | 到期总还款额（¥） | =B4*B3*12 |

图 8.1.3 示例数据

② 建立如图 8.1.4 所示的模拟运算表区域，其中模拟运算表采用"列引用"结构，贷款期限取值为 5、10、15、20、25、30 年，在单元格 B8 中输入公式"=B4"（可以再次输入月还款额的公式），在单元格 C8 中输入了公式"=B5"（可以再次输入到期总还款额的公式）

| | A | B | C |
|---|---|---|---|
| 7 | | 月还款额 | 到期总还款额 |
| 8 | | =B4 | =B5 |
| 9 | 5 | | |
| 10 | 10 | | |
| 11 | 15 | | |
| 12 | 20 | | |
| 13 | 25 | | |
| 14 | 30 | | |

图 8.1.4 示例"列引用"结构

③ 使用模拟运算表计算。选定 A8:C14 区域，单击"数据"选项卡｜"数据工具"组｜"模拟分析"按钮，弹出下拉菜单，如图 8.1.5 所示。在下拉菜单中选择"模拟运算表"，弹出"模拟运算表"对话框。

④ 如图 8.1.6 所示，设置"输入引用列的单元格"为"$B$3"，也就是说，A9:A14 区域的变量值将替换公式中单元格 B3 的值，单击"确定"按钮。

图 8.1.5 "模拟分析"下拉列表　　图 8.1.6 "模拟运算表"对话框

⑤ 模拟运算表的结果如图 8.1.7 所示，模拟运算表区域为 A8:C14，可变单元格区域为

| | A | B | C |
|---|---|---|---|
| 7 | | 月还款额 | 到期总还款额 |
| 8 | | ¥4,552.10 | ¥546,252.22 |
| 9 | 5 | ¥7,835.83 | ¥470,149.84 |
| 10 | 10 | ¥4,552.10 | ¥546,252.22 |
| 11 | 15 | ¥3,495.43 | ¥629,178.05 |
| 12 | 20 | ¥2,994.08 | ¥718,578.91 |
| 13 | 25 | ¥2,713.34 | ¥814,001.77 |
| 14 | 30 | ¥2,541.44 | ¥914,918.19 |

图 8.1.7 示例运算结果

A9:A14，结果区域为 B9:C14。当用户选取结果区域时，将会发现编辑框中显示公式为"{=TABLE(,B3)}"，这表明结果区域为数组，不能单独编辑其中的某一个值，而 TABLE(,B3) 表示引用列的单元格为 B3。

如果在建立模型的过程中采用了"行引用"结构，如图 8.1.8 所示。在 C7:H7 单元格区域中输入贷款期限可能的取值，在单元格 B8 和单元格 B9 中输入月还款额和到期总还款额公式，选择 B7:H9 单元格区域，单击"模拟运算表"命令，在"模拟运算表"对话框的"输入引用行的单元格"中输入"$B$3"，结果区域为 C8:H9。

| | A | B | C | D | E | F | G | H |
|---|---|---|---|---|---|---|---|---|
| 7 | | | 5 | 10 | 15 | 20 | 25 | 30 |
| 8 | 月还款额 | =B4 | | | | | | |
| 9 | 到期总还款额 | =B5 | | | | | | |

图 8.1.8 示例"行引用"结构

在默认情况下，工作表的计算模式为自动。在自动计算模式下，工作表中任何变化都将会使模拟运算表重新计算。但是如果模拟运算表数据量较大，自动计算会使得运算速度非常慢。

单击"公式"选项卡｜"计算"组｜"计算选项"按钮，在下拉菜单中选择"除模拟运算表外，自动重算"（也可在"Excel 选项"对话框中设置）。如此重设之后，只有在按下 F9 键时，模拟运算表才重新计算。

## 8.1.2 双变量模拟运算表

从本质上来说，双变量模拟运算表就是分析二元方程中自变量 $X$，$Y$ 在给定的取值范围内变化时方程值的变化。

创建双变量模拟运算表的过程和创建单变量模拟运算表的过程相似，只是在使用双变量模拟运算表时，用来替换公式中双变量的两组输入值使用同一个公式。一组输入值在公式下一行且同一列开始的单元格区域中输入，另外一组输入值在公式右侧同一行的单元格区域中输入，公式需要输入在两组输入值交叉的单元格中。因此，在操作上建议：先确定公式的位置，在此基础上确定两个可变单元格区域的位置。

双变量模拟运算表的结构如图 8.1.9 所示，其中两个变量的位置可交换。

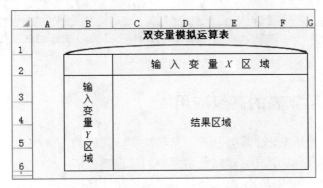

图 8.1.9　双变量模拟运算表结构图

例如，用户准备申请贷款购买新房，年利率为 6.55%，按月还款，每月还款额相同，月还款额取决于贷款额和贷款期限，分析贷款额和贷款期限对月还款额的影响。

创建数学模型，设贷款期限为 $X$，贷款额为 $Y$，月还款额为 $Z$，计算每月还款额 $Z$ 的公式为：$Z=PMT$（月利率，$X$，$Y$），其中月利率为常量，因此 $Z$ 为有关 $X$、$Y$ 的二元方程。

操作步骤如下。

① 在工作表中创建如图 8.1.10 所示的模型。在单元格 A6 中输入公式"=B4"（可以重新输入月还款额的公式），在 A7:A11 单元格区域中输入贷款额可能的取值，在 B6:G6 单元格区域中输入年份可能的取值。

| | A | B | C | D | E | F | G |
|---|---|---|---|---|---|---|---|
| 1 | 年利率 | 0.0655 | | | | | |
| 2 | 贷款额（¥） | 400000 | | | | | |
| 3 | 贷款期限（年） | 10 | | | | | |
| 4 | 月还款额（¥） | =PMT(B1/12,B3*12,-B2) | | | | | |
| 5 | | | | | | | |
| 6 | =B4 | 5 | 10 | 15 | 20 | 25 | 30 |
| 7 | 400000 | | | | | | |
| 8 | 600000 | | | | | | |
| 9 | 800000 | | | | | | |
| 10 | 1000000 | | | | | | |
| 11 | 1200000 | | | | | | |

图 8.1.10　示例模型

② 使用模拟运算表计算。选定 A6:G11 区域，执行"模拟运算表"命令，弹出"模拟运算表"对话框。在该对话框中设置"输入引用行的单元格"为"$B$3"，"输入引用列的单元格"为"$B$2"，如图 8.1.11 所示，也就是说，B6:G6 单元格区域的值将替换公式中单元格 B3 的值，A7:A11 区域单元格的值替换公式中单元格 B2 的值。

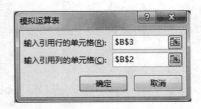

图 8.1.11　示例参数

③ 单击"确定"按钮，结果如图 8.1.12 所示，其中 B7:G11 区域为模拟运算表结果区域。

| B7 | | | | $\{=TABLE(B3,B2)\}$ | |
|---|---|---|---|---|---|
| | A | B | C | D | E | F | G |
| 6 | ¥4,552.10 | 5 | 10 | 15 | 20 | 25 | 30 |
| 7 | 400000 | 7,835.83 | 4,552.10 | 3,495.43 | 2,994.08 | 2,713.34 | 2541.439422 |
| 8 | 600000 | 11,753.75 | 6,828.15 | 5,243.15 | 4,491.12 | 4,070.01 | 3812.159132 |
| 9 | 800000 | 15,671.66 | 9,104.20 | 6,990.87 | 5,988.16 | 5,426.68 | 5082.878843 |
| 10 | 1000000 | 19,589.58 | 11,380.25 | 8,738.58 | 7,485.20 | 6,783.35 | 6353.598554 |
| 11 | 1200000 | 23,507.49 | 13,656.31 | 10,486.30 | 8,982.24 | 8,140.02 | 7624.318265 |

图 8.1.12　示例结果

## 8.1.3　模拟运算表的高级应用

在实际应用中，使用 Excel 数据分析工具解决实际问题的一般过程如图 8.1.13 所示。其中，建立数学模型的过程需要依靠数学理论知识和专业理论知识，而求解数学模型依靠计算机科学和 Excel 工具，如何从数学模型转化成 Excel 工作表模型是用 Excel 工具解决数学模型的关键步骤。

【实例 8-1-1】　在如图 8.1.4 所示的"考勤应扣款计算表"中，计算每个部门基本工资的总和以及扣款合计的总和。

计算每个部门基本工资的总和以及扣款合计的总和，可以使用 SUMIF 函数计算。SUMIF 函数的格式为：SUMIF(range, criteria,[sum_range])，其中 range 为判断条件的区域，criteria 为条件，sum_range 为求和的区域。假设部门的值为 $X$，部门基本工资的总和为 $Y$，部门扣款合计的总和为 $Z$，在计算 $Y$ 和 $Z$ 的 SUMIF 函数中第 1 个参数和第 3 个参数可看作常量，而第 2 个参数为 $X$，$X$ 可以取图书开发部、软件开发部、基础部、人事部等不同的值。本例有一个自变量，两个公式，典型的一元方程，可以使用单变量模拟运算表计算。

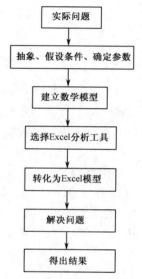

图 8.1.13　Excel 数据分析工具解决实际问题的过程

| | A | B | C | D | E | F |
|---|---|---|---|---|---|---|
| 1 | 考勤应扣款计算表 | | | | | |
| 2 | 员工编号 | 姓名 | 部门 | 职位 | 基本工资 | 扣款合计 |
| 3 | C001 | 王x东 | 图书开发部 | 部门经理 | 5400 | 0 |
| 4 | C002 | 李明x | 软件开发部 | 部门经理 | 5600 | 21.75 |
| 5 | C003 | 白x亮 | 软件开发部 | 开发工程师 | 4200 | 196 |
| 6 | C004 | 高x华 | 基础部 | 部门经理 | 4800 | 30 |
| 7 | C005 | 李x亮 | 图书开发部 | 程序员 | 4000 | 117 |
| 8 | C006 | 钱x多 | 软件开发部 | 开发工程师 | 4200 | 0 |
| 9 | C007 | 王x娜 | 基础部 | 文员 | 3400 | 0 |
| 10 | C008 | 孙小x | 软件开发部 | 开发工程师 | 4200 | 100 |
| 11 | C009 | 梁x天 | 图书开发部 | 程序员 | 4000 | 0 |
| 12 | C010 | 刘丽x | 基础部 | 文员 | 3400 | 61.75 |
| 13 | C011 | 李x宁 | 图书开发部 | 程序员 | 4000 | 0 |
| 14 | C012 | 韩x冰 | 基础部 | 文员 | 3400 | 50 |
| 15 | C013 | 王明x | 基础部 | 文员 | 3600 | 0 |
| 16 | C014 | 冯x艳 | 人事部 | 部门经理 | 5600 | 53 |

图 8.1.14　示例数据

操作步骤如下。

①　在工作表中创建如图 8.1.15 所示的模型。假设单元格 A20 存放 SUMIF 函数的自变量

X 的值，在 C21:C24 单元格区域中输入部门所有可能的取值，在单元格 D20 中输入公式"=SUMIF(C2:C16,A20,E2:E16)"，在单元格 E20 中输入公式"=SUMIF(C2:C16,A20,F2:F16)"。

| D20 | ▼ | : | × ✓ fx | =SUMIF(C2:C16,A20,E2:E16) | |
|---|---|---|---|---|---|
| ▲ | A | B | C | D | E |
| 17 | | | | | |
| 18 | | | | | |
| 19 | 可变单元格 | | | 基本工资总额 | 扣款合计总额 |
| 20 | 图书开发部 | | | 17400 | 117 |
| 21 | | | 图书开发部 | | |
| 22 | | | 软件开发部 | | |
| 23 | | | 基础部 | | |
| 24 | | | 人事部 | | |

图 8.1.15　示例模型

② 使用单变量模拟运算表计算。选定 C20:E24 区域，在"模拟运算表"对话框中，"输入引用列的单元格"设置为"$A$20"，单击"确定"按钮，得到运算结果，如图 8.1.16 所示。

| ▲ | A | B | C | D | E |
|---|---|---|---|---|---|
| 17 | | | | | |
| 18 | | | | | |
| 19 | 可变单元格 | | | 基本工资总额 | 扣款合计总额 |
| 20 | 图书开发部 | | | 17400 | 117 |
| 21 | | | 图书开发部 | 17400 | 117 |
| 22 | | | 软件开发部 | 18200 | 317.75 |
| 23 | | | 基础部 | 18600 | 141.75 |
| 24 | | | 人事部 | 5600 | 53 |

图 8.1.16　示例运算结果

【实例 8-1-2】　在"考勤应扣款计算表"中计算每个部门不同职位的人数。

计算每个部门不同职位的人数，可以用 DCOUNT 函数计算。DCOUNT 函数的格式为：DCOUNT(database,field,criteria)，其中 database 和 field 参数可看作常量，criteria 参数为条件区域，条件区域中部门字段和职位字段各自取不同的值。因此，条件区域中部门的值和职位的值可看作两个自变量。假设部门的值为 X，职位的值为 Y，Z 为人数，那么计算 Z 的公式可以看成 X、Y 的二元方程，可以用双变量模拟运算表分析部门值和职位值各自取不同值时人数的变化。

操作步骤如下。

① 在工作表中创建如图 8.1.17 所示的模型。在 A19:B20 区域中建立 DCOUNT 函数的条件区域，在单元格 A20 和 B20 中存放 DCOUNT 函数的自变量 X 和 Y 的值。选择单元格 D19，输入公式"=DCOUNT(A2:F16,E2,A19:B20)"，在 E19:H19 区域中输入职位所有可能的取值，在 D20:D23 区域中输入部门所有可能的取值。

| D19 | ▼ | : | × ✓ | fx | =DCOUNT(A2:F16,E2,A19:B20) | | |
|---|---|---|---|---|---|---|---|
| ▲ | A | B | C | D | E | F | G | H |
| 17 | | | | | | | | |
| 18 | | | | | | | | |
| 19 | 部门 | 职位 | | 1 | 部门经理 | 开发工程师 | 程序员 | 文员 |
| 20 | 图书开发部 | 部门经理 | | 图书开发部 | | | | |
| 21 | | | | 软件开发部 | | | | |
| 22 | | | | 基础部 | | | | |
| 23 | | | | 人事部 | | | | |

图 8.1.17　模拟运算表区域

② 使用双变量模拟运算表计算。在"模拟运算表"对话框中，"输入引用行的单元格"设置为"$B$20"，"输入引用列的单元格"设置为"$A$20"，单击"确定"按钮，得到运算结果，如图 8.1.18 所示。

| | D | E | F | G | H |
|---|---|---|---|---|---|
| 19 | 1 | 部门经理 | 开发工程师 | 程序员 | 文员 |
| 20 | 图书开发部 | 1 | 0 | 3 | 0 |
| 21 | 软件开发部 | 1 | 3 | 0 | 0 |
| 22 | 基础部 | 1 | 0 | 0 | 4 |
| 23 | 人事部 | 1 | 0 | 0 | 0 |

图 8.1.18　示例结果

实际上，实例 8-1-1 中计算每个部门基本工资的总和以及扣款合计的总和，公式中可以用 DSUM 函数。使用模拟运算表和数据库函数相结合解决实际问题的方法很实用。同一个实例，如果只用数据库函数计算而不结合模拟运算表工具，则需要创建多个条件区域和输入多个公式才可以。但是如果使用模拟运算表工具，只需要一个条件区域和一个公式就可以得到结果。

## 8.2　单变量求解

单变量求解的功能是，在已知公式结果的情况下推测出形成这个结果的变量的值。从本质上来说，单变量求解就是求解一元方程中自变量 $X$ 的值。因此，解决一元方程的问题就可以考虑使用单变量求解，如三角函数、指数函数、幂函数、一元多项式等方程。

单击"数据"选项卡 | "数据工具"组 | "模拟分析"按钮，在下拉菜单中选择"单变量求解"，弹出"单变量求解"对话框，在该对话框中设置参数，说明如下。

● 目标单元格：求解公式所在的单元格。
● 目标值：公式的结果。
● 可变单元格：在求解过程中可调整的单元格，可变单元格只能为一个。

### 8.2.1　单变量求解的应用

【实例 8-2-1】　解一元一次方程。

假设用户只带了 100 元去采购食品，需要购买的数量和单价如图 8.2.1 所示。如果买完了猪肉、鸡蛋和蔬菜还有余钱，再买水果。设水果的单价为 2.5 元，计算余钱能买几斤水果？

| | A | B | C |
|---|---|---|---|
| 1 | 品名 | 重量（斤） | 单价（元） |
| 2 | 猪肉 | 10 | 5.5 |
| 3 | 鸡蛋 | 8 | 2.4 |
| 4 | 蔬菜 | 6 | 1.8 |
| 5 | 水果 | | 2.5 |
| 6 | 总价 | | |

图 8.2.1　购物清单示例数据

创建数学模型，假设水果的重量为 $X$，总价为 $Y$，则 $Y=10\times5.5+8\times2.4+6\times1.8+2.5\times X$。已知 $Y$ 的值，求解 $X$，这是一个典型的求解一元一次方程的问题。设单元格 B5 中存放了 $X$ 的值，单元格 B6 中存放了 $Y$ 的值，则 $Y=B2*C2+B3*C3+B4*C4+B5*C5$。为了简化计算，$Y$ 的值可以用 SUMPRODUCT 函数计算，此函数的语法格式为：

    =SUMPRODUCT(array1,[array2],…)

假设 array1 为重量数据数组，array2 为单价数据数组，其中 $X$ 为重量数组的一个未知数，这道题转化成已知 SUMPRODUCT 函数的结果，推算数组参数中的某一个变量值的问题。

操作步骤如下。

① 在单元格 B6 中输入公式 "=SUMPRODUCT(B2:B5,C2:C5)"。

② 使用单变量求解计算。选定目标单元格 B6，执行 "单变量求解" 命令，弹出 "单变量求解" 对话框。将 "目标单元格" 设置为 B6，在 "目标值" 框中输入 100，将 "可变单元格" 设置为 "$B$5"，如图 8.2.2 所示。

③ 单击 "确定" 按钮，弹出如图 8.2.3 所示的 "单变量求解状态" 对话框。如果要保存计算结果，则单击 "确定" 按钮，计算结果将保存在 B5 单元格中，否则按 "取消" 按钮。

　　　　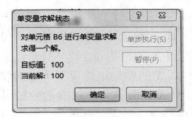

图 8.2.2　"单变量求解" 对话框　　　图 8.2.3　"单变量求解状态" 对话框

【实例 8-2-2】　猴子吃桃问题。

猴子第一天摘下 $N$ 个桃子，当时就吃了一半，还不过瘾，就又多吃了一个。第二天又将剩下的桃子吃掉一半，又多吃了一个。以后每天都吃前一天剩下的一半又多吃一个。到第十天再想吃的时候就只剩一个桃子了，计算第一天共摘下来多少个桃子？

这是一个典型的递推问题。假设小猴子第一天摘的桃子个数为 $X$，第一天吃了一半又多吃了 1 个，因此第二天所剩桃子个数 $X_1=X\div2-1$。第二天吃了剩余的桃子一半又多吃了 1 个，因此第三天剩余桃子个数 $X_2=X_1\div2-1$，如此下去，到第十天剩余桃子个数 $X_9=X_8\div2-1$。现在已知 $X_9$ 的值，把 $X$ 看成 $X_9$ 公式的间接变量，可以用单变量求解计算出 $X$ 的值。在 Excel 中可以用填充柄填充公式的方法实现递推。

操作步骤如下。

① 在工作表中创建如图 8.2.4 所示的模型。假设单元格 B1 中存放了 $X$ 的值，在单元格 B2 中输入公式 "=B1/2-1"，选择单元格 B2，拖动填充柄到单元格 B10，复制公式。

② 用单变量求解计算。选择单元格 B10，打开 "单变量求解" 对话框，在 "目标单元格" 框中输入 B10，在 "目标值" 框中输入 1，在 "可变单元格" 框中输入 B1，单击 "确定" 按钮，结果如图 8.2.5 所示。

## 8.2.2　计算精度和迭代次数

Excel 使用迭代方法来执行单变量求解，单变量求解在计算过程中根据所提供的目标值，不断改变公式中涉及的可变单元格的输入值，直到达到所需要求公式的目标值。在默认情况下，在迭代次数达到 100 或者误差达到 0.001 范围内时，"单变量求解"计算将停止。如果要提高自变量的精确度，在"Excel 选项"对话框中，选择"公式"类别，修改"最多迭代次数"取值大于 100 或者将"最大误差值"取值设定为小于 0.001，也可以同时修改这两个选项。

| | A | B |
|---|---|---|
| 1 | 第1天 | |
| 2 | 第2天 | =B1/2-1 |
| 3 | 第3天 | =B2/2-1 |
| 4 | 第4天 | =B3/2-1 |
| 5 | 第5天 | =B4/2-1 |
| 6 | 第6天 | =B5/2-1 |
| 7 | 第7天 | =B6/2-1 |
| 8 | 第8天 | =B7/2-1 |
| 9 | 第9天 | =B8/2-1 |
| 10 | 第10天 | =B9/2-1 |

图 8.2.4　单变量求解模型

| | A | B |
|---|---|---|
| 1 | 第1天 | 1534 |
| 2 | 第2天 | 766 |
| 3 | 第3天 | 382 |
| 4 | 第4天 | 190 |
| 5 | 第5天 | 94 |
| 6 | 第6天 | 46 |
| 7 | 第7天 | 22 |
| 8 | 第8天 | 10 |
| 9 | 第9天 | 4 |
| 10 | 第10天 | 1 |

图 8.2.5　单变量求解的运算结果

例如，用单变量求解工具解方程 $X^3-3X+1=0$。在单元格 B2 中输入公式：=B1^3-3*B1+1，可变单元格为 B1，单元格 B1 的初始值为 0，目标单元格为 B2，目标值为 0。用单变量求解工具求解，得到 $X$ 的值为 0.347263187，而公式的结果为 8.75037E-05，不是 0，如图 8.2.6 所示。为了提高 $X$ 的精确度，设置"最大误差值"为 0.0000001，初始值为 0，再次用单变量求解工具计算，$X$ 将会得到更加准确的结果 0.347296324，而公式的结果为 8.18518E-08，更接近于 0，如图 8.2.7 所示。计算中，计算精度与计算速度两者之间存在矛盾。要获得更准确的结果，使误差值小，一般需要提高迭代次数，用计算速度换计算精度。

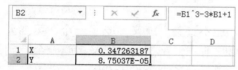

图 8.2.6　单变量求解结果 1

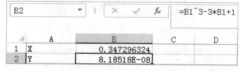

图 8.2.7　单变量求解结果 2

使用单变量求解工具时要注意，即便实际问题存在多个解答，单变量求解工具也只会返回其中之一。例如，单变量求解工具计算 $X^2=4$，当初始值为 0 时，迭代计算结果 $X$ 为 2.000023；当初始值为 -1 时，迭代计算结果 $X$ 为 -1.99992。

## 8.3　方案管理器

方案是已命名的一组可变单元格的输入值，是 Excel 保存在工作表中并可用来自动替换工作表中模型的值，可以用来比较一组输入值的不同取值对结果的影响。通过"方案管理器"，可进行方案的创建、查看、合并等操作。

### 8.3.1　创建、显示和编辑方案

单击"数据"选项卡 | "数据工具"组 | "模拟分析"按钮，在下拉菜单中选择"方案管理器"，弹出"方案管理器"对话框，如图 8.3.1 所示。

图 8.3.1 "方案管理器"对话框

### 1. 创建方案

例如，用户申请贷款买房子时需要考虑贷款额、年利率和贷款期限对月还款额的影响。现在提出了如图 8.3.2 所示的公积金贷款和如图 8.3.3 所示的商业贷款两种贷款模式，其中公积金贷款模式创建在 Sheet1 工作表中，商业贷款模式创建在 Sheet2 工作表中，要求分别保存为"公积金贷款"方案和"商业贷款"方案。

| | A | B |
|---|---|---|
| 1 | 公积金贷款 | |
| 2 | 贷款额（￥） | 600000 |
| 3 | 年利率 | 0.0455 |
| 4 | 贷款期限（年） | 30 |
| 5 | 月还款额（￥） | =PMT(B3/12,B4*12,-B2) |

图 8.3.2 公积金贷款模式

| | A | B |
|---|---|---|
| 1 | 商业贷款 | |
| 2 | 贷款额（￥） | 600000 |
| 3 | 年利率 | 0.0655 |
| 4 | 贷款期限（年） | 30 |
| 5 | 月还款额（￥） | =PMT(B3/12,B4*12,-B2) |

图 8.3.3 商业贷款模式

创建方案的操作步骤如下。

① 选择 Sheet1 工作表，在"方案管理器"对话框中单击"添加"按钮，弹出如图 8.3.4 所示的"添加方案"对话框，在对话框中输入方案名为"公积金贷款"，在"可变单元格"框中输入"B2:B4"。

② 单击"确定"按钮，弹出"方案变量值"对话框，在对话框中输入可变单元格的值，如图 8.3.5 所示。

图 8.3.4 "添加方案"对话框

图 8.3.5 "方案变量值"对话框

③ 单击"确定"按钮，返回"方案管理器"对话框，在"方案"框中将显示出"公积金贷款"方案名称。

④ 选择 Sheet2 工作表，用同样的方式创建"商业贷款"方案。

### 2．编辑方案

创建方案以后，可以修改方案中可变单元格以及可变单元格的值，也可以修改方案的保护选项。

操作步骤如下。

① 在"方案管理器"对话框中，选择待编辑方案的名称，单击"编辑"按钮，弹出"编辑方案"对话框，如图 8.3.6 所示。

图 8.3.6　"编辑方案"对话框

② 在该对话框中重新设置可变单元格，也可以设置保护属性，如取消选中"防止更改"复选框。之后，如果有人对方案进行修改，则在备注框中将添加一条修改者的信息。

③ 单击"确定"按钮，弹出"方案变量值"对话框（如图 8.3.5 所示），对可变单元格的值进行修改。

需要注意的是，在"方案管理器"对话框中，只显示当前工作表的方案名称。

### 3．显示方案

在"方案管理器"对话框中，选择待显示的方案名称，单击"显示"按钮，方案中可变单元格的值将替换当前工作表中可变单元格的值，同时对工作表进行重新计算，以显示该方案的结果。

### 4．保护方案

方案和单元格一样，可进行保护。在添加方案或编辑方案时，可以在对话框中通过选中"防止更改"复选框和"隐藏"复选框设置保护选项。当工作表受保护时，设置为"防止更改"的方案不允许编辑或删除，设置为"隐藏"的方案名称不会显示在"方案管理器"对话框中。如果要重新显示隐藏的方案，需要先解除工作表保护。

### 8.3.2  合并方案

合并方案功能用于将打开工作簿中任意一个工作表中的方案导入到活动工作表中，可以实现多方案的比较，便于决策。

例如，在 Sheet3 工作表中创建如图 8.3.7 所示的贷款购房计划表模型，现要求将 Sheet1 工作表和 Sheet2 工作表的方案复制到 Sheet3 工作表中。

操作步骤如下。

① 选择 Sheet3 工作表，打开"方案管理器"对话框，单击"合并"按钮，弹出"合并方案"对话框，如图 8.3.8 所示。

图 8.3.7  贷款购房计划表模型                    图 8.3.8  "合并方案"对话框

② 在"工作簿"下拉列表中选择工作簿名称，在"工作表"框中选择工作表 Sheet1，单击"确定"按钮，将会把 Sheet1 工作表的中的所有方案（图 8.3.8 中显示 Sheet1 中有一组方案）都合并到当前工作表 Sheet3 中，并返回"方案管理器"对话框。

③ 再次单击"合并"按钮，用同样的方式，将 Sheet2 工作表的所有方案添加到 Sheet3 中。

需要注意的是，当所有工作表的基本结构完全相同时，合并方案的效果最好。如果合并结构不一致的工作表中的方案，可能导致可变单元格出现在意想不到的位置。

### 8.3.3  建立摘要报告

创建方案后，可以在新建工作表中建立方案的摘要报告，在报告中列出各个方案的变量值和结果，方便进行不同方案间的比较。

操作步骤如下。

① 在"方案管理器"对话框中，单击"摘要"按钮，弹出"方案摘要"对话框，如图 8.3.9 所示。

② 在"报表类型"区中选择"方案摘要"单选按钮，在"结果单元格"框中输入包含每个方案有效结果的单元格的引用。

③ 单击"确定"按钮，可以生成如图 8.3.10 所示的"方案摘要"工作表。

图 8.3.9  "方案摘要"对话框

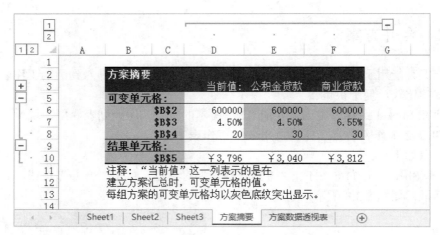

图 8.3.10　分级结构的方案摘要（局部）

# 8.4　规划求解

规划求解是功能强大的数据分析工具，可求解多个变量在一定约束条件下使某个目标值最优化的问题，适用于解决运筹学中线性规划和非线性规划等问题。

用规划求解工具解决问题时，应明确下面的 3 个要素。

- 目标单元格：求解公式所在的单元格，目标单元格的值可以取最大值、最小值或某个特定的值。
- 可变单元格：在求解过程中可调整值的单元格，可以是多个单元格。若为连续的单元格，可用"："作为分隔符；若为不连续的单元格，可用"，"分隔。
- 约束条件：需要转换成数学不等式描述，约束关系中包括<=、=、>=、int、bin、dif 等，其中，int 表示可变单元格的值为整数，bin 表示可变单元格的值为二进制数，dif 表示可变单元格取不同的值。

规划求解的结果可以保存为方案，也可以生成报告。报告类型有运算结果报告、敏感性报告和极限值报告，每份报告都将生成单独的工作表文件。

## 8.4.1　加载规划求解

规划求解实质上是 Excel 提供的加载宏。如果"规划求解"命令没有出现在"数据"选项卡｜"分析"组中，则需要加载"规划求解加载项"宏。

操作步骤如下。

① 在"Excel 选项"对话框中选择"加载项"类别，在右侧面板下方的"管理"下拉列表中选择"Excel 加载项"，单击"转到"按钮，如图 8.4.1 所示。

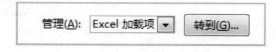

图 8.4.1　选择"Excel 加载项"

② 弹出如图 8.4.2 所示的"加载宏"对话框，在对话框中选中"规划求解加载项"复选框，然后单击"确定"按钮。

加载规划求解加载项后，在"数据"选项卡|"分析"组中显示"规划求解"按钮。如果要卸载规划求解加载项，则在"加载宏"对话框中取消勾选"规划求解加载项"复选框。

## 8.4.2 规划求解的应用

【实例 8-4-1】 解约束条件下的线性方程组。

某线性方程组有如下约束条件：$X_2-X_1 \leqslant 1$；$3X_1+X_2 \leqslant 4$；$X_1 \geqslant 0$；$X_2 \geqslant 0$，求满足上述 4 个约束条件的 $X_1$、$X_2$ 使得 $X_1+X_2$ 取最大值。

这是一个典型的带有约束条件的线性方程组。假设两个变量为 $X_1$ 和 $X_2$，目标值为 $Y$，约束条件为 4 个，最优解是使得 Max $Y=X_1+X_2$ 成立的 $X_1$ 和 $X_2$。用规划求解解决此类数学问题，关键是把数学模型转化为 Excel 模型，将变量、目标值、约束条件等数据反映到工作表中，然后再用工具计算。

图 8.4.2 "加载宏"对话框

操作步骤如下。

① 在工作表中建立如图 8.4.3 所示的模型。可变单元格为 B2、B3，目标单元格为 B11，在单元格 B6、B7、B8、B9 中分别输入约束条件中数学表达式比较运算符的左侧部分，在单元格 C6、C7、C8、C9 中分别输入约束条件中数学表达式比较运算符（操作中不能直接引用这些比较运算符，只是为了让模型更好地表示约束条件），在单元格 D6、D7、D8、D9 中分别输入约束条件中数学表达式比较运算符的右侧部分。

| | A | B | C | D |
|---|---|---|---|---|
| 1 | **变量** | | | |
| 2 | X1 | | | |
| 3 | X2 | | | |
| 4 | | | | |
| 5 | **约束条件** | **数学表达式** | **比较** | **有效值** |
| 6 | X2-X1 | =B3-B2 | <= | 1 |
| 7 | 3X1+X2 | =3*B2+B3 | <= | 4 |
| 8 | X1 | =B2 | >= | 0 |
| 9 | X2 | =B3 | >= | 0 |
| 10 | | | | |
| 11 | **目标值** | =B2+B3 | | |

图 8.4.3 示例规划求解模型

② 单击"数据"选项卡|"分析"组|"规划求解"按钮，弹出"规划求解参数"对话框。

③ 如图 8.4.4 所示，设置目标单元格和可变单元格参数。目标单元格为求解公式所在单元格 B11，目标单元格的值设置为"最大值"，可变单元格为目标单元格公式中引用的单元格 B2 和 B3。

④ 单击"添加"按钮，弹出如图 8.4.5 所示的"添加约束"对话框，在对话框中逐个添加约束条件。添加约束时，在"关系"框中选择关系运算符，如果有多个约束条件，可以再次单击"添加"按钮。设置约束时，使用数组可以简化约束条件，如"单元格引用"为"$B$6:$B$7"、关系运算符为"<="、"约束"为"=$D$6:$D$7"，表示两个约束条件：

"\$B\$6<=\$D\$6"和"\$B\$7<=\$D\$7"。约束条件还可以在"规划求解参数"对话框中单击"更改"按钮进行修改或单击"删除"按钮进行删除。

图 8.4.4 "规划求解"对话框

图 8.4.5 "添加约束"对话框

⑤ 设置所有约束条件后,单击"确定"按钮,返回"规划求解参数"对话框,在"选择求解方法"下拉列表中选择"单纯线性规划",如图 8.4.6 所示。

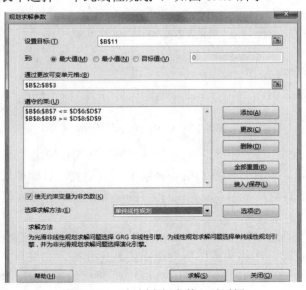

图 8.4.6 "规划求解参数"对话框

⑥ 单击“求解”按钮，弹出如图 8.4.7 所示的“规划求解结果”对话框，选择“保留规划求解的解”单选按钮，单击“确定”按钮，返回工作表，可变单元格将显示最合适的值，如图 8.4.8 所示。

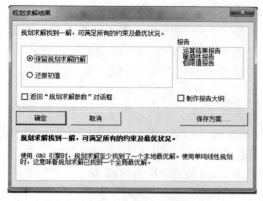

图 8.4.7 “规划求解结果”对话框

| | A | B | C | D |
|---|---|---|---|---|
| 1 | 变量 | | | |
| 2 | X1 | 0.75 | | |
| 3 | X2 | 1.75 | | |
| 4 | | | | |
| 5 | 约束条件 | 数学表达式 | 比较 | 有效值 |
| 6 | X2-X1 | 1 | <= | 1 |
| 7 | 3X1+X2 | 4 | <= | 4 |
| 8 | X1 | 0.75 | >= | 0 |
| 9 | X2 | 1.75 | >= | 0 |
| 10 | | | | |
| 11 | 目标值 | 2.5 | | |

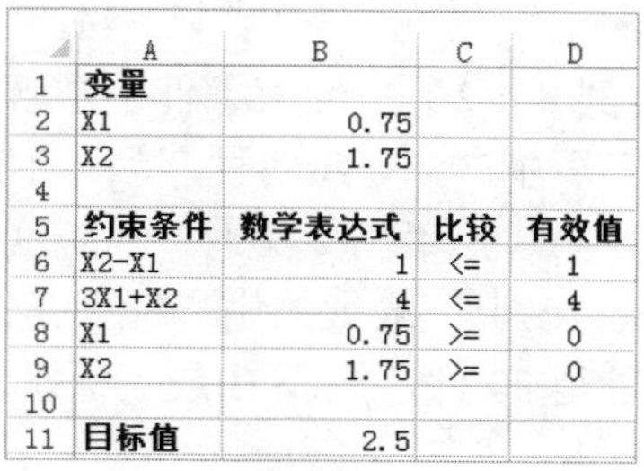

图 8.4.8 示例结果

⑦ 创建规划求解报告。如果要创建报告，则在“规划求解结果”对话框中（见图 8.4.7）的“报告”框中选择报告类型，例如选择“运算结果报告”，单击“确定”按钮，在新建工作表中生成如图 8.4.9 所示的运算结果报告。如果在单击“确定”按钮之前，单击“保存方案”按钮，将弹出如图 8.4.10 所示的“保存方案”对话框，在对话框中输入方案名称，可将结果保存为方案。在创建报告时，也可以同时选多种报告类型，例如，同时选择运算结果报告、敏感性报告和极限值报告等。如果选中“制作报告大纲”复选框，则创建大纲形式的报告。

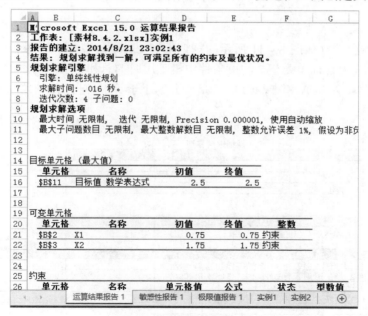

图 8.4.9 运算结果报告

在使用规划求解计算的过程中，按 Esc 键可以终止求解过程，Excel 将按最后找到的可变单元格的值重新计算工作表。

在规划求解中并不是所有的模型都有最优解。如果求解模型是线性模型，并且在“规划求解参数"对话框的"选择求解方法"下拉列表中选择"单纯线性规划"，则规划求解器一定能找到并且采用效率很高的算法来求解模型的最优解。线性模型中，目标单元格的取值为每个可变单元格的线性函数，从XY分布曲线图来说，所得图形是直线。

如果一个模型是非线性的，则规划求解模型或许不能找到最优解。单击"规划求解参数"对话框中的"选项"按钮，在"选项"对话框中设置约束精确度、收敛等参数。

图 8.4.10  "保存方案"对话框

【实例 8-4-2】 约束条件下求解最大利润。

某工厂生产 A、B 两种产品，生产产品 A 需要机工 5 小时，手工 3 小时；生产产品 B 需要机工 4 小时，手工 2 小时。生产 1 件产品 A 可获得利润 90 元，生产一件产品 B 可获得利润 70 元。该工厂最大的生产能力是：机工最多 200 小时，手工最多 150 小时，而产品 A 最大需求量是 30 件，产品 B 最大需求量是 40 件。求产品 A、B 各生产多少件时所获得的利润最大？

先创建数学模型，假设产品 A 生产 $X_1$ 件，产品 B 生产 $X_2$ 件，某工厂获得的利润为 $Y$，则最大利润 Max $Y=90X_1+70X_2$。建立数学模型，可用下面的数学表达式表示：

$$\text{Max } Y=90X_1+70X_2$$

约束条件为：

$$5X_1+4X_2 \leq 200$$
$$3X_1+2X_2 \leq 150$$
$$X_1 \leq 30$$
$$X_2 \leq 40$$

$X_1$、$X_2$ 为整数

操作步骤如下。

① 在工作表中建立如图 8.4.11 所示的规划求解 Excel 模型。单元格 B9 和 C9 为可变单元格，单元格 B18 为目标单元格，约束条件中机工用时的总和、手工用时的总和分别小于等于各自的生产能力，产品 A 和产品 B 的产量应分别小于等于各自的需求量，产量也可以根据需要设置为整数。

| | A | B | C | D |
|---|---|---|---|---|
| 1 | 规划求解模型 | | | |
| 2 | | A | B | |
| 3 | 机工（小时） | 5 | 4 | |
| 4 | 手工（小时） | 3 | 2 | |
| 5 | 单件利润（元） | 90 | 70 | |
| 6 | | | | |
| 7 | | | | |
| 8 | | A | B | |
| 9 | 产量（件） | | | |
| 10 | | | | |
| 11 | 约束条件 | 数学表达式 | 比较 | 有效值 |
| 12 | 机工用时（小时） | =SUMPRODUCT(B3:C3,B9:C9) | <= | 200 |
| 13 | 手工用时（小时） | =SUMPRODUCT(B4:C4,B9:C9) | <= | 150 |
| 14 | A产量（件） | =B9 | <= | 30 |
| 15 | B产量（件） | =C9 | <= | 40 |
| 16 | | | | |
| 17 | 目标函数 | | | |
| 18 | 总利润（元） | =SUMPRODUCT(B5:C5,B9:C9) | | |

图 8.4.11  示例规划求解模型

② 单击"数据"选项卡|"分析"组|"规划求解"按钮，在弹出的对话框中设置如图 8.4.12 所示的参数。设置约束条件时，需要在"添加约束"对话框中选择约束条件关系为"int"，

才能在约束框中显示为"整数"。

图 8.4.12　示例参数

③ 选择求解方法为"单纯线性规划"，单击"求解"按钮，保留规划求解的解，结果如图 8.4.13 所示。

| | A | B | C | D |
|---|---|---|---|---|
| 8 | | **A** | **B** | |
| 9 | **产量（件）** | 30 | 12 | |
| 10 | | | | |
| 11 | **约束条件** | **数学表达式** | **比较** | **有效值** |
| 12 | 机工用时（小时） | 198 | <= | 200 |
| 13 | 手工用时（小时） | 114 | <= | 150 |
| 14 | A产量（件） | 30 | <= | 30 |
| 15 | B产量（件） | 12 | <= | 40 |
| 16 | | | | |
| 17 | **目标函数** | | | |
| 18 | 总利润（元） | 3540 | | |

图 8.4.13　示例结果

# 8.5　分析工具库

Excel 提供了一组在统计或工程分析中应用广泛的数据分析工具。用户使用分析工具库时，只需为每个分析工具提供必要的数据和参数，该工具就会使用适当的函数，在工作表中显示相应的结果。

分析工具库和规划求解一样需要加载宏，安装和卸载方式相同。打开"加载宏"对话框，选中"分析工具库"复选框，单击"确定"按钮即可安装分析工具库。

安装完成后，"数据分析"按钮显示在"数据"选项卡|"分析"组中。单击该按钮，弹出如图 8.5.1 所示的"数据分析"对话框。

分析工具库提供了丰富的分析工具，下面介绍其中的两个工具。

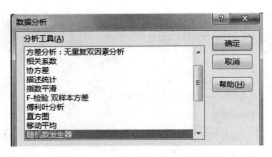

图 8.5.1 "数据分析"对话框

### 1. 相关系数工具

相关系数是反映两个变量之间相关关系密切程度的统计指标。如果计算出的相关系数绝对值接近 1 或等于 1，则表示两组数据完全相关；若相关系数值接近 0 或等于 0，则表示两组数据无线性相关。

**【实例 8-5-1】** 分析图 8.5.2 中的年广告费投入和月均销售额之间的相关关系。

操作步骤如下。

① 单击"数据"选项卡│"分析"组│"数据分析"按钮，弹出"数据分析"对话框，在"分析工具"框中选择"相关系数"。

② 单击"确定"按钮，弹出"相关系数"对话框，在对话框中设置输入区域为"\$A\$1:\$B\$11"，选中"标志位于第一行"复选框，设置输出区域为"\$E\$3"，如图 8.5.3 所示。

| | A | B |
|---|---|---|
| 1 | 年广告费投入（千万元） | 月均销售额（千万元） |
| 2 | 18.5 | 28.0 |
| 3 | 21.3 | 30.5 |
| 4 | 23.7 | 32.6 |
| 5 | 24.5 | 33.3 |
| 6 | 28.4 | 36.7 |
| 7 | 31.1 | 39.1 |
| 8 | 36.4 | 43.8 |
| 9 | 41.2 | 48.1 |
| 10 | 45.6 | 52.0 |
| 11 | 46.7 | 52.9 |

图 8.5.2 示例数据

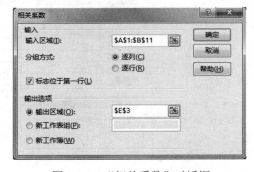

图 8.5.3 "相关系数"对话框

③ 单击"确定"按钮，在以单元格 E3 为左上角的区域中显示相关系数分析工具计算结果，如图 8.5.4 所示。相关系数为 1（单元格 F5 的值），表示年广告费投入和月均销售额两组数据是完全相关的。

| | E | F | G |
|---|---|---|---|
| 3 | | 年广告费投入（千万元） | 月均销售额（千万元） |
| 4 | 年广告费投入（千万元） | 1 | |
| 5 | 月均销售额（千万元） | 1 | 1 |

图 8.5.4 示例结果

### 2. 回归分析工具

回归分析是应用极其广泛的数据分析方法之一，它基于观测数据建立变量间依赖关系，分析数据内在规律，并可用于预报、控制等问题。回归分析按照涉及的自变量的个数，可分为一元回归分析和多元回归分析。Excel 的分析工具可以完成一元线性回归和多元线性回归分析。

**【实例 8-5-2】** 继续实例 8-5-1，对年广告费投入和月均销售额的关系进行回归分析，并预测当年广告费投入为 50 千万元时的月均销售额。

操作步骤如下。

① 单击"数据分析"按钮，在"数据分析"对话框中选择"回归"，单击"确定"按钮，弹出"回归"对话框。

② 如图 8.5.5 所示，设置 Y 值输入区域为"$B$1:$B$11"，X 值输入区域为"$A$1:$A$11"，选中"标志"复选框，在"输出选项"区中选中"新工作表组"单选按钮（未考虑置信度）。

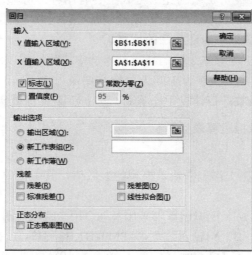

图 8.5.5　示例回归参数设置

③ 单击"确定"按钮，结果如图 8.5.6 所示。

| | A | B | C | D | E | F | G | H | I |
|---|---|---|---|---|---|---|---|---|---|
| 1 | SUMMARY OUTPUT | | | | | | | | |
| 2 | | | | | | | | | |
| 3 | 回归统计 | | | | | | | | |
| 4 | Multiple R | 1 | | | | | | | |
| 5 | R Square | 1 | | | | | | | |
| 6 | Adjusted R Square | 1 | | | | | | | |
| 7 | 标准误差 | 2.57035E-15 | | | | | | | |
| 8 | 观测值 | 10 | | | | | | | |
| 9 | | | | | | | | | |
| 10 | 方差分析 | | | | | | | | |
| 11 | | df | SS | MS | F | Significance F | | | |
| 12 | 回归分析 | 1 | 736.0839226 | 736.0839 | 1.1E+32 | 7.2686E-126 | | | |
| 13 | 残差 | 8 | 5.28537E-29 | 6.61E-30 | | | | | |
| 14 | 总计 | 9 | 736.0839226 | | | | | | |
| 15 | | | | | | | | | |
| 16 | | Coefficients | 标准误差 | t Stat | P-value | Lower 95% | Upper 95% | 下限 95.0% | 上限 95.0% |
| 17 | Intercept | 11.615 | 2.78228E-15 | 4.17E+15 | 1E-122 | 11.615 | 11.615 | 11.615 | 11.615 |
| 18 | 年广告费投入（千万元 | 0.8849 | 8.38346E-17 | 1.06E+16 | 7E-126 | 0.8849 | 0.8849 | 0.8849 | 0.8849 |

图 8.5.6　示例结果

Excel 回归分析工具的输出结果包含 3 个部分：回归统计表、方差分析表和回归参数表。

在回归统计表中显示：Multiple R（复相关系数）也就是相关系数为 1，标准误差（用来衡量拟合程度）为 2.57035E-15。在方差分析表中显示：Significance F（显著性统计量）的值为 7.2686E-126。在回归参数表中显示：Intercept（截距）为 11.615，年广告费投入系数为 0.8849，一元线性回归方程为 $Y=0.8849X+11.615$。根据回归方程可以预测，当广告费投入为 50 千万元时，月均销售额为 55.86 千万元。

# 8.6 综合案例：分析等额本息还款法的特点

等额本息还款，也称定期付息，即借款人每月按相同的金额偿还贷款本息，其中每月贷款利息按月初剩余贷款本金计算并逐月结清。本章案例介绍如何使用 Excel 数据分析工具和图表分析经济问题。

【案例】 目前，个人住房贷款的还款方式主要有两种：等额本息还款法和等额本金还款法。许多人因为不了解两种方式的特点，无法判断哪种还款方式更适合自己。要求使用模拟运算表和数据图表分析等额本息还款法的特点。

分析：为了更好地分析等额本息法的特点，本例中贷款期限以年为单位。假设计算本金额的期数为 $n$（单位为年），贷款额为 100 万，贷款期限为 20 年，年利率为 6.55%，可以使用 PMT、PPMT、IPMT 函数各自计算年还款额、第 $n$ 年本金和第 $n$ 年利息。

### 1．创建模型以及用模拟运算表计算

操作步骤如下。

① 如图 8.6.1 所示，在工作表中输入模型的参数值，其中在单元格 B4 中输入计算本金偿还额的期数值。

② 创建模拟运算表区域。模拟运算表采用"列引用"结构，期数取值为 1、2、3、4、5、10、15、20 年，在单元格 B7 中输入公式"=PMT(B1,B3,−B2)"，在单元格 C7 中输入公式"=PPMT(B1,B4,B3,−B2)"，在 D7 单元格中输入公式"=IPMT(B1,B4,B3,−B2)"。

| | A | B | C | D |
|---|---|---|---|---|
| 1 | 年利率 | 0.0655 | | |
| 2 | 贷款额（¥） | 1000000 | | |
| 3 | 贷款期限（年） | 20 | | |
| 4 | 第n期（年） | 1 | | |
| 5 | | | | |
| 6 | | 年还款额 | 第n年还款本金 | 第n年还款利息 |
| 7 | | =PMT(B1,B3,−B2) | =PPMT(B1,B4,B3,−B2) | =IPMT(B1,B4,B3,−B2) |
| 8 | 1 | | | |
| 9 | 2 | | | |
| 10 | 3 | | | |
| 11 | 4 | | | |
| 12 | 5 | | | |
| 13 | 10 | | | |
| 14 | 15 | | | |
| 15 | 20 | | | |

图 8.6.1　示例模型

③ 使用模拟运算表计算。选择 A7:D15 区域，执行"模拟运算表"命令，在弹出的"模拟运算表"对话框中，"输入列引用的单元格"设置为"$B$4"，单击"确定"按钮，结果如图 8.6.2 所示。需要注意的是，由于 PMT 函数与期数之间是没有任何关系的，因此模拟运算表中 PMT 函数的结果是一个常量。

### 2．数据图表分析结果

操作步骤如下。

① 创建组合图表。选择 A6:D6 区域，按住 Ctrl 键，继续选择 A8:D15 区域，然后单击

"插入"选项卡｜"图表"组｜"推荐的图表"按钮，在"插入图表"对话框中单击"所有图表"选项卡，在左侧单击"组合"，在右侧为数据系列选择图表类型，如图 8.6.3 所示。

| ▲ | A | B | C | D |
|---|---|---|---|---|
| 5 | | | | |
| 6 | | 年还款额 | 第n年还款本金 | 第n年还款利息 |
| 7 | | ¥91,117.17 | ¥25,617.17 | ¥65,500.00 |
| 8 | 1 | ¥91,117.17 | ¥25,617.17 | ¥65,500.00 |
| 9 | 2 | ¥91,117.17 | ¥27,295.09 | ¥63,822.08 |
| 10 | 3 | ¥91,117.17 | ¥29,082.92 | ¥62,034.25 |
| 11 | 4 | ¥91,117.17 | ¥30,987.85 | ¥60,129.32 |
| 12 | 5 | ¥91,117.17 | ¥33,017.56 | ¥58,099.61 |
| 13 | 10 | ¥91,117.17 | ¥45,343.21 | ¥45,773.96 |
| 14 | 15 | ¥91,117.17 | ¥62,270.09 | ¥28,847.08 |
| 15 | 20 | ¥91,117.17 | ¥85,515.88 | ¥5,601.29 |

图 8.6.2　示例结果

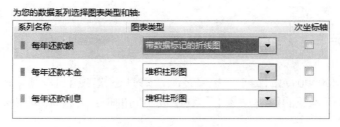

图 8.6.3　组合图表类型

② 单击"确定"按钮，生成的图表如图 8.6.4 所示。从图表中可以观察到，年还款额相同，而年还款本金逐年增加，年还款利息逐年减少，而且前几年的还款额中利息占多数、本金占少数。

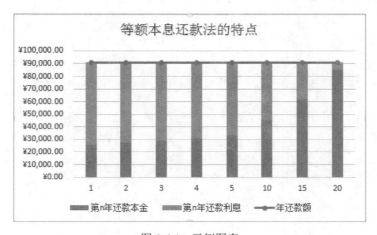

图 8.6.4　示例图表

③ 在图表中再增加第 *n* 年还款本金数据系列，选择单元格 C6，按住 Ctrl 键，同时选择 C8:C15，复制、粘贴到图表中，生成的图表如图 8.6.5 所示。从图表中可以观察每 5 年所还本金的变化率。例如，前 5 年每年所还本金额变化并不大，但到了后期，每年还款额中本金所占比例越来越大，因此提前还贷也逐渐失去了意义。

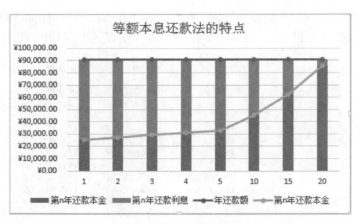

图 8.6.5　展示本金变化率的图表

# 8.7　思考与练习

1．现有一笔 800000 元的贷款，按月还款，每月还款额相同，其偿还期限为 30 年，要求分析年利率对月还款额的影响，其中年利率取不同的值：4.25%、4.50%、4.75%、5.00%、5.25%。

2．分别用单变量求解和规划求解两种方法解决鸡、兔同笼的问题，有若干只鸡、兔同在一个笼子里，从上面数，有 35 个头，从下面数，有 94 只脚。问笼中各有几只鸡、几只兔？

3．如果在多个工作簿中创建了多个方案，如何才能对这些方案进行统一管理？

4．简述用模拟运算表和图表分析等额本金还款法的特点。

# 第9章　宏与VBA

宏可以将某个复杂操作记录下来，在需要再次执行这个复杂操作时，只需运行记录下的宏即可，大大简化了操作过程。从本质上来讲，Excel 中的宏是一段具有某个特定功能的 VBA 程序模块。VBA（Visual Basic for Application）是 VB 编程语言的一个分支，能够与 Microsoft Office 完美结合，帮助用户实现除 Microsoft Office 命令和函数功能以外的、更高级的功能要求。本章将通过介绍宏以及 VBA 程序设计基础知识，帮助用户掌握宏的创建、编辑和运行方法，并对 VBA 编程及其开发环境有一个初步的认识。

## 9.1　宏的使用

宏是一段可执行的 VBA 程序，但是学会对宏的简单应用却并不一定非要懂得 VBA 编程知识。Excel 提供了方便的宏录制功能，用户可以像使用录音机一样使用宏的录制功能将操作录制并保存下来，用以实现用户某些指定的操作和功能，从而大大降低了宏的使用难度。对于有更高级需要的用户，可以使用 Excel 中的 VBA 编辑器对录制完成后的宏代码进行进一步编辑，或者直接使用 VBA 编辑器进行编程，创建自己的宏。

虽然宏功能强大，可以大大简化操作、提高工作效率，但是，从本质上来讲，宏是一段可执行的 VBA 程序，这就为系统安全带来了一定的隐患。利用宏制作的宏病毒是目前 Office 病毒中的主要病毒之一。宏病毒是一种寄存在文档或模板的宏中的计算机病毒。一旦打开这样的文档，其中的宏就会被执行，于是宏病毒就会被激活，转移到计算机中。从此以后，所有自动保存的文档都会"感染"上这种宏病毒，而且如果其他用户打开了感染病毒的文档，宏病毒又会转移到他的计算机中，对用户数据等的安全性造成了严重威胁。因此，Microsoft Office 在为提供宏这一强大功能的同时，也对宏做了一定的限制，来保证安全性。

### 9.1.1　启用宏

Excel 中用一个特殊的扩展名.xlsm 来标识该工作簿文件使用了宏功能，提醒用户注意对文件的安全性进行判断，谨慎打开.xlsm 工作簿文件，以增强安全性。

要使用宏，需要对 Excel 进行一些设定。

① 设置 Excel 选项以启用宏：在"Excel 选项"对话框中选择"信任中心"类别，单击右侧的"信任中心设置"按钮，在弹出的"信任中心"对话框中选择"宏设置"类别，在右侧的"宏设置"区中选中"启用所有宏"单选按钮。

② 在功能区中将宏选项卡显示出来：在"Excel 选项"对话框中选择"自定义功能区"类别，在右侧的"自定义功能区"下拉列表中选择"主选项卡"，在下面的列表框中选中"开发工具"复选框，然后单击"确定"按钮。在功能区中会出现"开发工具"选项卡，其中包含了多种开发工具，"代码"组包含了"录制宏"、"宏安全性"等功能。

## 9.1.2 创建宏

Excel 创建宏的方式有两种：录制宏以及使用 VBA 编辑器编写 VBA 代码创建宏。

### 1. 录制宏

录制宏是创建宏的最简单的方式。顾名思义，录制宏就是将用户的一系列操作用 Excel 的录制宏功能，像录制声音一样记录下来，形成一个宏，以后需要再次执行该操作时，只需要将这个记录下来的宏进行回放即可。记录用户一系列操作形成宏的过程称为"录制宏"，再次执行该操作时回放宏的过程称为"执行宏"。录制宏这种简单的创建宏的方式，使得用户即便不了解 VBA 编程知识也能创建出功能强大的宏。

下面，通过一个实例来介绍宏的录制过程。

如图 9.1.1 所示，"订书单"中保存了许多订书记录，需要在单元格 G3 中输入订书单位名称进行查询，在以单元格 G5 为左上角的区域中显示出该单位的订书记录。

在前面章节中介绍过高级筛选的使用方法，需要经过设置条件区域等多个步骤才能完成，并且当单元格 G3 中的查询信息改变时，还要再次经过多步的高级筛选。这次，通过录制宏的方法，将这些步骤记录并保存下来，在需要进行高级筛选的时候调用该宏即可。如果需要多次进行高级筛选，则只需要多次调用宏，大大减少了重复劳动，提高了工作效率。

| | A | B | C | D | E | F | G | H |
|---|---|---|---|---|---|---|---|---|
| 1 | | 订书单 | | | | | | |
| 2 | 订书单位名称 | 图书编码 | 图书单价 | 订购数量 | 订书总额 | | 订书单位名称 | |
| 3 | 远方电子工业学院 | BN542 | 43 | 2300 | 98900 | | | |
| 4 | 南方财经学院 | BN212 | 32 | 2000 | 64000 | | 查询结果 | |
| 5 | 北经贸大学 | BN232 | 53 | 2500 | 132500 | | | |
| 6 | 北经贸大学 | BN312 | 22 | 2500 | 55000 | | | |
| 7 | 东德州学院 | BN324 | 43 | 2500 | 107500 | | | |
| 8 | 东方商学院 | BN542 | 31 | 1000 | 31000 | | | |
| 9 | 西北师范学院 | BN311 | 67 | 800 | 53600 | | | |
| 10 | 南滨州医学院 | BN312 | 43 | 2800 | 120400 | | | |
| 11 | 计量学院 | BN303 | 88 | 1400 | 123200 | | | |
| 12 | 农林学院 | BN214 | 33 | 2500 | 82500 | | | |
| 13 | 远方电子工业学院 | BN542 | 43 | 2300 | 98900 | | | |
| 14 | 南方财经学院 | BN212 | 32 | 2000 | 64000 | | | |
| 15 | 北经贸大学 | BN232 | 53 | 2500 | 132500 | | | |
| 16 | 远方电子工业学院 | BN312 | 22 | 2500 | 55000 | | | |
| 17 | 南方财经学院 | BN324 | 43 | 2500 | 107500 | | | |
| 18 | 北经贸大学 | BN542 | 31 | 1000 | 31000 | | | |
| 19 | 东德州学院 | BN311 | 67 | 800 | 53600 | | | |
| 20 | 南滨州医学院 | BN312 | 43 | 2800 | 120400 | | | |
| 21 | 南滨州医学院 | BN303 | 88 | 1400 | 123200 | | | |
| 22 | 计量学院 | BN214 | 33 | 2500 | 82500 | | | |
| 23 | 远方电子工业学院 | BN542 | 43 | 2300 | 98900 | | | |
| 24 | 东德州学院 | BN324 | 43 | 2500 | 107500 | | | |
| 25 | 东方商学院 | BN542 | 31 | 1000 | 31000 | | | |
| | 西北师范学院 | BN311 | 67 | 800 | 53600 | | | |

图 9.1.1 示例数据

操作步骤如下。

① 单击"开发工具"选项卡|"代码"组|"录制宏"按钮。在弹出的"录制宏"对话框中进行相应的设置：宏名为"查询订书记录"；可以按自己的需要选择设置快捷键，对经常使用的宏使用快捷键可以提高操作的效率，在"Ctrl+"后面的框中单击，然后在按 Shift 键的同时按 S 键则快捷键自动设置为 Ctrl+Shift+S 组合键；当给宏指定了快捷键后，就可以用快捷键来执行宏，而不必通过"宏"对话框指定执行某个宏了。为宏指定快捷键时，注意不要覆盖 Excel 默认的快捷键。例如，如果把 Ctrl+C 组合键指定给某个宏，那么 Ctrl+C 组合键

就不再执行复制操作。

然后选择宏的保存位置，可以按自己的需要选择设置说明性文字"根据单元格 G3 单位名称查询订书记录"，如图 9.1.2 所示。

②"录制宏"对话框设置完毕后，单击"确定"按钮，此时"录制宏"按钮变为"停止录制"按钮，开始进行宏的录制。

首先选择单元格 G5，向右下方拖动，选中将要显示查询结果的区域，并按 Delete 键删除这片单元格区域中的内容。目前这片结果区域里面没有内容，但是之后需要多次显示筛选出的数据，所以要在下次进行高级筛选前先清空上次筛选的结果。

然后，按照高级筛选的步骤完成筛选过程，具体设置如图 9.1.3 所示。

图 9.1.2　示例数据

图 9.1.3　示例数据

③ 单击"开发工具"选项卡|"代码"组|"停止录制"按钮，或者单击"视图"选项卡|"宏"组|"宏"下拉按钮，在下拉菜单中单击"停止录制"按钮，如图 9.1.4 所示，也可以在工作表左下方的状态栏中单击"停止录制"按钮，如图 9.1.5 所示，完成宏的录制。

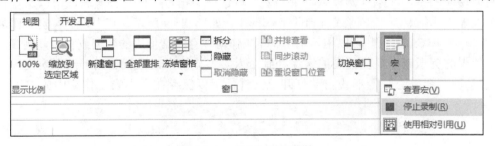

图 9.1.4　"宏"下拉菜单

图 9.1.5　状态栏中的"停止录制"按钮

④ 简单验证一下录制的效果。在单元格 G3 中输入要查询的单位名称，例如"远方电子工业学院"，单击"开发工具"选项卡|"代码"组|"宏"按钮，在打开的对话框中选择宏名为"查询订书记录"的宏，然后单击"执行"按钮，如图 9.1.6 所示。

查询结果就会显示出来，如图 9.1.7 所示。

如果要查询其他单位订书情况，只需要改变单元格 G3 中的单位名称（如"南方财经学院"），再次执行宏命令，即可得到新的查询结果，如图 9.1.8 所示。

图 9.1.6　执行宏

图 9.1.7　显示查询结果　　　　　图 9.1.8　显示新的查询结果

需要说明的是，在刚开始设置"录制宏"对话框中指定宏保存位置时，可以选择将宏保存在个人宏工作簿、新工作簿或者当前工作簿中，如图 9.1.9 所示。其中，个人宏工作簿是一个自动启动的 Excel 文件，可以用这个 Excel 工作簿保存经常使用的数据或者宏，例如，可以将经常使用的例子或者反复使用的宏保存到个人宏工作簿中，这就相当于一个宏模板。每次Excel 启动时，会以隐藏的形式自动打开该文件，所以保存在个人宏工作簿中的宏可以随时

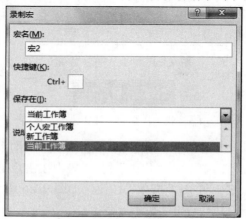

图 9.1.9　设置保存位置

在 Excel 中进行调用。个人宏工作簿默认文件名为 Personal.xlsb，在 Windows 7 操作系统下，保存在 C:\Users\用户名\AppData\Roaming\Microsoft\Excel\XLSTART 目录下。也可以将新建的宏保存在新工作簿或者当前工作簿中，这样，只能在保存该宏的工作簿中调用宏。

#### 2．使用 VBA 编辑器创建宏

从本质上来讲，宏是一段可执行的 VBA 程序，所以，除了采用录制宏的方式创建宏以外，还可以使用 Excel 自带的 VBA 编辑器通过编写 VBA 代码来创建宏。录制宏是一种简单的创建宏的方式，使得用户无须了解 VBA 编程知识也能创建宏，通过 VBA 编辑器编写 VBA 代码创建宏具有更大的灵活性，但同时也需要用户具备一定的 VBA 编程知识，加大了创建宏的难度。

下面简单介绍使用 VBA 编辑器创建宏的方法。

单击"开发工具"选项卡｜"代码"组｜"Visual Basic"按钮，弹出如图 9.1.10 所示的 VBA 编辑器。

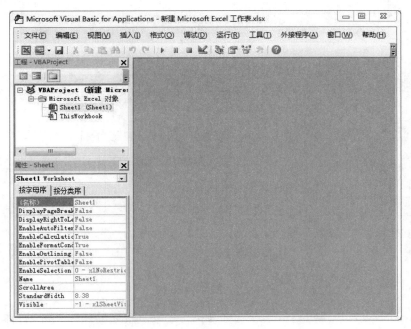

图 9.1.10　VBA 编辑器

① 在 VBA 编辑器菜单栏中选择"插入"｜"模块"菜单命令，在 VBA 编辑器的左侧工程资源管理器的模块文件夹中会新增一个模块，第一个模块默认名字为"模块 1"，同时光标出现在右侧空白代码编辑区中，如图 9.1.11 所示。

② 单击"插入"｜"过程"菜单命令，打开"添加过程"对话框，在这里可以设置过程名称、选择要增加的过程的具体类型：子程序（Sub）、函数（Function）或者属性（Property），并指定它们的作用范围等，如图 9.1.12 所示。过程就是执行一个或多个给定任务的集合。具体的知识后面会详细介绍。

③ 单击"确定"按钮，代码编辑区会自动添加一段代码，用户可以手动修改宏名，也可以输入 VBA 代码，如图 9.1.13 所示。代码编写完毕后，在 VBA 编辑器菜单栏中选择"文件"｜"关闭并返回到 Microsoft Excel"菜单命令，新建的宏将被保存下来。

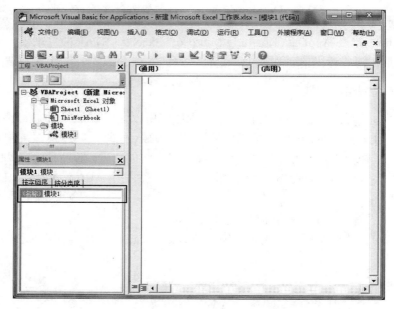

图 9.1.11　在 VBA 编辑器中插入模块

图 9.1.12　VBA 编辑器中插入模块

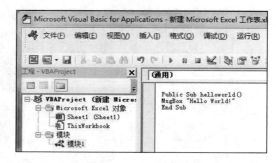

图 9.1.13　添加宏代码

### 9.1.3　运行宏

宏建立好以后，可以通过运行宏或者称为执行宏来重现宏的操作，可以轻松地重复执行相同的操作，从而大大简化操作、提高工作效率。运行宏通常主要有如下几种方法。

#### 1．通过"宏"对话框运行宏

在"宏"对话框中选择相应的宏名，单击对话框右边的"执行"按钮来执行宏操作。

#### 2．按快捷键运行宏

前面在录制宏的时候讲到，可以按自己的需要选择设置快捷键，对经常使用的宏设置快捷键可以提高操作的效率，直接按快捷键即可运行宏。

#### 3．单击指定宏的对象运行宏

首先介绍指定宏的概念。在创建宏以后，可以为对象、图形或控件指定宏。在指定宏之后，对象、图形或控件就会和宏绑定在一起。单击指定宏的对象、图形或控件即可运行指定的宏。

指定宏的步骤如下。

① 在工作表中某个位置添加一个对象、图形或控件，例如在单元格 G 右边添加一个"圆角矩形"形状按钮，选中圆角矩形，右击，在快捷菜单中选择"编辑文字"命令，进入文字编辑状态，输入"查询"，如图 9.1.14 所示。

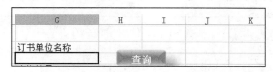

图 9.1.14　添加形状按钮并输入文字

② 选中这个圆角矩形，右击，在快捷菜单中选择"指定宏"命令。

③ 弹出"指定宏"对话框，在"宏名"框中选择"查询订书记录"，然后单击"确定"按钮，完成指定。

## 9.1.4　查看和编辑宏

录制宏完成后，可以查看并编辑宏，一般可以通过"宏"对话框和 VBA 编辑器两种方式查看并编辑宏。

### 1. 通过"宏"对话框查看并编辑宏

单击"开发工具"选项卡｜"代码"组｜"宏"按钮，或者单击"视图"选项卡｜"宏"组｜"宏"按钮，打开"宏"对话框。在"位置"下拉列表中选择宏存放的位置，在"宏名"框中选择要查看或编辑的宏名，然后单击"编辑"按钮，如图 9.1.15 所示。

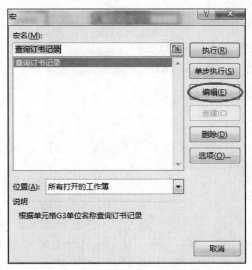

图 9.1.15　"宏"对话框

在自动打开的 VBA 编辑器中可以进行宏的 VBA 代码编辑，如图 9.1.16 所示。

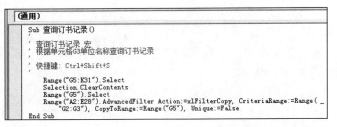

図 9.1.16　编辑宏代码

## 2．在 VBA 编辑器中查看、编辑宏

单击"开发工具"选项卡|"代码"组|"Visual Basic"按钮打开 VBA 编辑器，然后单击 VBA 编辑器左侧工程资源管理器中相应模块的名称，在 VBA 编辑器右侧的代码窗口中找到相应的宏代码进行查看和编辑。

# 9.2　VBA 程序设计基础

从本质上来讲，宏是一段具有某个特定功能的 VBA 代码。前面虽然介绍了宏的强大功能，但是有时可能对录制的宏并不满意，也可以进一步通过更改宏的 VBA 代码来满足自己的实际需要。VBA 全称为 Visual Basic for Applications，是依附在 Office 中的二次开发语言。通过 VBA 进行二次开发可以强化 Excel 的功能，将某些繁杂或者重复的日常工作简化，还可以开发商业插件或者小型管理系统等，完成 Excel 本身不具备的功能，从而大大提高工作效率、扩展 Excel 功能。

## 9.2.1　VBA 工作界面

VBA 作为一门语言拥有自己的开发环境与界面，Office 提供了 VBA 代码编辑器。在 VBA 代码编辑器中，用户可以编辑 VBA 代码、调试宏、创建用户窗体、查看或者修改对象属性等操作。

### 1．启用"开发工具"选项卡

Excel 2013 的功能区中有一个"开发工具"选项卡，在此可以访问 VBA 代码编辑器和其他开发人员工具。如果功能区中不显示"开发工具"选项卡，需要先启用该选项卡。

### 2．打开 VBA 代码编辑器

VBA 代码编辑器窗口不能单独打开，必须依附于它所支持的应用程序，也就是说，只有在运行 Excel 的前提下才能打开。在运行 Excel 后，打开编辑器窗口的方法如下。

方法 1：直接按 Alt+F11 组合键可以快速打开 VBA 代码编辑器窗口。

方法 2：单击"开发工具"选项卡|"代码"组|"Visual Basic"按钮，可以打开 VBA 代码编辑器，如图 9.2.1 所示。

方法 3：如果已经录制了宏，则可以通过"宏"对话框编辑宏的方法启动编辑器，如图 9.2.2 所示。在"位置"下拉列表中选择宏存放的位置，在"宏名"框中选择需要编辑宏名，单击

"编辑"按钮，即可自动打开 VBA 代码编辑器。

图 9.2.1 单击"Visual Basic"按钮

图 9.2.2 通过"宏"对话框

方法 4：单击"开发工具"选项卡｜"控件"组｜"查看代码"按钮，即可打开 VBA 代码编辑器，如图 9.2.3 所示。

图 9.2.3 单击"查看代码"按钮

方法 5：如果工作表中含有 ActiveX 控件，则可以直接双击控件打开 VBA 代码编辑器。为工作表添加 ActiveX 控件的方法是：单击"开发工具"选项卡｜"控件"组｜"插入"按钮，在下拉菜单的 ActiveX 控件组中选择添加某个 ActiveX 控件。

ActiveX 控件是向用户提供选项或运行使任务自动化的宏或脚本的一种控件，如复选框或按钮。可以在 Microsoft Visual Basic for Applications 中编写控件的宏或在 Microsoft 脚本编辑器中编写脚本。ActiveX 控件一般用于工作表表单（使用或不使用 VBA 代码）和 VBA 用户表单。通常，如果相对于表单控件，设计需要更大的灵活性，则使用 ActiveX 控件。ActiveX 控件具有大量可用于自定义其外观、行为、字体及其他特性的属性，还可以控制与 ActiveX 控件进行交互时发生的不同事件。例如，可以执行不同的操作，具体取决于用户从列表框控件中所选择的选项；可以查询数据库以在用户单击某个按钮时用项目重新填充组合框；还可以编写宏来响应与 ActiveX 控件关联的事件。表单用户与控件进行交互时，VBA 代码会随之运行以处理针对该控件发生的任何事件。

3．操作界面

启动 VBA 代码编辑器后即可看到整个操作界面由以下几部分组成，包括：菜单栏、工具栏、工程资源管理器窗口、属性窗口、代码窗口、用户窗体、立即窗口和本地窗口，如图 9.2.4 所示。

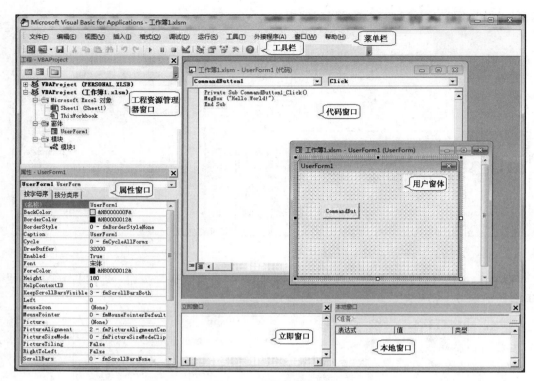

图 9.2.4　VBA 代码编辑器窗口

菜单栏：位于标题栏的下方，包括"文件"、"编辑"等菜单，每个菜单中都包含若干个菜单命令，用于可以执行相应的操作。

工具栏：VBA 编辑窗口提供有"标准"、"编辑"、"调试"和"用户窗体"4 种工具栏，另外用户还可以根据自己需要进行自定义。在默认情况下，显示的是"标准"工具栏，用户可以单击菜单栏或工具栏的空白处，在弹出的快捷菜单中勾选"编辑"、"调试"或者"用户窗体"，即可打开相应的工具栏，如图 9.2.5 所示。

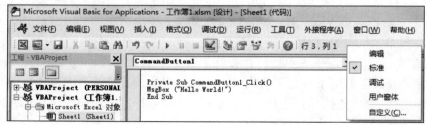

图 9.2.5　VBA 工具栏

工程资源管理器窗口：用于显示打开的工程对象，简称工程窗口。在 Excel 中，把每一个打开的 Excel 工作簿都看成一个工程，工程的默认名称为"VBAProject（工作簿名称）"。工程窗口以树结构的形式显示该工程中所包含的工作簿、工作表对象以及建立的窗体和编写的模块等。

属性窗口：以"键-值"的方式列出当前所选定 Excel 对象的属性及其当前设置。可以分别切换到"按字母序"或"按分类序"选项卡查看并编辑所选定 Excel 对象的属性。如果当前选定多个 Excel 对象，属性窗口则包含全部已选定 Excel 对象的属性设置。

代码窗口：其功能是编辑和存放 VBA 代码，相当于一个文本编辑器。

用户窗体：是程序设计者在工程中创建的窗口或者对话框，可以在用户窗体上创建控件，用于人机交互。

立即窗口：可以对测试的代码马上给出运行结果，以供程序设计者参考。

本地窗口：可自动显示所有在当前过程中的变量声明及变量值。

VBA 代码编辑器界面所有的操作窗口不一定都同时显示出来，用户可以根据开发习惯定制自己的界面，例如，可以隐藏不常用的窗口，还可以更改窗口的大小和位置等。

下面对其中一些窗口分别进行介绍。

### 4．工程资源管理器窗口

如果在打开的 VBA 窗口中没有显示工程资源管理器窗口，可以在 VBA 代码编辑器中，执行"视图"｜"工程资源管理器"菜单命令或者按 Ctrl+R 组合键将其打开。

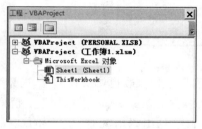

图 9.2.6　默认的工程资源管理器窗口

在 VBA 的工程资源管理器窗口中，每个打开的 Excel 工作簿都被看作一个工程。一个新建的工作簿只包含 Microsoft Excel 对象，如图 9.2.6 所示。

用户可以为工程添加模块、用户窗体或者进行文件的导入/导出。

选中相应的工程名称，右击，在弹出的快捷菜单中选择"插入"命令，然后添加相应的对象，如图 9.2.7 所示。

为工程添加了 VBA 模块或用户窗体后，这些信息在工程资源管理器窗口中作为树结构的节点显示出来，如图 9.2.8 所示。

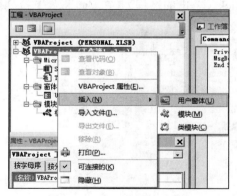

图 9.2.7　为工程添加对象

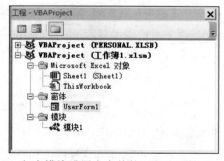

图 9.2.8　包含模块或用户窗体的工程资源管理器窗口

### 5．代码窗口

工程中的每个对象都对应一个代码窗口，代码窗口的主要功能是用来编写、显示、编辑 VBA 代码。如果要查看某个对象的代码或者为某个指定对象编写代码，只需要在工程资源管理器窗口中找到并双击该对象即可打开其代码窗口。此时，双击对象进入的代码位置一般是该对象默认事件的处理代码。事件是对象能够识别并能做出响应的外部"刺激"或者动作。每个对象都有一系列预定义的事件，事件可由用户、系统事件或应用程序代码触发，事件发生后将自动执行对应的事件过程代码。

代码窗口由"对象"下拉列表框、"过程"下拉列表框、过程编辑区和左下角的"过程视图"按钮、"全模块视图"按钮等部分组成，如图9.2.9所示。

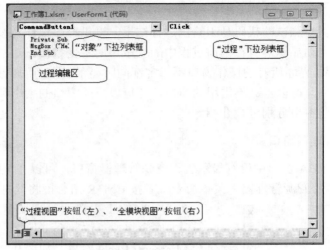

图9.2.9　代码窗口

如果事先选择了某个对象，则该对象的名称会在"对象"下拉列表框中突出显示，或者也可以直接单击"对象"下拉列表框，在下拉列表中选择要编程的对象名称。"过程"下拉列表框会根据"对象"下拉列表框中突出显示的对象名称，自动列出该指定对象对应的过程/事件名称。代码的编写在过程编辑区中完成。

在编写代码时，一定要注意不同对象对应不同过程的一些选择方式，例如，通过单击CommandButton1按钮显示欢迎窗口，首先确定对象为CommandButton1（按钮）（在"对象"下拉列表中选择"CommandButton1"），过程为Click（单击的过程）（在"过程"下拉列表中选择"Click"），如图9.2.10所示。

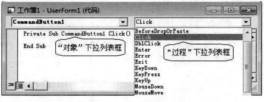

图9.2.10　代码窗口

然后编辑代码如下：

```
Private Sub CommandButton1_Click()
    MsgBox("Hello World!")
End Sub
```

如果想将程序功能改为在加载窗体时自动显示欢迎窗口，则需要确定编程的对象为UserForm1（窗体）（在"对象"下拉列表中选择"UserForm1"），过程为Initialize（加载的过程）（在"过程"下拉列表中选择"Initialize"），然后编辑代码如下：

```
Private Sub UserForm1_Initialize()
    MsgBox("Hello World!")
End Sub
```

需要提醒的是，如果代码窗口左下角的"过程视图"按钮被按下，则在同一时间内在代码窗口中只能显示一个过程片段。如果"全模块视图"按钮被按下,则在同一时间内在代码窗口中则可以显示多段程序。

### 6. 用户窗体

用户窗体是开发人员建立的、用于人机交互的对话框,在向用户进行数据显示的同时也能够接收用户的数据输入。

(1)创建用户窗体

创建用户窗体的方法如下。

- 在工程资源管理器窗口中选中工程名称,右击,在弹出的快捷菜单中选择"插入"|"用户窗体"命令。
- 执行"插入"|"用户窗体"菜单命令。
- 在工具栏中单击"插入用户窗体"按钮右侧的下拉按钮,在下拉列表中选择"用户窗体"。

第一个新插入的用户窗体默认名称为 UserForm1,之后插入的用户窗体默认名称依次为 UserForm2、UserForm3 等。

(2)设置用户窗体名称

创建用户窗体以后,通过属性窗口可以设置窗体的属性。例如,修改新创建的用户窗体的名称,在属性窗口中找到"名称"一项,将默认名称 UserForm1 改为更有意义、更容易体现窗体功能的名字。如果这是一个用户信息录入窗体,则可以将 UserForm1 改为 UserForm_userInfInput。在属性窗口中,Caption 的值是用户窗体标题栏中显示的内容,默认值也是 UserForm1,一般需要修改,例如,改为"用户信息录入"等更能说明窗口功能的名字,如图 9.2.11 所示。

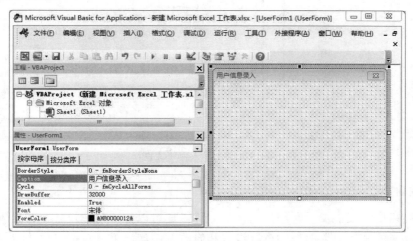

图 9.2.11　设置用户窗体名称

(3)添加窗体控件

在建立用户窗体时,系统自动在用户窗体旁边显示控件工具箱,开发者可以为窗体添加相应的控件以丰富窗体功能。例如,为"登录窗口"添加按钮、文字框、标签等,如图 9.2.12 所示。其中,标签(Label)一般用来作为信息提示,文字框(TextBox)可以接收用户的数据录入,按钮(CommandButton)响应鼠标单击事件等。

（4）移除用户窗体

在不需要某个用户窗体时可以将其进行删除。在工程资源管理窗口中选择要删除的窗体名称，例如这里要删除"登录窗口"窗体，右击，在快捷菜单中选择"移除 UserForm1"命令，系统将弹出一个提示对话框，询问是否需要事先导出这个窗体。如果不需要导出后留作他用，则单击"否"按钮将其移除，如图 9.2.13 所示。

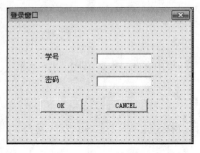

图 9.2.12　添加窗体控件

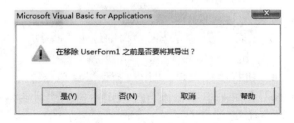

图 9.2.13　移除窗体

如果在其他地方还有可能使用这个窗体，则可在移除提示对话框中单击"是"按钮，将其导出并保存为.frm 格式的窗体文件。在需要添加使用该窗体时，右击工程名称，在快捷菜单中选择"导入文件"命令，打开"导入文件"对话框，在其中选择前面保存的.frm 格式窗体文件即可，添加过程如图 9.2.14 所示。

图 9.2.14　导入窗体文件

### 7. 属性窗口

通过属性窗口不仅能够设置用户窗体的名称，还可以设置窗体尺寸、背景颜色等，另外也可以对所选择的其他对象的属性进行设置和修改。例如，可以对用户窗体上创建的各类控件的属性进行设置，定义按钮的显示文字等。

下面通过设置用户信息录入窗体及控件属性，介绍属性窗口的使用方法。

① 选择用户信息录入窗体，在该窗体对应的属性窗口中找到 BackColor 一项，单击 BackColor 右侧的下拉按钮，在弹出面板中选择"调色板"选项卡，如图 9.2.15 所示。

② 选择合适的颜色后即可发现窗体的背景色也随之发生了变化，如图 9.2.16 所示。

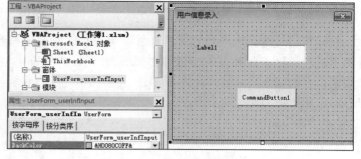

图 9.2.15 "调色板"选项卡 　　　　　　图 9.2.16 　设置窗体背景颜色

③ 设置窗体控件属性。在窗体上单击选中标签控件"Label1",在该标签控件对应的属性窗口中找到 Caption 一项,在其右侧文本框中将原有的"Label1"修改为"姓名"后按回车键确认,则该标签控件在窗体上显示为"姓名",如图 9.2.17 所示。

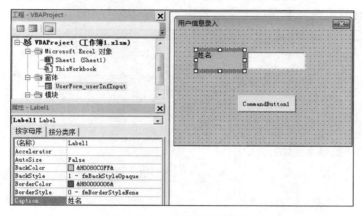

图 9.2.17 　设置标签控件属性

④ 同理,选择按钮控件"CommandButton1"将其 Caption 属性由"CommandButton1"改为"确定",如图 9.2.18 所示。

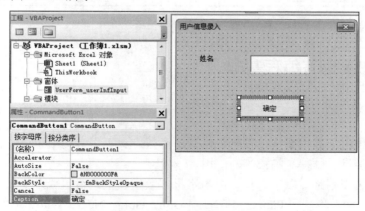

图 9.2.18 　设置按钮控件属性

另外,还可以为窗体添加背景图片、设置窗体/控件大小、位置等多个属性,这里不再一一列举。

### 8. 立即窗口

立即窗口通常用来对数据公式计算结果进行临时输出和查看，从而判断算法是否正确，也就是说，可以不脱离 VBA 环境对算法进行验证。通常，使用 Debug.Print 方法实现数据在立即窗口中的输出。例如，计算 1～100 的累加，为了查看编写的代码是否正确，可以在立即窗口输出累加运算结果，代码如下。

```
Sub sum1()
    Sum = 0
    For i = 1 To 100
        Sum = i + Sum
    Next
    Debug.Print Sum
End Sub
```

单击执行代码后，在立即窗口中显示公式的计算结果为 5050，如图 9.2.19 所示。

图 9.2.19　立即窗口显示运算结果

## 9.2.2　VBA 语言编程基础

### 1. 标识符

标识符是一种用于标识变量、常量、过程、函数、类等语言构成单位的符号，利用它可以完成对变量、常量、过程、函数等的引用。

标识符的命名规则是：以字母打头；由字母、数字和下画线组成，如 name_1 等；不能与保留字重名，例如，不能用 Public、Private、Dim、Goto、Next、With、Integer、Single 等。

### 2. 数据类型

VBA 共有 12 种数据类型，具体见表 9.2.1，此外还可以根据这些类型用 Type 自定义数据类型。

表 9.2.1　Excel 数据类型

| 数 据 类 型 | 标　　识 | 数 据 类 型 | 标　　识 |
|---|---|---|---|
| 字符串型 | String | 双精度型 | Double |
| 字节型 | Byte | 日期型 | Date |
| 布尔型 | Boolean | 货币型 | Currency |
| 整数型 | Integer | 小数点型 | Decimal |
| 长整数型 | Long | 变体型 | Variant |
| 单精度型 | Single | 对象型 | Object |

### 3．运算符

运算符是代表某种运算功能的符号。

常用的运算符如下。

赋值运算符：

　　=

算数运算符：

　　+（加）、−（减）、Mod（取余）、\（整除）、*（乘）、−（负号）、^（指数）等

逻辑运算符：

　　Not（非）、And（与）、Or（或）、Xor（异或）等

关系运算符：

　　=（相同）、<>（不等）、>（大于）、<（小于）、>=（不小于）、<=（不大于）等

### 4．变量与常量

变量是用于临时保存数据的地方，每次应用程序运行时，变量可能包含不同的数值，而在程序运行时，变量的数值可以改变。

变量定义语句为：

Dim 变量名 As 数据类型

例如，在程序中需要保存年龄时，声明一个名为 age 的变量语句为："Dim age As Integer"。在定义变量时，可以定义它的作用范围，即作用域。

表 9.2.2　变量作用域

| 语　　　句 | 说　　明 |
|---|---|
| Dim 变量 As 类型 | 定义为局部变量 |
| Private 变量 As 类型 | 定义为私有变量 |
| Public 变量 As 类型 | 定义为公有变量 |
| Global 变量 As 类型 | 定义为全局变量 |
| Static 变量 As 类型 | 定义为静态变量 |

常量是变量的一种特例，用 Const 定义，并在定义时赋值，在程序中不能改变值。例如，为学校开发一套小型应用软件，在程序中多处都需要引用学校的名称，就可以把学校名称定义为常量，在程序中就可以用常量代替而避免多次输入学校名称。另外，如果其他学校使用这个软件，则只需要在声明学校名称常量的代码处修改一次即可。声明学校名称常量的代码如下：

Public Const name As String = "CUC"

### 5．数组

数组是包含相同数据类型的一组变量的集合，通过数组索引下标对数组中的单个变量进行引用，在内存中表现为一组连续的内存单元。数组在存放相同类型的多个变量时非常方便。假设要存放 10 个人的名字，可以分别声明 10 个变量，这意味着要使用 10 个 Dim 语句。但是如果用数组表示的话，只需要创建一个长度为 10 的数组即可。定义数组的方法如下：

   Dim 数组名(N)As 数据类型

其中，N 表示数组元素的个数。在默认情况下，数组的第一个索引数字是 0，所以 N 实际上应该是数组元素的个数-1。

例如，创建一个数组用来保存 10 个人的名字，其声明语句为：Dim Stu_name(9)As Integer。注意，括号中的数字是 9 而不是 10。

### 6．赋值语句

赋值语句是对变量或对象属性进行赋值的语句，使用赋值运算符（=），例如，age=18，name="张三"，UserForm1.Caption="登录窗口"等。

### 7．注释

注释语句用来说明程序中某些语句的功能和作用，在程序运行时注释语句不会被执行，VBA 代码编辑器中的注释语句以绿色字体显示。VBA 中有两种注释语句的方法。

（1）单引号（'）：放在需要注释的语句的前面，注释语句可以位于同一行代码的后面，也可单独放一行。

例如：

  Dim age As Integer  '定义整型变量年龄

或者：

  '定义年龄、姓名、地址等个人信息变量

  Dim age As Integer

  Dim name As String

  Dim address As String

（2）Rem：注释语句只能单独放一行。

例如：

  Rem 下面代码是记录个人信息的子过程

  Sub InfRec()

  …

  End Sub

建议在编写代码时，应该养成给程序适当加注释的良好编程习惯，以提高代码的可读性并方便日后的维护。

### 8．需要注意的书写规范

- VBA 不区分标识符的字母大小写，一律认为是小写字母。
- 一行可以书写多条语句，各语句之间以冒号分开，通常一行一句为好。
- 一条语句可以分多行书写，以空格加下画线 "_" 来表示下行为续行。
- 标识符最好能简洁明了，不造成歧义。

### 9.2.3　程序流程控制结构

结构化程序设计是进行以模块功能和处理过程设计为主的详细设计的基本原则。其概念最早由 E.W.Dijikstra 在 1965 年提出的，是软件发展的一个重要的里程碑。它的主要观点是：采用自顶向下、逐步求精的程序设计方法；使用 3 种基本控制结构构造程序，任何程序都可由顺序、选择、循环 3 种基本控制结构构造。

VBA 有 3 种结构控制程序的流程：顺序结构、条件结构和循环结构。

**1．顺序结构**

顺序结构是指程序按照语句的先后循序依次执行，从上到下由程序的第一行执行到最后一行。

例如，计算 5 的阶乘 5!，代码如下：

```
Sub ExampleFactorial()
    Dim n As Integer
    n=1
    n=n*2
    n=n*3
    n=n*4
    n=n*5
    MsgBox n
End Sub
```

上面这段代码就是一个顺序结构，从第一行声明变量开始，程序依次向下执行，分别进行变量赋值、计算乘积并赋值给 n，最后用对话框显示出 n 的值，完成整个程序流程。

**2．条件结构**

条件结构也常称为判断结构，根据条件来决定程序执行的顺序，会跳过部分语句执行另一部分语句。

（1）If…Then…Else 条件语句

基本的语法结构如下：

```
If  条件 1 Then
    语句块 1
ElseIf  条件 2 Then
    语句块 2
…
Else
    语句块 n
End If
```

上面的代码表示，首先判断条件 1 是否成立，如果成立则执行语句 1；否则，判断条件 2 是否成立，如果成立则执行语句 2；否则，继续判断其他条件是否成立（如果有的话）。如果条件都不成立，则执行 Else 后面的语句 n。条件可以是一个，也可以有多个。

① 条件只有一个，例如，根据年龄判断是否成年：

```
If age>=18 Then
        MsgBox "已成年"
Else
        MsgBox "未成年"
End IF
```

② 条件也可以有多个，例如，根据分数给予评价：

```
If score < 60 Then
        MsgBox "差"
ElseIf score > 90 Then
        MsgBox "优"
ElseIf score >80 Then
        MsgBox "良"
Else
        MsgBox "中"
End If
```

（2）Select Case…Case…End Case 条件语句

如果判断条件有多个，还可以使用 Select Case 语句。

基本的语法结构如下：

```
Select Case  变量/表达式
    Case  表达式 1
            语句块 1
    Case  表达式 2
            语句块 2
    …
    Case Else
            语句块 n
End Select
```

上面的代码用变量/表达式依次和下面的表达式 1、表达式 2……进行匹配，如果匹配成功则执行表达式下面的语句块；如果都不匹配，则执行 Case Else 后面的语句块 n。

例如对五分制成绩给予评价：

```
Select Case score
    Case 1，2
            MsgBox "差"
    Case 3
            MsgBox "中"
    Case 4
            MsgBox "良"
    Case 5
            MsgBox "优"
    Case Else
            MsgBox "不是五分制成绩"
End Select
```

### 3．循环结构

循环结构是指当满足某条件时重复执行一组语句的程序结构。

（1）For 循环

For 循环以指定的循环次数来重复执行一组语句。

基本的语法结构如下：

> For 循环变量 = 初始值 To 终止值 [Step 步长]
>     语句块
> Next 循环变量

在上面的代码中，循环变量首先从赋初始值开始，每次执行完循环语句后，循环变量的值加上步长，然后开始下一轮循环，一直到循环变量超出终止值时停止循环。[Step 步长]可以省略，省略时，步长默认值为 1。

在前面介绍顺序结构时，有一段计算 5 的阶乘 5!的代码：

```
Sub ExampleFactorial()
    Dim n As Integer
    n=1
    n=n*2
    n=n*3
    n=n*4
    n=n*5
    MsgBox n
End Sub
```

如果需要计算更大的数的阶乘，采用顺序结构就太麻烦了，而利用循环结构，就可以方便地实现如下：

```
Sub ExampleFactorial()
    Dim n As Integer
    n=1
    For i = 1 To 5
        n = n * i
    Next i
    MsgBox n
End Sub
```

再如，计算 1～50 之间奇数的和的代码如下：

```
Sub ExampleSum()
    Dim n As Integer
    n=0
    For i = 1 To 50 Step 2
        n = n + i
    Next i
    MsgBox n
End Sub
```

（2）Do…Loop 循环

循环次数未知，在循环条件为 TRUE 时，重复执行语句的程序结构。

基本的语法结构如下：

    Do {While | Until} 条件

        语句块

    Loop

或者

    Do

        语句块

    Loop {While | Until} 条件

上面两种语法结构语句中的 While 和 Until 可任选一个使用。当使用 While 时表示条件为 TRUE 时执行循环，使用 Until 时表示条件为 TRUE 时停止循环。

第 1 种语法结构先判断是否满足循环条件，然后再决定是否执行一次循环，有可能一次循环也不执行；第 2 种语法结构先执行一次循环以后再判断是否满足循环条件，决定是否执行下次循环，所以至少会执行一次循环。

## 9.2.4 过程

过程是具有相对独立功能的一段代码，是构成程序的一个子模块，体现了结构化程序设计思想。过程的使用可以使程序结构性更清晰、更具可维护性。VBA 常用的过程包括 Sub 子程序、Function 函数和 Property 属性过程。

### 1. Sub 子程序

子程序是一个程序中可执行的一段功能相对完整的代码，其语法格式为：

    [Private | Public | Friend] [Static] Sub 子过程名 [(参数列表)]

        [语句块]

        [Exit Sub]

        [语句块]

    End Sub

其中，[Private | Public | Friend]这部分是访问控制符，是可选项，可写也可以不写。Public 可选，表示所有模块的所有其他过程都可访问这个 Sub 子程序。如果在包含 Option Private 的模块中使用，则这个过程在该工程外是不可使用的。Private 可选，表示只有在包含其声明的模块中的其他过程可以访问该 Sub 子程序。Friend 可选，表示该 Sub 子程序在整个工程中都是可见的，但对对象实例的控制者是不可见的。

Static 可选，表示在调用之间保留 Sub 子程序的局部变量的值。Static 属性对在 Sub 外声明的变量不会产生影响，即使子程序中也使用了这些变量。

子程序名必须要写，遵循标准的变量命名约定。

参数列表可选，代表在调用时要传递给 Sub 子程序的参数的变量列表，多个变量则用逗号隔开。

Exit Sub 可选，表示退出子程序。

例如，在登录对话框中实现用户名和密码验证功能。

首先用一个子程序实现验证代码如下：

```
Sub CheckUser(name As String，password As String)
    If((name = "Jack")And(password = "123"))Then
        MsgBox "Welcome!"
    Else
        MsgBox "Wrong!"
    End If
End Sub
```

然后通过单击"登录"按钮 CommandButton1 调用 CheckUser 子程序：

```
Private Sub CommandButton1_Click()
    Call CheckUser(TextBox1.Text，TextBox2.Text)
End Sub
```

## 2．Function 函数

函数与子程序最大的区别就在于，函数有返回值，其他地方与子程序相似，其语法格式为：

```
[Public | Private | Friend] [Static] Function  函数名  [(参数列表)] [As  数据类型]
    [语句块]
    [函数名= 表达式]
    [Exit Function]
    [语句块]
    [函数名= 表达式]
End Function
```

下面，继续用在登录对话框中实现用户名和密码验证功能的代码说明函数的使用方法。

首先用一个函数 Check 实现验证代码，函数返回一个布尔值：False 表示用户名或密码不正确，True 表示正确。

```
Function Check(name As String，password As String)As Boolean
    If((name = "Jack")And(password = "123"))Then
        Check = True
    Else
        Check = False
    End If
End Function
```

然后通过单击"登录"按钮 CommandButton1 调用 Check 子过程：

```
Private Sub CommandButton1_Click()
    If Check(TextBox1.Text，TextBox2.Text)Then
        MsgBox "OK!"
    Else
        MsgBox "Wrong!"
    End If
End Sub
```

### 3．Property 属性过程

属性过程是在对象功能上添加的访问对象属性，与对象特征密切相关，可以参考相关书籍。

## 9.2.5　VBA 函数

在 VBA 程序语言中有许多内置函数，可以帮助实现程序代码设计和减少代码的编写工作，包括字符串函数、转换函数、时间函数、文件操作函数等。例如，测试变量 x 是否为数字类型的函数 IsNumeric(x)，数学函数 Sin(x)、Cos(x)、Tan(x)、Atan(x)，去掉 string 左右两端空白字符串的函数 Trim(string)，将数值 number 转换为字符串的数据类型转换函数 Str(number)，返回一个指明当前系统时间的时间函数 Time()，以及文件操作函数 Open、Input、Write、Close 等。

另外，在编写 VBA 程序时，还可以通过 WorkSheetFunction 方法来实现对 Excel 函数的引用，避免花费更多的时间在自定义函数上，可以提高工作效率。

例如，要计算如图 9.2.20 所示的订书单中"北经贸大学"的订书记录个数，可以简单的使用前面学过的 Excel 工作表函数 CountIf 实现。具体代码如下：

```
Application.WorksheetFunction.CountIf(Range(Sheet1.Cells(3,1),
Sheet1.Cells(25,1))，"北经贸大学")
```

| | A | B | C | D | E |
|---|---|---|---|---|---|
| 1 | | 订书单 | | | |
| 2 | 订书单位名称 | 图书编码 | 图书单价 | 订购数量 | 订书总额 |
| 3 | 远方电子工业学院 | BN542 | 43 | 2300 | 98900 |
| 4 | 计量学院 | BN212 | 32 | 2000 | 64000 |
| 5 | 北经贸大学 | BN232 | 53 | 2500 | 132500 |
| 6 | 北经贸大学 | BN312 | 22 | 2500 | 55000 |
| 7 | 东德州学院 | BN324 | 43 | 2500 | 107500 |
| 8 | 东方商学院 | BN542 | 31 | 1000 | 31000 |
| 9 | 西北师范学院 | BN311 | 67 | 800 | 53600 |
| 10 | 南滨州医学院 | BN312 | 43 | 2800 | 120400 |

图 9.2.20　订书单

## 9.2.6　VBA 对象

VBA 是一种面向对象的高级编程语言。例如，像 Excel 工作簿、工作表、单元格这些要操作的应用程序中的元素，就是 VBA 中的 Excel 对象。Excel 对象构成一个层次结构的模型，对象彼此之间相互关联，如图 9.2.21 所示。图中，Application 对象代表整个 Microsoft Excel 应用程序本身，所有打开的工作簿都是属于 Excel 应用程序，即 Application 对象。通过 Application 对象提供的属性和方法，可控制 Excel 应用程序的外观和状态。Workbook 对象代表 Microsoft Excel 工作簿。Worksheet 对象代表工作表。Range 代表单元格或者单元格区域。

例如，在工作簿 Book1 的工作表 Sheet1 中的 A1:B2 单元格区域输入数值 100，并将它们格式化为粗体和斜体，代码如下：

```
Sub Example()
    WorkBooks("Book1.xlsm").Worksheets("Sheet1").Range("A1:B2").Value=100
    WorkBooks("Book1.xlsm").Worksheets("Sheet1").Range("A1:B10").Font.Bold=True
    WorkBooks("Book1.xlsm").Worksheets("Sheet1").Range("A1:B10").Font.Italic=True
End Sub
```

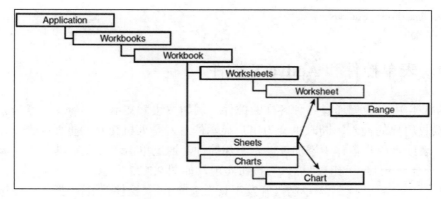

图 9.2.21　Excel 对象层次结构模型

除了 Excel 对象以外，VBA 还包括用户窗体、控件等对象。

像人具有身高、身重、性别等特征一样，对象也有自己的特征，例如，单元格有背景颜色、工作表有名称，这些对象本身所具有的特征称为对象的属性，在 9.2.4 节中介绍过属性过程 Property。方法是指对象能执行的动作。可通过设置对象的属性和调用对象的方法来操作对象，设置属性可更改对象的某些性质，调用方法可使对象执行某个操作

在 VBA 中设置对象属性的语法格式为：对象.属性=值。对象和属性之间用"."隔开，表示隶属关系，用"="号进行赋值。

例如，设置某个工作表为隐藏的代码如下：

    Sheet2.Visible = xlSheetHidden

上面代码中的 Sheet2 表示对象，Visible 表示工作表是否可见的属性，xlSheetHidden 是一个枚举常量值，表示隐藏。

VBA 调用对象方法的语法格式为：

    对象.方法　参数 1:=值 1，参数 2:=值 2，…

其中，对象和方法之间也要用"."隔开，表示隶属关系。有些方法操作需要附带参数，方法名和参数之间用空格隔开，参数用":="赋值，多个参数之间用英文逗号","隔开。

例如，把当前 Excel 工作簿文件备份到 D 盘中的代码如下：

    ActiveWorkbook.SaveCopyAs Filename:="D:/backup.xlsm"

上面的代码中，ActiveWorkbook 表示当前 Excel 工作簿文件，SaveCopyAs 是工作簿对象的一个"另存为"方法，而 Filename 是参数，表示文件备份后的路径和文件名。

有时方法调用不需要后面跟参数，例如，显示用户窗体的代码如下：

    UserForm1.Show

事件是对象能够识别并能做出响应的外部"刺激"或者动作。每个对象都有一系列预定义的事件，事件可由用户、系统事件或应用程序代码触发，事件发生后将自动执行对应的事件过程代码。例如，单击按钮事件、改变组合框显示内容事件等。可以针对事件编写相应的代码来处理由用户动作或者系统引发的事件。

例如，下面是响应文件打开事件时的处理代码，实现隐藏工作表并显示用户登录窗体：

```
Private Sub Workbook_Open()
    Sheet1.Visible = xlSheetHidden
    Sheet2.Visible = xlSheetHidden
    Sheet3.Visible = xlSheetHidden
    UserForm_Login.Show
End Sub
```

## 9.2.7 表单控件和 Active X 控件

在日常应用中，我们通过各种各样的控件，例如按钮、文本框、列表框等，进行人机交互。它们接收用户的输入，同时也会为用户显示信息，是人机交互的重要媒介。Excel 同样支持在工作表或者用户窗体中添加控件。添加控件，通过单击"开发工具"选项卡｜"控件"组｜"插入"按钮实现，如图 9.2.22 所示。

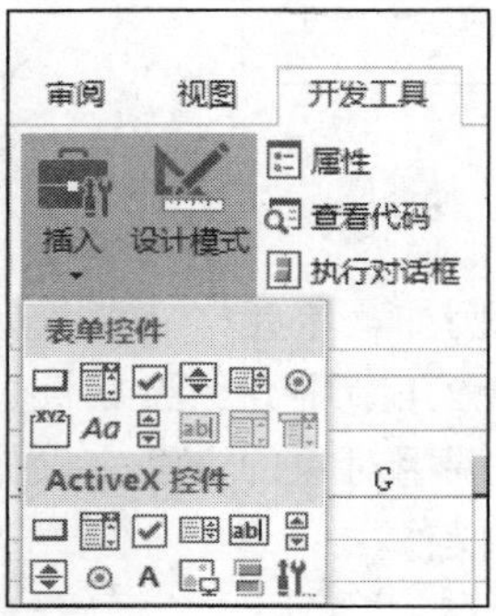

图 9.2.22　插入控件

单击"开发工具"选项卡｜"控件"组｜"插入"按钮，在选项板中有表单控件和 ActiveX 控件两组控件。表单控件是 Excel 自带的一组控件，它们占的内存空间比较小，工作簿文件不会很大，但一般的功能都可以满足。表单控件通常用于工作表中，可用来显示或输入数据、执行操作，这些对象包括文本框、列表框、选项按钮、命令按钮及其他一些对象。为控件指定宏可以实现用户通过控件与工作表进行交互。前面曾经介绍过，ActiveX 控件是向用户提供选项或运行使任务自动化的宏或脚本的一种控件，如复选框或按钮等。ActiveX 控件在 Excel 工作表中和 VBA 代码编辑器中都可用，当用户与 ActiveX 控件进行交互时，可以通过编写代码响应 ActiveX 控件的触发事件。相对来说，ActiveX 控件使用起来更加灵活，功能也更强大。

开发者要根据实际功能需求来选择使用合适的控件：

- 如果希望用户从含有多项数据的列表中选择数据，可以使用列表框。
- 如果希望用户从含有多项数据的列表中选择数据，而又想节省占用空间，在不选择项目时，将这些项目收缩起来，可以使用组合框。
- 如果希望用户进行类似"男/女"、"是/否"这种二选一的选择，可以使用单选按钮。
- 如果希望用户可以从几个候选项中进行选择，可多选也可不选，可以使用复选框。

例如，调查一个人爱好的体育项目，用户可以从众多的候选项中选择几个也可以一个不选。

- 如果希望用户能够逐步调整某个数值，可以使用数值调节钮。
- 如果希望用户能够在大量数据中快速调整，可以使用滚动条。

下面对一些常用控件进行举例说明。

### 1. 组合框举例

如果用户需要从含有多项数据的列表中进行选择同时节省空间，可以使用组合框。下面以查询某单位订书情况为例子，如图 9.2.23 所示，对组合框控件的使用进行介绍。为工作表添加一个包含订书单位代码的组合框之后，无须用户输入，只需从组合框的下拉列表中选择订书单位代码，即可查看到代码对应单位的详细订书资料。

图 9.2.23　订书单数据表

操作步骤如下。

① 单击"开发工具"选项卡｜"控件"组｜"插入"按钮，在选项板的"表单控件"区中选择"组合框"，按住左键拖动鼠标，在工作表中绘制一个大小合适的组合框，如图 9.2.24 所示。

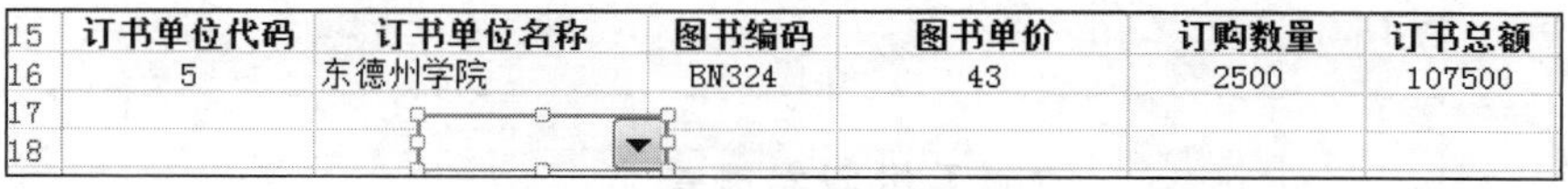

| 15 | 订书单位代码 | 订书单位名称 | 图书编码 | 图书单价 | 订购数量 | 订书总额 |
|---|---|---|---|---|---|---|
| 16 | 5 | 东德州学院 | BN324 | 43 | 2500 | 107500 |
| 17 | | | | | | |
| 18 | | | | | | |

图 9.2.24　绘制组合框

② 右击组合框，在弹出的快捷菜单中选择"设置控件格式"命令，打开"设置控件格式"对话框，设置相应的控件格式，其中："数据源区域"设置为"$A$3:$A$12"，该参数的设置表示使用"$A$3:$A$12"单元格区域的数据填充下拉列表的内容；"单元格链接"设置为"$A$17"，该参数的设置表示当选择下拉列表中的某一项时，该单元格中的值会相应地发生改变，例如选择下拉列表中的第一项，则单元格 A17 的值为 1，如图 9.2.25 所示。单元格 A17 中的数据可以看作存放下拉列表选项的过渡值，最终要显示的详细订书资料是根据这个过渡值得到的。

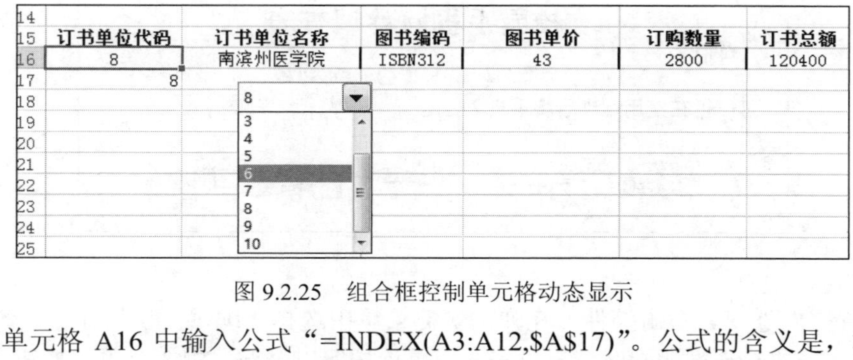

图 9.2.25　组合框控制单元格动态显示

③ 在单元格 A16 中输入公式"=INDEX(A3:A12,$A$17)"。公式的含义是，根据单元格 A17 中的内容，显示 A3:A12 区域中单元格的值。拖动单元格 A16 右下角的填充手柄向右拖动至单元格 F16，进行公式复制。

④ 在组合框中选择不同的单位代码，单元格 A16 至 F16 中的内容会发生相应改变。

⑤ 前面提到了单元格 A17 用来存放下拉列表选项的过渡值，但并不是最终要显示的数

据，所以为了界面美观起见，可以将单元格 A17 中的数据隐藏起来不显示，例如，将其文本颜色设为白色或者将过渡值设置为视图范围以外的单元格或其他工作表内的单元格。同时，还可以将组合框移动到单元格 A16 上方并调整大小与单元格 A16 一致，以遮挡住单元格 A16（移动组合框的方式是，在组合框上按住鼠标右键，然后直接拖动到需要的位置，松开鼠标右键，在弹出的快捷菜单中选择"移动到此位置"）。最终结果如图 9.2.26 所示。

图 9.2.26　最终结果

### 2．选项按钮和复选框举例

选项按钮和复选框一般用于让用户进行选项。选项按钮也叫单选按钮，在一组选项按钮中，只能选取其中之一。复选框则没有这个限制，可以单选其中一个，也可以同时选择多个，或者一个也不选。可以为单选按钮指定单元格链接，在一组单选按钮中，选中某一个单选按钮时与之链接的单元格会依次取值 1，2，3，…也可以为复选框指定单元格链接，选中复选框时与之链接的单元格取值为 True，反之取值为 False。

下面以制作一个校园手机调查问卷为例，对选项按钮和复选框的使用进行介绍，制作好的效果如图 9.2.27 所示。

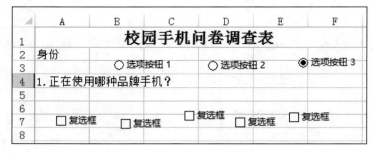

图 9.2.27　校园手机调查问卷

操作步骤如下。

① 如图 9.2.28 所示，在单元格中输入相关文字，选择"选项按钮"表单控件，在工作表中绘制 3 个单选按钮，然后再选择"复选框"表单控件，在工作表中绘制 5 个复选框。

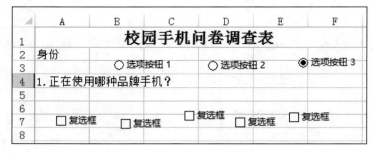

图 9.2.28　添加控件

② 设置控件外观。右击控件，在弹出快捷菜单中选择"编辑文字"命令，设置控件提示文字信息。按住 Ctrl 键的同时依次单击 3 个单选按钮以全部选中 3 个单选按钮，单击"绘图工具"的"格式"选项卡｜"排列"组｜"对齐"按钮，从下拉列表中选择"顶端对齐"将 3 个单选按钮顶端对齐排列整齐，再从下拉菜单中选择"横向分布"将 3 个单选按钮在水平方向上排列均匀。用同样的方法也将 5 个复选框排列整齐。设计好后，如图 9.2.29 所示。

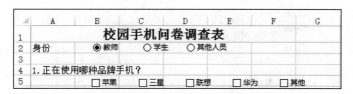

图 9.2.29　设置控件外观

③ 输入如图 9.2.30 所示的区域用于收集调查问卷的结果。

|    | A    | B | C | D |
|----|------|---|---|---|
| 10 | 身份 |   |   |   |
| 11 | 苹果 |   |   |   |
| 12 | 三星 |   |   |   |
| 13 | 联想 |   |   |   |
| 14 | 华为 |   |   |   |
| 15 | 其他 |   |   |   |

图 9.2.30　输入收集结果区域

④ 在"教师"单选按钮上右击，在弹出的快捷菜单中选择"设置控件格式"命令，弹出如图 9.2.3 所示的对话框，设置"单元格链接"为"$C$10"。此时，另外两个单选按钮"学生"和"其他人员"的"单元格链接"也会自动设置为"$C$10"，表明这是同一组单选按钮。可以分别单击这 3 个单选按钮，观察单元格 C10 中的值发生的变化。单元格 C10 中的值可以看作一个存放单选按钮选择结果的过渡值，最终显示的数据是根据这个过渡值得到的。

图 9.2.31　设置单选按钮单元格链接

⑤ 在"苹果"复选框上右击，在弹出的快捷菜单中选择"设置控件格式"，弹出如图 9.2.32 所示的对话框，设置"单元格链接"为"$B$11"。同理，分别设置其余 4 个复选框"三星"、"联想"、"华为"、"其他"的"单元格链接"属性为"$B$12"、"$B$13"、"$B$14"和"$B$15"。

⑥ 在单元格 B10 中输入公式"=LOOKUP(C10,{1,2,3},{"教师","学生","其他人员"})"。公式的含义是根据单元格 C10 中的值在单元格 B10 中显示不同的身份，即选中不同的单选按钮会在单元格 B10 中反映出来。

图 9.2.32　设置复选框单元格链接

⑦ 前面提到了单元格 C10 是用来存放单选按钮选择结果的过渡值的，并不是最终要显示的数据，所以为了界面美观，可以将单元格 C10 中的数据隐藏起来不显示，例如，将其文本颜色设为白色。用户在调查问卷上面的操作结果会通过下方区域进行收集，便于做进一步的分析和整理。最终结果如图 9.2.33 所示。

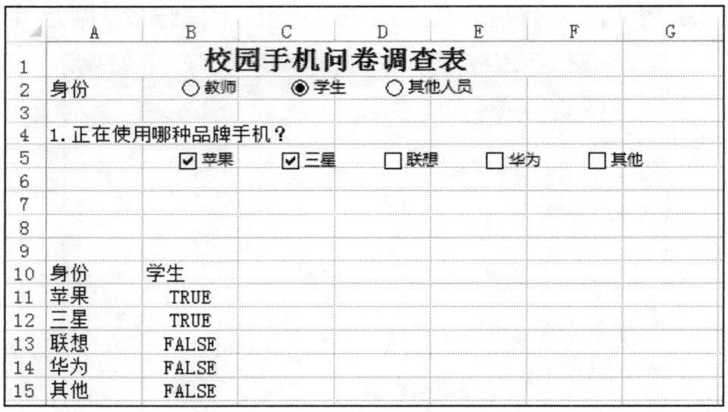

图 9.2.33　最终结果

## 9.3　综合案例：运用控件与 VBA 编程实现手机市场调查问卷

本节将以制作手机市场调查问卷为例，详细介绍 Excel 控件及 VBA 在现实生活中的应用。通过本节的学习，可以掌握制作 Excel 调查问卷的设计思路及其问题解决方法，使用 Excel VBA 实现对调查问卷数据的统计分析功能，从而对应用系统研发及 VBA 编程有进一步的了解并掌握它们。

【案例】　运用控件与 VBA 编程实现手机市场调查问卷。

分析：该案例需要分几步来完成：（1）设计问卷题目，并将其制作成一个数据准备表；（2）制作界面供被调查者进行答题选择；（3）调查问卷结果汇总；（4）问卷分析。其中主要涉及两个数据表：包含问卷题目的数据准备表和调查结果汇总表。答题界面放在工作表 Sheet1 中，数据准备表放在工作表 Sheet2 中，答题界面由控件实现并与工作表 Sheet2 中的数据准备表进行关联，将数据准备表作为控件的数据源。调查问卷结果汇总放在工作表 Sheet3 中，答题界面与工作表 Sheet3 也进行关联，将被调查者的答案记录在工作表 Sheet3 中。问卷分析放在工作表 Sheet4 中完成。

## 9.3.1 数据准备

首先要设计问卷题目，并将其制作成一个数据准备表放在工作表 Sheet2 中。

新建一个空白工作簿，在工作表 Sheet2 中，将调查问卷的题目提前录入，如图 9.3.1 所示。

| | A | B | C |
|---|---|---|---|
| 1 | 1.您目前使用的手机品牌是什么? | 4. 您会使用哪个运营商的3G服务？ | 7. 您最喜欢哪种外观样式？ |
| 2 | A 苹果 | A 中国电信 | A 直板 |
| 3 | B 三星 | B 中国移动 | B 翻盖 |
| 4 | C HTC | X 中国联通 | C 普通滑盖 |
| 5 | D 联想 | D 目前没有用3G的打算 | D 侧向滑盖 |
| 6 | E 其他 | E 视情况而定 | E 旋转屏 |
| 7 | 2. 您的手机价位是多少？ | 5. 您会购买哪个价位的手机 | F 其他 |
| 8 | A 1000元以下 | A 1000元以下 | 8.您最喜欢哪种手机屏幕尺寸？ |
| 9 | B 1000-1999元 | B 1000-1999元 | A 3英寸以下 |
| 10 | C 2000-2999元 | C 2000-2999元 | B 3-4英寸 |
| 11 | D 3000-4999元 | D 3000-4999元 | C 4-5英寸 |
| 12 | E 5000元以上 | E 5000元以上 | D 5英寸以上 |
| 13 | 3.您会在未来多长时间内更换手机？ | 6. 您对以下哪方面外观属性最感兴趣？ | 9.玩手机游戏的过程中最关注的是？ |
| 14 | A 半年内 | A 手机外观样式（直板、滑盖等） | A 手机反映速度的快慢 |
| 15 | B 半年-1年 | B 手机外观材质（金属、皮革等） | B 电池续航能力的强弱 |
| 16 | C 1-2年 | C 手机外观颜色 | C 是否有专用游戏快捷键 |
| 17 | D 2-3年 | D 手机键盘设计 | D 户外的显示效果好坏 |
| 18 | E 3年以上 | E 手机屏幕尺寸 | 10.您对手机CUP有何要求? |
| 19 | F 不坏就不换 | | A 高通四核 |
| 20 | | | B 高通双核 |
| 21 | | | C NV四核 |
| 22 | | | D NV双核 |
| 23 | | | E 三星四核 |
| 24 | | | F 三星双核 |
| 25 | | | G Intel双核 |

Sheet1 Sheet2

图 9.3.1 录入调查问卷题目

## 9.3.2 界面设计

调查问卷的界面设计应该尽量简单、明了，同时又方便用户能够准确、方便地作答。答题界面的设计放在工作表 Sheet1 中，题目答案选项用控件实现，以方便用户输入同时又确保用户能够按要求正确作答。控件与上一步完成的工作表 Sheet2 中的数据准备表进行关联，将数据准备表中数据作为控件的数据源，利于题目的维护和管理。

### 1. 插入文字说明

在调查问卷中插入说明文字，介绍该调查问卷的基本情况，这里使用“文本框”工具完成。首先在文本框中添加编辑说明文字，然后对文本格式进行设置。

利用“文本框”工具编辑调查问卷说明文字的具体操作步骤如下。

① 新建工作表 Sheet1，在其中绘制文本框，输入调查问卷说明文字，如图 9.3.2 所示。

② 选中文本框中的第一行文字“手机市场调查问卷”，设置其字体为“微软雅黑”，字号为 14，将其他文字的字体设置为“微软雅黑”，字号为 10，将第一行文字设置为居中对齐。

③ 选中文本框，对其进行属性设置。在“设置形状格式”窗格中，单击“填充线条”图标，在“线条”区中设置为“实线”，线条颜色设置为标准深蓝色，宽度设置为 2.5 磅，其他保留默认设置，如图 9.3.3 所示。

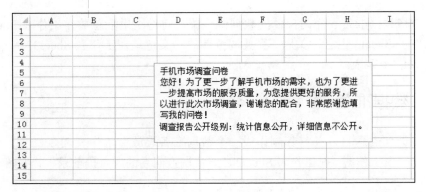

图 9.3.2　输入说明文字

④ 单击"效果"图标，在"发光"区中单击"预设"右侧的下拉按钮，在"发光变体"区中选择左侧第一个样式"蓝色，5pt 发光，着色 1"，如图 9.3.4 所示，其他保留默认设置，如图 9.3.5 所示。

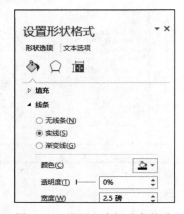

图 9.3.3　设置文本框线条格式

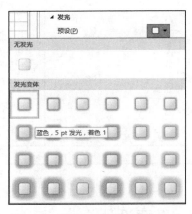

图 9.3.4　设置"发光变体"效果

⑤ 单击"文本选项"选项卡。单击"文本效果"图标，在"阴影"区中单击"预设"右侧的下拉按钮，然后在"外部"区中选择"向右偏移"效果样式，如图 9.3.6 所示，其他保留默认设置。

图 9.3.5　设置文本框效果

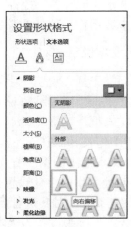

图 9.3.6　设置文本阴影

设置好的说明文字效果如图 9.3.7 所示。

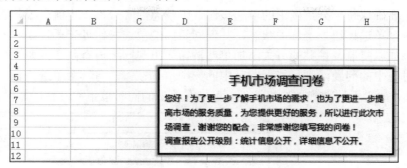

图 9.3.7　设置后的文字效果

### 2. 制作个人信息选项

制作这部分选项是为了在回答问卷题目之前收集参与问卷调查者的个人信息，例如性别、职业等，这些信息通常都是从多个选项中选择其中之一，所以可以采用单选按钮来实现。

下面，在工作表 Sheet1 中针对 "性别"、"年龄"、"职业" 3 项个人信息分别添加 3 组单选按钮。

操作步骤如下。

① 选择工作表 Sheet1，单击"开发工具"选项卡|"控件"组|"插入"按钮，在选项板中选择"表单控件"区中的"分组框"，在工作表中说明文字文本框的下方，拖动鼠标在水平方向上并排绘制 3 个分组框。分别右击分组框，在弹出的快捷菜单中选择"编辑文字"，将分组框的标识文字由"分组框 1"、"分组框 2"、"分组框 3"改为"性别"、"年龄"、"职业"，或者直接单击分组框顶部的标识文字进行编辑，如图 9.3.8 所示。

图 9.3.8　绘制分组框

② 单击"开发工具"选项卡|"控件"组|"插入"按钮，选项板中选择"表单控件"区中的"选项按钮"，然后拖动鼠标在"性别"分组框中绘制两个单选按钮。分别右击单选按钮，在弹出快捷菜单中选择"编辑文字"命令，设置两个单选按钮的文字信息为"男"和"女"。同样的方法，在"年龄"分组框和"性别"分组框中添加单选按钮并设置相应的文字信息。

最后调整好控件的大小、位置以及对齐方式等，如图 9.3.9 所示。需要注意的是，在添加单选按钮时，一定要确保每个分组框中的单选按钮选中状态的唯一性，也就是说，在一个分组框内有且仅有一个单选按钮处于选中状态，其他同组内的单选按钮处于未选中状态。如果由于某种原因（例如以复制、粘贴的方式添加单选按钮）出现同组内有两个或两个以上单选按钮都能够被同时选中的问题，则只能保留其中的一个单选按钮，将其余单选按钮删除掉后再重新添加。另外，如果无法准确地选择控件，可以在单击的同时按下 Ctrl 键，方便地选择控件。

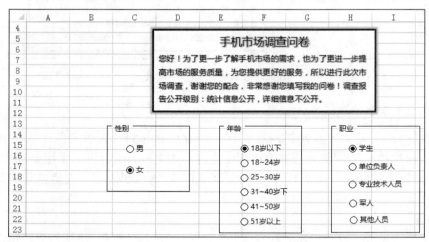

图 9.3.9　绘制选项按钮

③ 为了美化界面，可以对单选按钮进行进一步的格式设置。右击"性别"分组框中的"男"单选按钮，在弹出的快捷菜单中选择"设置控件格式"命令。在打开的"设置控件格式"对话框中单击"颜色与线条"选项卡，在"填充"区的"颜色"下拉列表中选择"填充效果"。打开"填充效果"对话框，在"渐变"选项卡中的"颜色"区中选择"单色"单选按钮，在"颜色"下拉列表中选择"淡蓝"，在"底纹样式"区中选择"垂直"单选按钮，如图 9.3.10 所示。

④ 单击"确定"按钮后，返回工作表 Sheet1。用同样的方法，分别对其他单选按钮进行设置，设置后的效果如图 9.3.11 所示。

图 9.3.10　设置单选按钮填充效果

### 3. 制作问卷题目

接下来，将前面事先在 Sheet2 中准备好的问卷题目采用下拉列表的方式在工作表 Sheet1 中显示出来，以供参与问卷的调查者进行选择。

操作步骤如下。

① 单击"开发工具"选项卡 | "控件"组 | "插入"按钮，在选项板的"表单控件"区中选择"标签"，在"性别"分组框下方间隔一定距离，拖动鼠标绘制一个标签控件。右击该标签控件，在弹出快捷菜单中选择"编辑文字"命令，修改标签标识文字信息为"1.您目前使用的手机品牌是什么？"，并对其大小位置进行适当的调整，如图 9.3.12 所示。

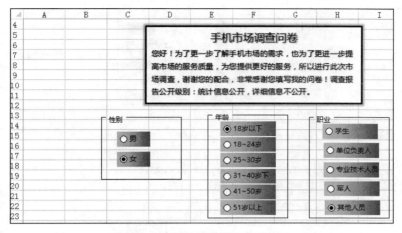

图 9.3.11 设置单选按钮后的效果

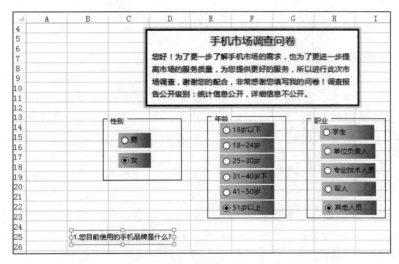

图 9.3.12 绘制标签控件

② 单击"开发工具"选项卡|"控件"组|"插入"按钮，在选项板的"表单控件"区中选择"组合框"，在刚刚添加的标签控件下方，拖动鼠标绘制一个组合框控件。右击该组合框控件，在弹出快捷菜单中选择"设置控件格式"命令，打开"设置控件格式"对话框，选择"控制"选项卡，单击"数据源区域"右侧的"压缩对话框"按钮，切换到工作表 Sheet2，选取工作表 Sheet2 中的单元格区域 A2:A6 作为组合框控件的数据源区域，按 Enter 键返回对话框，随后单击"确定"按钮关闭对话框。返回工作表 Sheet1中，单击组合框控件右侧下拉按钮，查看展开后的下拉列表，能够发现工作表 Sheet2 中事先准备好的问卷题目数据已经填充到该组合框控件中，如图 9.3.13 所示。至此，完成了第一个问卷题目的制作。

③ 用同样的办法，可以继续添加组合框控件并填充相应的问卷题目数据，制作出其余 9 个问卷题目。最后的调查问卷制作结果如图 9.3.14 所示。

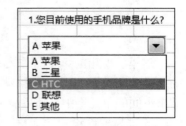

图 9.3.13 填充组合框数据

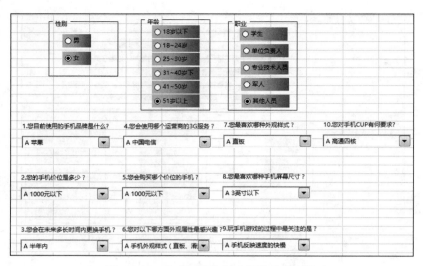

图 9.3.14　完成标签和组合框控件的制作

### 9.3.3　调查问卷结果汇总

调查问卷制作完成后，不同的参与问卷调查者可以在工作表 Sheet1 界面中回答问题，接下来需要对问卷结果进行收集和汇总。具体思路是，首先将参与调查者的答题结果临时存放起来，然后将临时数据复制到汇总数据表中，随着问卷的增加，汇总数据按照参与调查者答题的先后顺序依次向下递增。

#### 1．记录问卷结果

首先需要将参与调查者回答每道题目的结果记录下来，保存在单元格中。这个功能可以通过为单选按钮和组合框设置单元格链接实现。具体步骤如下。

在工作簿中新建工作表 Sheet3，用来记录调查问卷结果。在第 2 行、第 3 行中进行编辑，制作如图 9.3.15 所示的调查问卷结果的表头。

图 9.3.15　制作调查问卷结果表

这里将空出的第 1 行作为存放题目结果的临时区域，该临时区域中的单元格将与 Sheet1 中的控件关联起来，用于接收参与调查者的输入，然后临时区域中的数据会被转移存储到调查问卷结果下面的单元格中，随后清空临时区域单元格中的数据准备存储下一次问卷调查的结果。

通过为控件设置单元格链接，可以实现将调查结果的选项内容与某单元格进行关联，从而将参与调查者对每个问题的选择结果转化为相应的数字信息，并以数字的形式保存在关联的单元格中，从而能够记录下问卷题目的调查结果。

### 2．为单选按钮创建单元格链接

右击工作表 Sheet1"性别"分组框控件中的"男"单选按钮，在弹出的快捷菜单中选择"设置控件格式"命令，弹出"设置控件格式"对话框。单击"控制"选项卡，单击"单元格链接"右侧的"压缩对话框"按钮，切换到工作表 Sheet3，选择用于临时存放"性别"题目答案的单元格 A1，按 Enter 键返回对话框，如图 9.3.16 所示，单击"确定"按钮。

图 9.3.16  设置单元格链接

此时，如果在工作表 Sheet1 中的"性别"分组框控件中选中"男"单选按钮，则工作表 Sheet3 单元格 A1 中将自动更新显示出数值 1，如图 9.3.17 所示；如果选中"女"单选按钮，则工作表 Sheet3 单元格 A1 中将自动更新显示出数值 2。

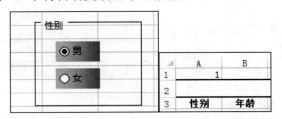

图 9.3.17  控件链接单元格记录相应数值

在这里需要说明的是：

- 在同一组分组框中只需要为第一个单选按钮设置单元格链接，其他同组内的单选按钮的单元格链接属性会自动做同样的设置，也就是说，在同一组分组框中只需要为第一个单选按钮设置一次单元格链接即可。
- 单元格中显示的数据是参与调查者所选的选项在分组框内的排序号。例如，在"性别"组中，"男"选项排序号为 1，"女"选项排序号为 2，如果"男"选项被选中，则单元格 A1 中显示的数据为 1；如果"女"选项被选中，则单元格 A1 中显示的数据为 2。如果还有更多的选项，例如，"年龄"组中共有 6 个选项，则对应的链接单元格中显示的数据依次为 1,2,3,4,5,6。

用同样的方法，为其他两个分组框设置单元格链接：设置"年龄"分组框的单元格链接为工作表 Sheet3 单元格 B1，设置"职业"分组框的单元格链接为工作表 Sheet3 单元格 C1。如果参与调查者是 18～24 岁的男性大学生，则选择结果如图 9.3.18 和图 9.3.19 所示。

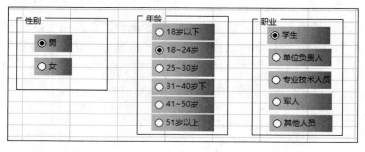

图 9.3.18　为"年龄"、"职业"设置单元格链接

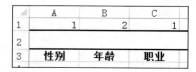

图 9.3.19　链接单元格中记录 3 个分组框选项数值

### 3．为组合框控件创建单元格链接

接下来，需要为 10 个代表问卷题目的组合框控件创建单元格链接，方法与前面为单选按钮创建单元格链接的方法一样。

右击工作表 Sheet1 中第 1 题的组合框，在弹出的快捷菜单中选择"设置控件格式"命令，弹出"设置控件格式"对话框。选择"控制"选项卡，单击"单元格链接"右侧的"压缩对话框"按钮，切换到工作表 Sheet3，选择用于临时存放第 1 题答案的单元格 D1，按 Enter 键返回对话框，单击"确定"按钮。设置结果如图 9.3.20 所示。

图 9.3.20　设置组合框单元格链接

同理，为其余 9 道题目分别设置单元格链接，对应的单元格分别为 Sheet3 中 E1～M1。全部设置完成后，结果如图 9.3.21 和图 9.3.22 所示。

图 9.3.21　为其余 9 道题目分别设置单元格链接

| D | E | F | G | H | I | J | K | L | M |
|---|---|---|---|---|---|---|---|---|---|
| 2 | 4 | 6 | 2 | 5 | 1 | 4 | 2 | 5 | |
| 调查问卷结果 | | | | | | | | | |
| 题目1 | 题目2 | 题目3 | 题目4 | 题目5 | 题目6 | 题目7 | 题目8 | 题目9 | 题目10 |

图 9.3.22　设置全部组合框单元格链接

### 4．汇总数据

通过前面的单元格链接设置，可以获取并将当前参与调查者的答题情况临时保存到工作表 Sheet3 的第 1 行单元格中。但是，下一位参与调查者作答时，工作表 Sheet3 第 1 行单元格中的数值将会被覆盖。下面，需要在每次答题结束后，将工作表 Sheet3 第 1 行单元格中的临时数值保存到下面"调查问卷结果"表的最新一行中。"调查问卷结果"表中的数据记录将会随着调查次数的增加而增加，最新的问卷调查答案应该记录在"调查问卷结果"表中的最下面一行。

这部分功能需要编写 VBA 程序代码实现，具体步骤如下。

① 单击"开发工具"选项卡｜"代码"组｜"Visual Basic"按钮，打开 VBA 编辑器，在工程资源管理器窗口中右击，在弹出的快捷菜单中选择"插入"｜"模块"命令，在工程中插入一个新模块，默认名称为"模块 1"。系统将自动弹出模块 1 的代码窗口，选择"插入"｜"过程"菜单命令，打开 "添加过程"对话框，在"名称"框中输入"答案汇总"，类型选择"子程序"，范围选择"公共的"，如图 9.3.23 所示。

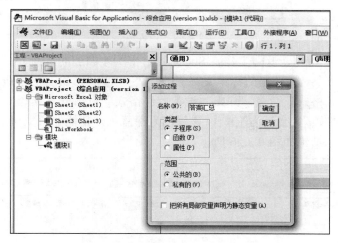

图 9.3.23　添加过程

② 单击"确定"按钮后，关闭该对话框，在代码窗口中将自动添加一段名为"答案汇总"的空白子过程代码。在该子过程代码中，添加如图 9.3.24 所示的程序代码，具体语句功能可参考代码中的注释。

```
Public Sub 答案汇总()
Dim i As Integer        '定义一个整型变量，用来保存工作表Sheet3中目前占用的总行数
Sheets(3).Select        '选择工作表sheet3
i = [A1].CurrentRegion.Rows.Count   '获取工作表Sheet3中目前占用的总行数
Range("A1:M1").Select    '选择临时存放数据的单元格区域[A1]:[M1]
Selection.Copy           '复制单元格区域[A1]:[M1]中的数据
Cells(i + 1, 1).Select   '选择工作表Sheet3中最后一条记录的下一行单元格，用以存放新记录
ActiveSheet.Paste        '粘贴数据
Sheets(1).Select         '返回工作表sheet1调查问卷界面
Application.CutCopyMode = False  '释放执行复制操作的单元格区域
End Sub
```

图 9.3.24　为"答案汇总"子过程添加代码

③ 代码输入完毕后，为这段子过程设置运行按钮。当参加调查者单击运行按钮后将自动执行这段程序。

选择工作表 Sheet1，单击"开发工具"选项卡｜"控件"组｜"插入"按钮，在选项板中，选择"表单控件"区中的"按钮"，在调查问卷题目下方的适当位置拖动鼠标绘制按钮控件，之后自动弹出"指定宏"对话框，在"宏名"框中选择"答案汇总"，如图 9.3.25 所示。

图 9.3.25　指定宏

④ 单击"确定"按钮，返回工作表 Sheet1，右击刚才添加的按钮，在弹出的快捷菜单中选择"编辑文字"命令，将按钮的标识文字更改为"提交"。再次右击按钮，在弹出的快捷菜单中选择"设置控件格式"命令，弹出"设置控件格式"对话框，选择"字体"选项卡，设置其字体为"微软雅黑"、字号为 12，设置颜色为深蓝色，其他保留默认设置。设置完毕后，单击"确定"按钮，结果如图 9.3.26 所示。

图 9.3.26　"提交"按钮设置后的效果

至此，完成调查问卷的设计过程。在工作表 Sheet1 中进行答题后，单击"提交"按钮，调查结果会汇总并添加到工作表 Sheet3 的新记录中。所有调查问卷结束后，切换到工作表 Sheet3 中可以查看汇总后的所有调查数据情况，如图 9.3.27 所示。

| | A | B | C | D | E | F | G | H | I | J | K | L | M |
|---|---|---|---|---|---|---|---|---|---|---|---|---|---|
| 1 | 2 | | 6 | | 4 | | 2 | | 4 | | 1 | | 5 |
| 2 | | | | | | 调查问卷结果 | | | | | | | |
| 3 | 性别 | 年龄 | 职业 | 题目1 | 题目2 | 题目3 | 题目4 | 题目5 | 题目6 | 题目7 | 题目8 | 题目9 | 题目10 |
| 4 | 1 | 2 | 1 | 2 | 4 | 6 | 2 | 1 | 2 | 1 | 4 | 2 | 5 |
| 5 | 2 | 1 | 1 | 3 | 1 | 3 | 4 | 2 | 2 | 1 | 3 | 3 | 4 |
| 6 | 1 | 2 | 2 | 4 | 5 | 1 | 1 | 2 | 1 | 2 | 1 | 2 | 4 |
| 7 | 2 | 6 | 4 | 4 | 2 | 4 | 6 | 4 | 4 | 2 | 2 | 2 | 4 |
| 8 | 2 | 6 | 5 | 4 | 4 | 5 | 5 | 4 | 4 | 2 | 1 | 3 | 5 |

图 9.3.27　显示调查结果

## 9.3.4　调查问卷结果分析

在调查问卷结果分析阶段可以根据调查的目的进行有针对性的分析，例如，按照不同性别分析用户的使用习惯和喜好，按照不同年龄段进行分析，调查不同职业人群的消费习惯等。分析结果可以利用图表工具形式化地显示出来。

例如，对不同性别的用户对手机尺寸的偏好（题目 8）进行分析。

操作步骤如下。

① 在工作表 Sheet4 中设计如图 9.3.28 所示的数据表，以方便下一步数据的汇总。

② 选择单元格 B2，输入公式 "=COUNTIFS(Sheet3!$A$4:$A$33,1,Sheet3!$K$4:$K$33,1)"。其中，第 1 个参数 Sheet3!$A$4:$A$33 中的单元格 A4:A33 存放的是性别的答案：男为 1，女为 2；第 2 个参数是 1 表示统计男性个数；第 3 个参数 Sheet3!$K$4:$K$33 中的单元格 K4:K33 存放的是对手机尺寸的偏好（题目 8）的答案："A 3 英寸以下" 为 1，"B 3-4 英寸" 为 2，"C 4-5英寸" 为 3，"D 5 英寸以上" 为 4；第 4 个参数是 1 表示统计答案是 "A 3 英寸以下" 的个数。同理，完成其他答案的统计：例如，单元格 C2 中的公式为"=COUNTIFS(Sheet3!$A$4:$A$33,1,Sheet3!$K$4:$K$33,2)"。

统计女性选择答案 "A 3 英寸以下" 个数的单元格 B5 中的公式为 "=COUNTIFS(Sheet3!$A$4:$A$33,2,Sheet3!$K$4:$K$33,1)"，同理，完成其他答案的统计。

统计结果如图 9.3.29 所示。

图 9.3.28　显示调查结果

图 9.3.29　统计结果数据

③ 以前面得到的统计结果数据为数据源进行图表的形式化显示，如图 9.3.30 所示。

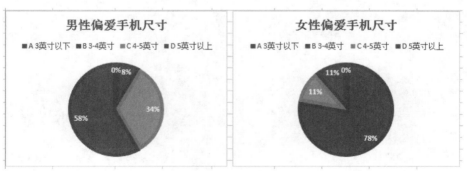

图 9.3.30　对统计结果数据进行图表的形式化显示

从饼图中可以清楚地看到男性和女性对手机尺寸的偏好有很大不同，大部分男性偏爱大尺寸手机，尤其是 5 英寸以上的更多一些，占 58%；而绝大部分女性更偏爱 3～4 英寸的手机，占 78%。无论是男性还是女性，几乎没有人喜欢 3 英寸以下的手机。

通过简单的调查问卷结果分析，可以清楚地了解不同性别用户对手机尺寸的偏好，在产品定位和手机设计的时候，无疑将会起到极大的决策支持作用。

## 9.4　思考与练习

1．通过本章的学习，思考为什么要使用宏，使用宏的好处是什么？

2．分析宏与 VBA 的关系。

3．从 VBA 面向对象编程的角度分析 Excel 中 Application、Workbook、Worksheet、Range 等对象的层次关系。

4．创建"学生成绩录入窗口"用户窗体，在这个窗体中设置文本框等控件以便接收学号、成绩等数据的录入，并通过编写 VBA 代码将录入数据保存在工作表的单元格中。

5．请根据 9.3 节中介绍的手机市场调查问卷的制作方法，设计更符合自己实际需要的其他主题的调查问卷，另外该问卷还有可以改进的地方，例如最后的调查问卷结果分析仅给出了一个思路，需要进一步的设计。

# 第10章 协同合作

　　数据共享与协同合作是当今信息时代必不可缺少的。Excel 提供的数据共享与协同合作机制能够大大提高工作效率。例如，如果需要多人同时编辑同一个工作簿，可以使用 Excel 的共享工作簿功能。Excel 与其他 Office 组件或其他应用程序之间的协同作业也是非常重要的一个方面，可以轻松地实现无缝连接。

## 10.1　共享工作簿

　　通过设置工作簿共享可以允许多人同时编辑同一个工作簿来加快数据的录入速度，而且在工作过程中还可以随时查看各自所做的改动。当多人一起在共享工作簿中工作时，Excel 会自动保持信息不断更新。在一个共享工作簿中，各个用户可以输入数据、插入行和列以及更改公式等，特别适用于分组协作。

### 10.1.1　设置共享工作簿

　　要设置共享工作组，操作步骤如下。

　　① 打开要设置为共享的工作簿，然后单击"审阅"选项卡|"更改"组|"共享工作簿"按钮，打开"共享工作簿"对话框。

　　② 单击"编辑"选项卡，选中"允许多用户同时编辑，同时允许工作簿合并"复选框，如图 10.1.1（a）所示。

　　③ 单击"高级"选项卡，选中"更新"区中的"保存文件时"单选按钮，如图 10.1.1（b）所示，该设置会在保存工作簿时更新其他用户对此工作簿进行的编辑操作。如果选择并设置了"自动更新间隔"，则将按照预定时间定时进行更新。

（a）

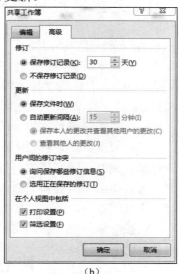

（b）

图 10.1.1　设置共享工作组

④ 单击"确定"按钮，在随后打开的对话框中单击"确定"按钮完成共享工作簿的设置操作，这时可以看到标题栏工作簿名称右侧出现"共享"两个字。

⑤ 最后，把该工作簿放到网络共享文件夹中。

要取消工作簿的共享，可打开"共享工作簿"对话框，取消选中"允许多用户同时编辑，同时允许工作簿合并"复选框即可。

需要注意的是，工作簿在共享之后将无法进行下列操作：设置工作簿和工作表保护，合并单元格，使用条件格式，设置数据有效性，插入图表、图片、对象（包括图形对象）、超链接、方案，使用分类汇总、数据透视表等。

### 10.1.2 合并共享工作簿

当多个用户需要共享一个工作簿，但又无法使用网络共享时，可以将要共享的工作簿复制为多个副本。注意，在分发副本之前，要将其设置为共享状态，然后由多个用户分别进行编辑，最后再使用 Excel 的合并工作簿功能将所做的修改进行合并。

合并共享工作簿，操作步骤如下。

① 为操作方便，将"比较和合并工作簿"按钮添加到快速访问工具栏中。单击"自定义快速访问工具栏"按钮，在展开列表中选择"其他命令"，打开显示"快速访问工具栏"类别的"Excel 选项"对话框，在"从下列位置选择命令"下拉列表中选择"不在功能区中的命令"，在下方的列表框中找到"比较和合并工作簿"命令，单击"添加"按钮，将"比较和合并工作簿"按钮添加到快速访问工具栏中。

② 打开要合并的共享工作簿的目标副本，单击快速访问工具栏中的"比较和合并工作簿"按钮，在打开的对话框中选择要合并的共享工作簿副本，然后单击"确定"按钮即可。

## 10.2 与其他应用程序的协同合作

### 10.2.1 OLE 对象链接与嵌入

OLE（Object Linking and Embedding，对象链接与嵌入）是 Microsoft Windows 及支持此技术的应用程序的一项重要特性，它允许在多种 Windows 应用程序之间进行数据交换，或组合成一个复合文档。Office 套件均支持该特性。用户可以将其他 Windows 应用程序所创建的对象链接或嵌入到 Excel 工作表中，或在其他程序中链接或嵌入 Excel 工作表。

链接和嵌入都是把数据从一个文档（源文档）插入另一个文档（目标文档）中，用户可以在目标文档中编辑源数据。二者的区别在于，如果将一个对象采用"链接"方式插入到 Excel 工作表中，则该对象仍保留与源文档的链接。当对源对象进行编辑时，源文档和目标文档中对应的数据将都更新。而如果将对象"嵌入"到目标文档中，则它不再保留与源对象的链接关系，当对源对象进行编辑时，源文档的数据更新，而目标文档的数据不更新。再者，二者的存储位置不同，链接对象只保存在源文档中，目标文件只保存对象的链接信息，而嵌入对象在目标文档保存一个完整的副本。

使用对象链接和嵌入（OLE）技术可以创建多媒体文档和多维文档，这些文档融合了多种程序中的组件，即数据来源不仅仅限于 Office 应用程序。即使 Excel 不支持此类对象的编辑和修改，但是仍然可以使用 OLE 技术在 Excel 中附加任何种类的数据，如文本、图像、动画文件甚至声音文件等。例如，单个文档可能包含 Word 中的文字，以及 Excel 中的数据和图表，还有一些来自其他程序的声音或视频剪辑片段等信息。

## 10.2.2 与 Office 组件的协同作业

Excel 与其他 Office 组件之间的协同作业是 Office 整合中非常重要的一个方面，由于它们都是 Office 的组件，所以可以轻松地实现无缝连接。下面来看看 Excel 与其他组件之间协同作业的方法。

### 1．复制和粘贴

通过复制和粘贴操作可以实现 Excel 与其他 Office 组件之间的数据共享。对选定的 Excel 内容在其他组件中粘贴分为以下 3 种方式。

（1）直接粘贴

直接粘贴是最流行的也是在几乎所有软件间都可以使用的操作。无论将 Excel 数据复制/粘贴到 Word 文档中还是 PowerPoint 演示文稿幻灯片中，都会以表格的形式出现，而且传递后的数据与 Excel 的源数据不会有任何关联，这意味着复制/粘贴后的数据与自己在 Word 或 PowerPoint 中创建的数据表没有任何区别。如图 10.2.1 所示是将 Excel 中的单元格区域复制后直接粘贴到 Word 文档中的情况。

| 编号 | 销售部门 | 商品名称 | 产品型号 |
|---|---|---|---|
| XS0001 | A 部 | 彩电 | VVRM-5EGT |
| XS0002 | C 部 | 冰箱 | PW-OKK1-5 |
| XS0003 | B 部 | 彩电 | VVRM-5EGT |
| XS0004 | A 部 | 空调 | HV-1100VVR1.0 |
| XS0005 | B 部 | 空调 | HV-1100VVR1.0 |
| XS0006 | B 部 | 空调 | HV-1100VVR1.0 |
| XS0007 | A 部 | 冰箱 | PW-OKK1-5 |
| XS0008 | C 部 | 彩电 | VVRM-5EGT |
| XS0009 | C 部 | 冰箱 | PW-OKK1-5 |
| XS0010 | B 部 | 彩电 | VVRM-5EGT |

图 10.2.1　直接粘贴 Excel 中的单元格区域至 Word 文档中

（2）选择性粘贴对象

复制 Excel 数据后，除了粘贴到 Word 或 PowerPoint 文档中外，还可以执行"选择性粘贴"命令，打开"选择性粘贴"对话框，如图 10.2.2 所示，将数据信息以对象的形式粘贴到其他 Office 组件之中。

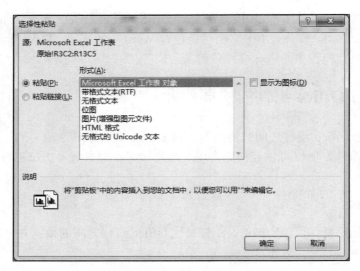

图 10.2.2　"选择性粘贴"对话框

　　用"选择性粘贴"命令粘贴的数据是一种对象形式，可方便地调整大小和位置。不仅如此，双击该对象还可以在 Word 或 PowerPoint 中直接打开 Excel 的操作窗口，对数据信息进行只有在 Excel 中才能做的操作。

　　如图 10.2.3 所示是在将 Excel 中的单元格区域复制后使用"选择性粘贴"命令粘贴到 Word 中的情况。

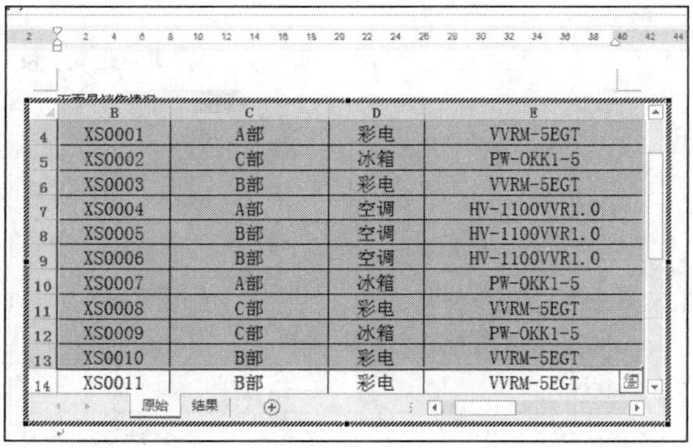

图 10.2.3　选择性粘贴 Excel 对象至 Word 文档中

（3）选择性粘贴链接对象

　　对 Excel 数据信息选择性粘贴为 Excel 工作表对象时，如果在"选择性粘贴"对话框中选中"粘贴链接"单选按钮，如图 10.2.4 所示，那么粘贴到 Word 或 PowerPoint 文档中的数据就具有了数据同步更新的功能。

　　对数据进行"粘贴链接"操作后，Excel 工作表中的数据就成了数据源，只要数据信息发生变化，粘贴链接到 Word 或 PowerPoint 文档中的数据就会自动进行相应的更改。

　　如图 10.2.5 所示，将 Excel 中的单元格区域复制后采用选择性粘贴到 Word 中，采用"选择性粘贴"的方法，同时在"选择性粘贴"对话框中选中"粘贴链接"单选按钮。之后，如果把 Excel 工作表的单元格 C4 中的内容由"A 部"改为"AA"，则 Word 中的数据也会自动进行相应的更改。

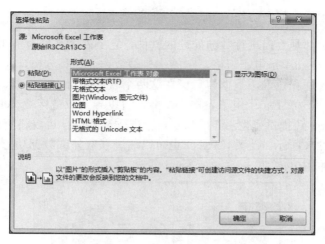

图 10.2.4 选择"粘贴链接"单选按钮

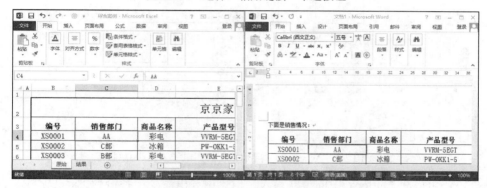

图 10.2.5 选择性粘贴链接对象

这 3 种方法都是复制后的粘贴操作。第 1 种是直接粘贴，操作最为简单，应用也最为广泛。后两种是选择性粘贴：第 2 种是直接粘贴为对象；而第 3 种则是粘贴链接为对象，不同之处是"链接"选项，有没有这个"链接"功能，结果和作用是完全不同的，要根据情况和需求进行选择。

### 2. Excel 图表与 PowerPoint 协作

Excel 可以制作出很多直观、便于进行数据分析的图表，而 PowerPoint 具有强大动画功能，可以使用 PowerPoint 对 Excel 制作出的图表进行进一步处理，让图表的数据分析功能更加突出。

例如，可以将 Excel 中的一个柱形图复制/粘贴到 PowerPoint 幻灯片中，然后设置其"进入"动画为"擦除"效果，并设置"效果选项"，将"序列"选项从"作为一个对象"更改成"按系列"、"按类别"、"按系列中的元素"或"按类别中的元素"中的一个。这样就可以在幻灯片放映时让图表中的柱形从下向上逐个升起，让图表在数据分析的同时增强了效果的表现力，如图 10.2.6 所示。

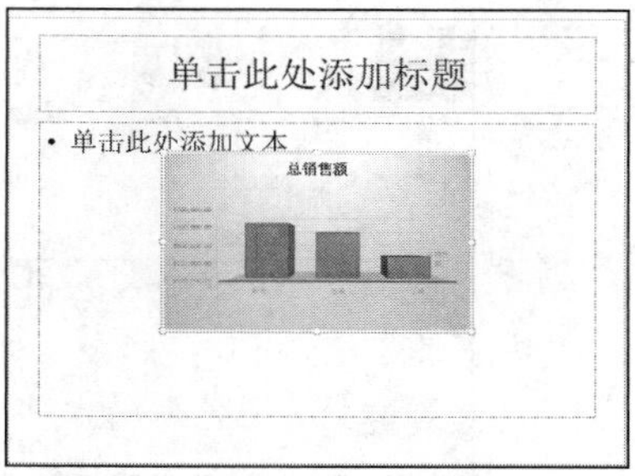

图 10.2.6 Excel 图表与 PowerPoint 协作

### 3．Excel 与 Access 整合协作

Excel 和 Access 都是专门进行数据处理的软件，它们两者之间有着很多的相似之处，也有着很强的互补性。Excel 是电子表格，它的优势是数据运算和分析，而 Access 是数据库，它的优势则是数据管理和查询。数据信息可在这两个软件间自由交换。

Access 提供了"导入 Excel 电子表格"功能，可以导入或链接 Excel 文件中的数据，如图 10.2.7 所示。Access 还提供了"导出到 Excel 电子表格"功能，可以将所选对象导出到 Excel 工作表中，如图 10.2.8 所示。当然，Excel 也可以通过获取外部数据功能从 Access 文件中导入 Access 数据库文件中的数据表。

图 10.2.7　Access 的"导入 Excel 电子表格"功能

图 10.2.8　Access 的"导出到 Excel 电子表格"功能

另外，还可以将 Outlook 中的"联系人"信息用导出命令，备份到 Excel 之中，同时还可以用 Excel 对其进行筛选查询和分析。

Excel 与 Access 之间的数据导入和导出具体说明如下。

（1）将 Access 数据导入到 Excel 中

可以通过创建一个 Excel 到 Access 数据库的连接，将可刷新的 Access 数据装入 Excel 中来检索表或查询中的所有数据。连接到 Access 数据的主要好处是，可以在 Excel 中定期分析这些数据，而不需要从 Access 反复复制或导出数据。连接到 Access 数据后，当原始 Access 数据库使用新信息更新时，可以自动刷新（或更新）包含该数据库中的数据的 Excel 工作簿。

例如，可以获取 Access 中的每月销售数据（如图 10.2.9 所示），并在 Excel 中进一步分析。

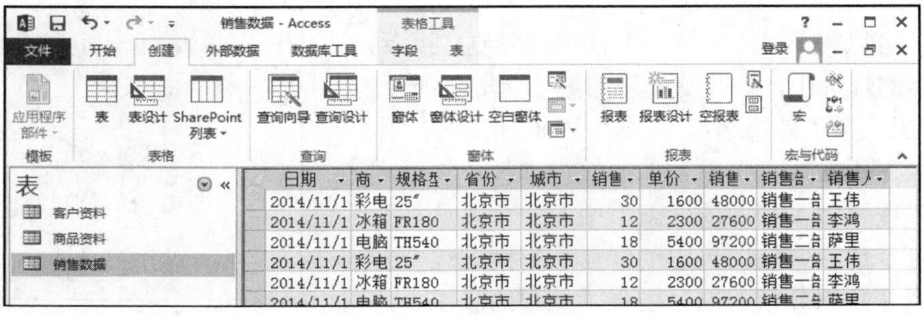

图 10.2.9　Access 中的销售数据

操作步骤如下。

① 在 Excel 中新建工作簿，单击要存放 Access 数据库中数据的单元格。

② 单击"数据"选项卡│"获取外部数据"组│"自 Access"按钮，弹出"选取数据源"对话框，找到要导入的 Access 数据库文件，单击"打开"按钮。

③ 在弹出的"选择表格"对话框中，单击要导入的表或查询，然后单击"确定"按钮，如图 10.2.10 所示。

④ 在弹出的"导入数据"对话框中，单击"确定"按钮即可导入数据，如图 10.2.11 所示。

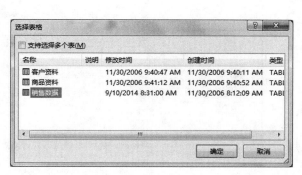

图 10.2.10　选择要导入到 Excel 中的销售数据表　　　　　图 10.2.11　导入数据

⑤ 导入数据后的结果如图 10.2.12 所示。之后，就可以根据实际需要在 Excel 中进行数据分析了，如利用图表显示等。

| | A | B | C | D | E | F | G | H | I | J |
|---|---|---|---|---|---|---|---|---|---|---|
| 1 | 日期 | 商品 | 规格型号 | 省份 | 城市 | 销售量 | 单价 | 销售额 | 销售部门 | 销售人员 |
| 2 | 2014/11/1 | 彩电 | 25" | 北京市 | 北京市 | 30 | 1600 | 48000 | 销售一部 | 王伟 |
| 3 | 2014/11/1 | 冰箱 | FR180 | 北京市 | 北京市 | 12 | 2300 | 27600 | 销售一部 | 李鸿 |
| 4 | 2014/11/1 | 电脑 | TH540 | 北京市 | 北京市 | 18 | 5400 | 97200 | 销售二部 | 萨里 |
| 5 | 2014/11/1 | 彩电 | 25" | 北京市 | 北京市 | 30 | 1600 | 48000 | 销售一部 | 王伟 |
| 6 | 2014/11/1 | 冰箱 | FR180 | 北京市 | 北京市 | 12 | 2300 | 27600 | 销售一部 | 李鸿 |
| 7 | 2014/11/1 | 电脑 | TH540 | 北京市 | 北京市 | 18 | 5400 | 97200 | 销售二部 | 萨里 |
| 8 | 2014/11/1 | DVD | D765 | 北京市 | 北京市 | 8 | 500 | 4000 | 销售一部 | 王伟 |
| 9 | 2014/11/1 | 彩电 | 29" | 北京市 | 北京市 | 22 | 1800 | 39600 | 销售一部 | 王伟 |
| 10 | 2014/11/2 | 冰箱 | FR180 | 河北省 | 石家庄市 | 8 | 2260 | 18080 | 销售三部 | 刘柳 |
| 11 | 2014/11/3 | 电脑 | TH420 | 河北省 | 石家庄市 | 20 | 4800 | 96000 | 销售三部 | 韩虓 |
| 12 | 2014/11/5 | DVD | D875 | 河北省 | 石家庄市 | 16 | 480 | 7680 | 销售三部 | 王大卫 |
| 13 | 2014/11/8 | 彩电 | 25" | 北京市 | 北京市 | 20 | 1600 | 32000 | 销售一部 | 王伟 |
| 14 | 2014/11/8 | 冰箱 | FR180 | 北京市 | 北京市 | 18 | 2300 | 41400 | 销售一部 | 李鸿 |
| 15 | 2014/11/8 | 冰箱 | FR180 | 河北省 | 石家庄市 | 20 | 2260 | 45200 | 销售三部 | 刘柳 |
| 16 | 2014/11/8 | 电脑 | TH420 | 河北省 | 石家庄市 | 12 | 4800 | 57600 | 销售三部 | 韩虓 |

图 10.2.12　导入数据后的结果

需要注意的是，在"导入数据"对话框中还可以单击"属性"按钮，打开"连接属性"对话框进行进一步的设置。例如，可以设置"刷新频率"或者"打开文件时刷新数据"等，如图 10.2.13 所示。

⑥ 进行数据更新。如果 Access 数据库中的数据发生改变，则在 Excel 工作表中，单击"数据"选项卡│"数据"组│"全部刷新"按钮，即可实现在 Excel 中数据的更新操作。

另外，Excel 还可以使用来自网络、数据库、XML 文件等很多其他外部的数据，如图 10.2.14 所示，不仅能够避免重复数据录入，还可以减少由此而产生的录入错误。

（2）将 Excel 数据导出到 Access 中

在 Excel 中处理后的数据也可以导出到 Access 中，利用 Access 的数据查询管理优势进行进一步处理。

图 10.2.13　"连接属性"对话框

图 10.2.14　其他外部数据源

图 10.2.15　Excel 中的汇总数据

假设，将前面自 Access 导入到 Excel 中的数据在 Excel 中进行分类汇总，并将汇总结果复制到新的工作表中，如图 10.2.15 所示。

下面介绍如何将 Excel 数据导出到 Access 中，操作步骤如下。

① 在 Access 中打开要导入数据的数据库，单击"外部数据"选项卡 |"导入并链接"组 |"Excel"按钮。

② 在弹出的"获取外部数据"对话框中，可以根据需要选择数据源，数据源就是之前准备好的 Excel 工作簿文件。选中"将源数据导入当前数据库的新表中"单选按钮，单击"确定"按钮。

③ 在随后打开的"导入数据表向导"对话框中，可以根据需要选择工作表"2014 年 11 月销售额汇总"，然后单击"下一步"按钮。

④ 选择"第一行含有列标题"项，将表格第一行的标题作为字段名称，然后单击"下一步"按钮。

⑤ 分别选择每个数据列，并指定导入数据库后的数据类型，然后单击"下一步"按钮。

⑥ 接下来为数据表设置主键。主键是数据库中一种特殊的列，列的内容是一组自动增长的数字，可以选择"让 Access 添加主键"。如果没有实际的需要，可以选择"不要主键"。单击"下一步"按钮。

⑦ 最后为即将生成的新表取一个名字，例如，"2014 年 11 月销售额汇总"，并单击"完成"按钮，结束导入，最后在 Access 中的导入结果如图 10.2.16 所示。

图 10.2.16　Access 中的最后导入结果

### 10.2.3　与其他应用程序的数据交换

Excel 不仅能够同其他 Office 组件之间进行协同作业，还可以与 Office 以外的其他应用程序进行数据交换。

#### 1．支持多种数据格式

Excel 支持多种类型数据的打开与保存。例如，在"打开"对话框右下角的"文件类型"下拉列表中或"另存为"对话框的"保存类型"下拉列表中，可以选择打开或要保存的多种文件类型，如网页文件、文本文件、XML 文件、Access 数据库文件、PDF 文件、XPS 文档等。

#### 2．获取文本文件数据

假定有一个文本文件名为"销售明细.txt"，如图 10.2.17 所示，里面存放着销售记录。Excel 可以从该文本文件中获取销售数据。

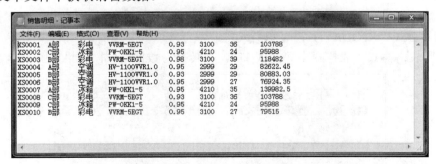

图 10.2.17　文本文件"销售明细"

操作步骤如下。

① 单击"数据"选项卡|"获取外部数据"组|"自文本"按钮。

② 在弹出的对话框中选择要导入的文本文件"销售明细.txt"，在"文本导入向导"对话框中进行设置，选择对应的文本分隔符号。

③ 完成"文本导入向导"对话框设置后，在弹出的"导入数据"对话框中设置导入数据的存放位置。

④ 单击"确定"按钮，导入的数据如图 10.2.18 所示。

| | A | B | C | D | E | F | G | H |
|---|---|---|---|---|---|---|---|---|
| 1 | XS0001 | A部 | 彩电 | VVRM-5EGT | 0.93 | 3100 | 36 | 103788 |
| 2 | XS0002 | C部 | 冰箱 | PW-OKK1-5 | 0.95 | 4210 | 24 | 95988 |
| 3 | XS0003 | B部 | 彩电 | VVRM-5EGT | 0.98 | 3100 | 39 | 118482 |
| 4 | XS0004 | A部 | 空调 | HV-1100VVR1.0 | 0.95 | 2999 | 29 | 82622.45 |
| 5 | XS0005 | B部 | 空调 | HV-1100VVR1.0 | 0.93 | 2999 | 29 | 80883.03 |
| 6 | XS0006 | B部 | 空调 | HV-1100VVR1.0 | 0.95 | 2999 | 27 | 76924.35 |
| 7 | XS0007 | A部 | 冰箱 | PW-OKK1-5 | 0.95 | 4210 | 35 | 139982.5 |
| 8 | XS0008 | C部 | 彩电 | VVRM-5EGT | 0.93 | 3100 | 36 | 103788 |
| 9 | XS0009 | C部 | 冰箱 | PW-OKK1-5 | 0.95 | 4210 | 24 | 95988 |
| 10 | XS0010 | B部 | 彩电 | VVRM-5EGT | 0.95 | 3100 | 27 | 79515 |

图 10.2.18　文本文件导入至 Excel 中

# 10.3　综合案例：导入、更新、保存网上股票信息

网络资源非常丰富，有时候我们需要从网络下载数据。本章案例将介绍如何从网络下载数据，并利用 Excel 功能进行处理，再保存到本地。

【案例】　从"证券之星"网站将股票数据信息导入到 Excel 工作表中，进行处理后，另存为 PDF 格式的文件或者保存到 Access 数据库中，还可以通过 Excel 工作表的刷新功能，进行数据更新，获取每天的最新股票数据。

分析：从外部网站将股票数据信息导入到 Excel 工作表中这部分功能可以利用 Excel 的"获取外部数据"功能实现；另存为 PDF 格式可以使用 Excel 对多种文件类型的支持功能实现；将数据保存到 Access 数据库中可以使用 Excel 与 Access 的整合协作来进行，具体的实现主要依靠 Excel 数据文件的导出功能和 Access 的导入功能。

## 1．创建表格，进行美化

操作步骤如下。

① 新建 Excel 工作簿文件，在 Sheet1 工作表中合并单元格 A1、B1 并输入标题；在单元格 C1 中输入公式"=TODAY()"，显示当天日期。

② 套用表格格式"表样式中等深浅 11"，并转换为数据区域，效果如图 10.3.1 所示。

| | A | B | C |
|---|---|---|---|
| 1 | 上证指数个股涨幅排行榜 | | 2014年8月3日 |
| 2 | | | |
| 3 | | | |
| 4 | | | |
| 5 | | | |
| 6 | | | |
| 7 | | | |
| 8 | | | |
| 9 | | | |
| 10 | | | |
| 11 | | | |
| 12 | | | |

图 10.3.1　设置外观

**2. 从网站导入数据**

操作步骤如下。

① 打开网站。在 Excel 中单击"数据"选项卡│"获取外部数据"组│"自网站"按钮，如图 10.3.2 所示。

之后会弹出"新建 Web 查询"对话框，这时在地址栏中输入要导入数据的网页地址 http://index.quote.stockstar.com/000001.shtml，然后单击右侧的"转到"按钮，将会在对话框中打开网页，显示结果如图 10.3.3 所示。

图 10.3.2 单击"自网站"按钮　　　　图 10.3.3 在"新建 Web 查询"对话框中输入网址

② 选择数据表。通过拖动对话框中的滚动条定位到需要导入的数据表的位置，单击该数据表左上角的向右箭头图标选定该表。例如，选定"个股涨幅"表，这时该表周围会出现边框，表明该表已被选中，如图 10.3.4 所示，然后单击"导入"按钮。

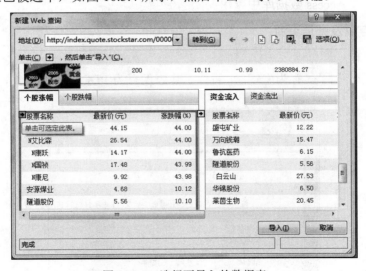

图 10.3.4 选择要导入的数据表

③ 导入数据。单击"导入"按钮后，打开"导入数据"对话框，在其中设置导入数据的存放位置，这里选择"现有工作表"，将数据存放区域左上角设置为单元格 A2，如图 10.3.5 所示。

图 10.3.5 选择导入数据存放位置

单击"确定"按钮关闭对话框,在工作表中将出现"正在获取数据…"的提示,如图 10.3.6 所示。

图 10.3.6 正在获取数据提示

之后,股票数据将会导入到工作表中,简单调整工作表格式后,得到的结果如图 10.3.7 所示。

图 10.3.7 导入数据结果

### 3. 文件保存以及数据更新

操作步骤如下。

① 单击"文件"|"另存为"命令,将该工作表保存为 PDF 格式的文件,结果如图 10.3.8 所示。

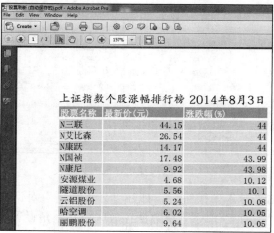

图 10.3.8 保存为 PDF 文件

② 保存并关闭 Excel 工作簿文件。

③ 数据更新。假定第二天 8 月 4 日（刚才导入的是 8 月 3 日的数据），网站上该股票数据信息发生变化，可以直接在 Excel 工作簿中更新数据，获取最新信息，而不用重新导入数据。打开工作簿文件，在工作表的数据区域内右击，在快捷菜单中选择"刷新"命令，8 月 4 日的最新数据将替换昨天的数据，结果如图 10.3.9 所示。

| | A | B | C |
|---|---|---|---|
| 1 | 上证指数个股涨幅排行榜 | | 2014年8月4日 |
| 2 | 股票名称 | 最新价(元) | 涨跌幅(%) |
| 3 | 湖南天雁 | 5.12 | 10.11 |
| 4 | 鲁抗医药 | 6.77 | 10.08 |
| 5 | 雅致股份 | 4.81 | 10.07 |
| 6 | 北生药业 | 7 | 10.06 |
| 7 | 安源煤业 | 5.15 | 10.04 |
| 8 | 中材节能 | 6.03 | 10.04 |
| 9 | 康跃科技 | 15.59 | 10.02 |
| 10 | 云南城投 | 5.05 | 10.02 |
| 11 | 福星晓程 | 32.32 | 10.01 |
| 12 | 三联虹普 | 48.57 | 10.01 |

图 10.3.9　刷新数据

提示：在"导入数据"对话框中可以单击"属性"按钮，打开"连接属性"对话框进行进一步设置，例如，可以设置"刷新频率"或者"打开文件时刷新数据"等，如图 10.3.10 所示。

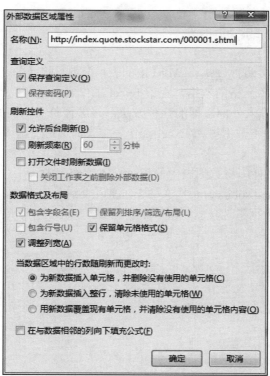

图 10.3.10　刷新数据

可以将每次更新后的数据都另存为一个新的 PDF 文件，实现历史数据保存。单击"文件"｜"另存为"命令，将该工作表保存为另一个 PDF 格式文件，结果如图 10.3.11 所示。

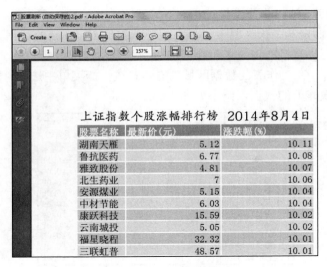

图 10.3.11　刷新数据

④ 将数据保存到 Access 数据库中。

为了更好地保存数据并方便以后查询，还可以将数据及时保存到 Access 数据库中。具体方法参见 10.2 节中的内容。

## 10.4　思考与练习

1．分别以嵌入和链接两种方式将 Word 中的表格复制/粘贴到 Excel 工作表中。然后打开 Word 文档，修改表格中单元格的数据，观察 Excel 工作表中的变化，分析其原因。

2．总结在 Excel 中导入外部数据的几种方法，并进行验证。例如：

（1）从某文本文件中将数据导入 Excel 工作表中（提示：使用"数据"选项卡｜"获取外部数据"组中的按钮）。

（2）从某个 MDB 文件中将数据表中的记录导入工作表中。

（3）从网站 http://fund.sohu.com 中导入基金净值表到工作表中，并在每次打开文件时进行更新（提示：使用"数据"选项卡｜"获取外部数据"组｜"自网站"按钮）。

# 参 考 文 献

[1]  Excel HomeExcel 2010 应用大全. 北京：人民邮电出版社，2012.

[2]  邓芳 Excel 高效办公——数据处理与分析（修订版）. 北京：人民邮电出版社，2011.

[3]  Mark Dodge，Craig Stinson. 精通 Excel 2007 中文版（微软技术丛书）. 北京：清华大学出版社，2008.

[4]  胡鑫鑫，张倩，石峰. Excel 2013 应用大全. 北京：机械工业出版社，2013.

[5]  华城科技. Excel 2013 办公专家从入门到精通. 北京：机械工业出版社，2013.

[6]  吴军希，毕小君，向方等. Excel 2007 中文版标准教程. 北京：清华大学出版社，2008.

[7]  庄东填，利业鞑. Excel 2007 中文版实用教程. 北京：中国水利水电出版社，2008.

[8]  谢柏青，张健清，刘新元 Excel 教程（第 2 版）. 北京：电子工业出版社，2003.

[9]  韩加国. Excel VBA 从入门到精通. 北京：化学工业出版社，2010.

[10]  蔡翠平，宗薇. Excel 电子表格应用基础（第二版）. 北京：中国铁道出版社，2010.

[11]  Wayne L Winston. 精通 Excel 2007 数据分析与业务建模. 北京：清华大学出版社，2008.

[12]  Excel HomeExcel 2010 数据透视表应用大全. 北京：人民邮电出版社，2013.

[13]  Excel HomeExcel 图表实战技巧精粹. 北京：人民邮电出版社，2013.

[14]  Excel HomeExcel VBA 实战技巧精粹. 北京：人民邮电出版社，2013.

[15]  http://office.microsoft.com.

[16]  http://index.quote.stockstar.com/000001.shtml.

[17]  http://fund.sohu.com.

# 反侵权盗版声明

电子工业出版社依法对本作品享有专有出版权。任何未经权利人书面许可，复制、销售或通过信息网络传播本作品的行为；歪曲、篡改、剽窃本作品的行为，均违反《中华人民共和国著作权法》，其行为人应承担相应的民事责任和行政责任，构成犯罪的，将被依法追究刑事责任。

为了维护市场秩序，保护权利人的合法权益，我社将依法查处和打击侵权盗版的单位和个人。欢迎社会各界人士积极举报侵权盗版行为，本社将奖励举报有功人员，并保证举报人的信息不被泄露。

举报电话：（010）88254396；（010）88258888

传　　真：（010）88254397

E-mail：　dbqq@phei.com.cn

通信地址：北京市万寿路 173 信箱

　　　　　电子工业出版社总编办公室

邮　　编：100036